THE PRACTICE AND DEVELOPMENT OF
RIVER CHIEF SYSTEM IN CHINA

大国治水

基于河长制的检视

本书由华南师范大学政治学一级学科高水平建设经费资助出版

颜海娜 著

社会科学文献出版社
SOCIAL SCIENCES ACADEMIC PRESS (CHINA)

数字技术赋能水环境治理：一种理论解释

　　水环境治理事关国家生态文明建设和可持续发展，也关系到广大人民群众的福祉，更是推进国家治理体系和治理能力现代化的重要内容。长期以来，我国水环境治理一直处于"九龙治水"状态，区域、层级和部门之间缺乏有效协调，水污染治理和水环境保护工作难以推进。改革开放以来，国家先后进行了多轮政府机构改革，推进了水资源管理体制机制创新，在一定程度上增强了水资源管理部门的统筹能力。然而，当前因区域分割阻碍流域统筹、部门壁垒制约协同联动、层级隔阂弱化上下联通等问题，我国的水环境治理面临着极大挑战。

　　数字技术的快速发展为水环境治理提供了新的机遇，大数据分析支持决策科学化、物联网监测实现水环境监管自动化、区块链联通促进部门间沟通高效化、数字河流孪生提高决策水平的前沿化……借助物联网、大数据、人工智能等技术，河长制不仅实现了对水环境的实时精准监测，更构建起了一个高效的水环境治理协同体系，从而在更大程度上推动了水环境治理的现代化。

　　颜海娜教授撰写的《大国治水：基于河长制的检视》一书在这一领域做出了显著的研究贡献。她所领导的团队在长达七年的时间里，深入实地研究河长制的实施和运行，搭建了"科层驱动—社会吸纳—技术赋能"的分析框架，尤其是在下篇"技术赋能：水环境'中国之治'的支撑"中系统探讨了在数字化技术赋能下河长制如何推动水环境的协同治理。

　　与国内已有的相关研究成果相比，《大国治水：基于河长制的检视》在水环境治理的理论构建和实证分析方面都有突出的创新。该书不仅深入剖析了河长制实施过程中存在的问题和面临的挑战，而且结合大量实地调研数据，从层级关系、部门关系、政社关系、技术与治理的关系等角度深入分析，实现了理论与实践的结合，为中国水环境治理的"画板"添上了浓墨重彩的一笔。

值得一提的是，颜海娜教授超越了简单地描述河长制实施效果的研究范式，立足于当下水环境治理的实际需求，积极探索党委领导、政府负责、民主协商、社会协同、公众参与、法治保障、科技支撑的社会治理体系在水环境治理中的具体实践。颜海娜教授的这一研究为水环境治理提供了有力的理论支撑和实践指导，也为进一步推动国家治理体系和治理能力现代化提供了宝贵的智力资源和学理支持。期待在本书的基础上，水环境治理的实务者和理论探索者能够进一步推动河长制的研究，为建设人与自然和谐共生的美丽中国做出更大的贡献。

中山大学政治与公共事务管理学院教授
教育部"长江学者奖励计划"特聘教授

续写新时代大国治水的新篇章

　　水是生命之源，是生产生活的基本要素，也是富国强民的战略性资源。中国疆域辽阔，境内河流众多，也水患不断，拥有悠久的治水传统，也产生了许多卓越的治水实践，积累形成了成熟的治理经验。从大禹治水到都江堰工程，从著名的苏堤到历朝历代的黄河治理等，治水从来都是国家和政府的重要事务。治水直接影响着国计民生，甚至影响着治乱兴衰。治水治得好，农业生产稳定发展，人民安居乐业，国家繁荣富强；治水出了问题，水患灾害横行，导致社会秩序混乱，影响国家的长治久安。

　　中国很早就开始了水资源的科学利用，从古代开凿人工运河开始，国家就开始统筹利用水资源，其中或者是为了军事需要，或者是为了经济社会需要，打造了诸如都江堰和京杭大运河等举世闻名的伟大工程，为经济和社会发展做出了重要贡献。历朝历代，国家都投入大量的人财物用于治水。在具体的制度上，明朝和清朝设置专官负责治河，先后涌现出潘季驯、靳辅等治河名臣；清朝河道总督的级别很高，直接受命于皇帝，还掌握着军权，其地位和重要性不言而喻。历史上那些妇孺皆知的治水故事，不仅体现和影响了中国治国理政的思维，也构成了中国文化精神的重要元素，沁润着中国人关于良政善治的理想。

　　改革开放至今，中国经济和社会高速发展，但水环境和水资源的问题也日益严峻，成为生态文明建设的重要瓶颈。水资源的流动性与跨界性、产权的模糊性以及水环境治理的综合性，导致各自为战的治水方式难以为继。河流和水域是整体性存在的，而国家的管理体制则是按照区块来确定的，政府也是根据区块和层级来划定责任的，因而治水很容易出现铁路警察——各管一段的问题，从而产生权责不清、执行不力、各自为政等弊病。水资源的物理性和社会性共同催生了河长制，河长制是破解治水难题的重要探索，其内在的制度逻辑就是党政领导承担第一责任、统筹规划水资源治理以及整合联动职能部门。这是解决治水问题的有效举措，是完善国家水环境治理体系和保障国家水安全的制度创新。

"九龙治水"一词既呈现了治水问题的结构性困境，也表明了治水的艰辛和不易，它生动形象地揭示了治水问题的生成逻辑，也经常被用来隐喻其他领域碎片化治理的情形。当代中国的河长制带有鲜明的时代印迹，以集中权力和明晰责任为主线，打造了新时代江河湖海治理的新格局，也成为新时代国家治理体系和治理能力现代化的重要体现，还给其他领域的碎片化治理提供了重要的启发。颜海娜教授是公共管理学界较早进入河长制研究领域的学者，近年来坚持立足于中国的政治生态和治理情景，对水环境的协同治理机制创新进行了深入研究，从治水的场景探讨了协同治理的运行框架，回答了水环境治理"何以可为"、"何以可能"和"何以有效"等关键问题。颜海娜教授已经发表过系列学术论文，现在又推出了协同治水的专著，将水环境治理的体系和机制研究又推到新的高度。

中国自古就是超大规模的治水社会，治水影响人民生活、社会稳定和国家命运，而国家治理也决定了治水的制度结构、运行机制以及效果。生态文明是人类文明发展的一个新阶段，其中水环境治理又是生态文明建设的重要组成部分。党的二十大报告指出，中国式现代化是人与自然和谐共生的现代化，提出了坚持山水林田湖草沙一体化保护和系统治理的要求。中国虽然河流众多，水域辽阔，水资源总量非常丰富，但是人均水资源严重短缺，很多地区都面临水环境治理的难题。根据本书的分析，河长制是当代中国的治水方案，实施的关键在于明确治水的领导责任，搭建治水问题的互动网络，整合不同政府职能部门的资源，组织和发动社会力量参与等，特别是借助现代科技手段，实现水资源的精细化治理和敏捷性治理，最终提升治水的科学化和智能化水平。

水是生产生活的重要资源，与个人和组织的利益密切相关。治水问题不仅仅是水本身的问题，即与水体质量相关的技术性问题，关键还涉及使用水的人。从历史上看，由于水具有公共物品的性质，也具有整体性的特征，因此治水问题都离不开集体行动，需要横向和纵向的协同合作。那么相对于古代的治水思想及其实践，作为当今时代协同治水的制度创新，河长制究竟还可以提供哪些方面的治理知识和实践智慧，还需要深入探索和思考。特别是，从过去的碎片化治理到现在相对一体化的治水，协同治水的制度框架已经建立起来，协同治理机制的运行也越来越顺畅，集中化和协同性的程度越来越高，但协同的过程也是严密组织、精心安排和动态协调的过程，涉及权力、责任、信息、技术和利益等问题，这些问题也为未来研究提供了空间。

大国治理，以人为本，治水为要；治水之道，集权为本，协同为要。大国治水，牵涉到方方面面，是一个系统工程，其中值得研究的问题很多，尤其需要借助公共管理学的知识和智慧。我以前也带学生做过河长制的研究，但浅尝辄止，很不系统，也不深入。这次感谢颜海娜教授给我认真拜读这部大作的机会，使我对于新时代的大国治水问题有了更多的认识和理解。我也期待颜海娜教授在这个领域继续探索前进，取得更多更大的科研成就，为生态文明建设贡献学者的智慧。

朱志刚

上海交通大学国际与公共事务学院教授

河长制蕴含着国家治理密码

　　水是生命之源，人要饮水思源。人类自古就临水而居，择水而憩。城市通常临水而建，而国家往往因水而兴衰。因此，保障人们能够获得充足、干净、安全的水，就成为国家治理的头等大事之一。

　　生产系统的平衡和人们的生产生活都离不开江河湖海，但是水污染长期困扰着人们。之所以如此，是因为水环境治理十分复杂，往往充满着权力博弈和利益纠葛。同时，水环境的跨域治理必然带来地方政府之间的协调难题。此外，水环境治理既需要政府的重视和投入，也需要企业与社会组织的配合和支持，还离不开居民的参与和贡献，而多元主体参与经常面临"群龙无首"和"一盘散沙"的困局。

　　党的二十大报告提出，"中国式现代化是人与自然和谐共生的现代化"。为此，我们要坚持习近平总书记强调的"绿水青山就是金山银山"的理念，切实保护自然和生态环境。河长制在中国走过了近 20 年的历程，也实实在在地推动了中国水环境治理的进程。

　　河长制为什么能够解决中国水环境治理的上述难题？河长制的背后蕴含着什么样的奇妙魔法？未来如何进一步优化和推进河长制？这些都是令人好奇而且具有理论价值和现实意义的问题。颜海娜教授的专著《大国治水：基于河长制的检视》对这些问题进行了探索，是近些年来一部不可多得的学术佳作。

　　党的十八大以来，国家治理体系与治理能力现代化成为实践界和学术界高度重视的研究课题，解码"中国之治"的相关研究也广受关注。河长制作为"中国之治"的重要组成部分，也得到了高度重视和广泛研究。目前，河长制研究中使用的协同治理、整体性治理、多中心治理等理论都是西方舶来品，因此，如何基于中国特色的河长制实践，发展中国本土的河长制理论，是学者需要努力求索的重要课题。

　　颜海娜教授在书中提出了一个综合分析框架，从科层驱动、社会吸纳和技术赋能三个方面，全面、系统、深入地研究了河长制所引领的"中国之治"，为发展中国特色理论和构建自主知识体系做出了贡献。这三个方面缺一不可，环环相扣，紧密相连，成为河长制得以实施并推广的三大支柱。

该书将政府、社会与技术三者熔于一炉，完整地展现了河长制的面貌，为我们理解和解释河长制如何可能和何以成功提供了理论依据。该书共包括三篇十章，既关注政府内部的垂直协调和横向联动，也探讨企业、社会组织和居民如何共同参与水环境治理，还分析了数字技术在其中发挥的作用。

颜海娜教授团队长期追踪河长制研究，多年持续实地调研，积累了大量经验资料。该书综合运用了深度访谈、参与式观察、案例研究、问卷调查、二手资料分析、社会网络分析等多种研究方法，以定性与定量相结合的方式系统研究了河长制所蕴含的治理逻辑。该书结构紧凑，资料翔实，案例丰富，富有洞见，发人深思。

古有大禹治水，今有河长治水。河长制是典型的"中国之治"，具有明显的中国特色。同时，河长制也有极强的全球意蕴，是有全球推广潜力的中国智慧和中国方案，可以为不少国家解决水环境治理难题提供经验启示。不过，河长制对"压力型体制"的依赖较强，在一些缺乏类似政治体制保障的国家和地区，河长制推广的条件可能不够充分。

河长制不仅为水环境治理提供了解决方案，也为其他政策领域解决同类问题提供了宝贵经验。基于河长制，各地政府还推出了林长、街巷长、桥长等一系列富有中国特色的治理模式，使河长制所蕴含的治理智慧在其他领域和场景得到进一步拓展和应用。

值得注意的是，河长制推动了水环境治理，但是并非包治百病或一用就灵。一些地区在推行河长制时抱着"运动式治理"的心态，往往虎头蛇尾，导致河长制并没有产生预期效果。就像法制要走向法治一样，河长制也要在人治的基础上加强法治，不因河长的更替而导致河长制的存废。

进一步研究河长制的适用条件、成功密码和失灵症结，有利于明确河长制的适用范围和关键因素，实现河长制的创新发展。在看得见的水环境治理方面，河长制发挥了巨大作用。但是，在走向看不见的土壤污染治理等领域，"河长制"是否可以发挥作用？为此，我们不能止步不前，还需要探索更多富有成效的治理方略，大力推进人与自然和谐共生的中国式现代化。期待我们可以基于该书奠定的基础，沿着该书指引的方向，进一步研究河长制并破解"中国之治"的密码，持续推动国家治理体系与治理能力现代化，为中国式现代化做出更大贡献。

中国人民大学公共管理学院教授

中国人民大学国家发展与战略研究院研究员

前　言

治大国如烹小鲜，国之兴衰系于制，民之安乐皆由治。大国善治，要坚持绿水青山就是金山银山的理念，全面推进美丽中国建设，推进节约资源和环境保护的基本国策，实现生态文明建设与经济发展的双赢局面；大国良治，要在环境治理中勇于担当，成为低碳发展的引领者、环境治理的践行者、生态修复的推动者；大国智治，要充分运用数字技术，实现环境监管的智能化、环境管理的精细化、绿色低碳转型的社会化。

生态环境安全是关系党的使命和宗旨的重大政治问题，也是关系民生的重大社会问题。为了落实绿色发展理念，维护河湖健康生命，保障国家水安全，党中央在2016年12月做出了"全面推行河长制"的重大战略部署。本书以党的十九届四中全会提出的"完善党委领导、政府负责、民主协商、社会协同、公众参与、法治保障、科技支撑的社会治理体系"以及党的二十大报告强调的"完善社会治理体系""健全共建共治共享的社会治理制度"为理论指导，以"科层驱动—社会吸纳—技术赋能"为分析框架，以水环境治理中的纵向层级政府间协同、横向跨部门协同、政府—社会协同以及技术赋能协同为研究内容，基于本土情境讲好水环境协同治理的"中国故事"，深入考察河长制推动水环境协同治理机制创新的实践探索、内在逻辑、现实困境以及深层机理，进而为进一步推动水环境协同共治、生态环境高水平保护以及高质量发展提供政策建议。本书按照"问题提出—文献梳理—理论框架构建—实证研究—经验凝练和政策建议"的逻辑思路展开研究，共分为五个部分。

第一部分，即第1章"导论"。导论首先基于我国当前的水环境与水生态状况以及河长制在全国全面推行的大背景提出了本书的核心研究问题和具体研究问题。其次，对新中国成立以来水环境治理模式的历史发展和时代变迁进行梳理，即按照治理理念、治理主体、治理手段、治理结构四个维度把新中国成立以来我国水环境治理模式分为管制型治理模式、吸纳型治理模式、协同型治理模式以及后河长制时代引领"长治久清"的治理模式。最后，基于协同治理、多中心治理等理论资源，构建了"科层驱动—社会吸纳—技术赋能"三维整合性分析框架，并明确了研究设计方案、研究方法以及具体的资料收集方法等。

第二部分上篇，即"科层驱动：水环境'中国之治'的基础"，包括第2~4章。为了回答"河长制是如何推动水环境层级协同治理机制创新的？河长制在自上而下的推行过程中为何出现治水政令'最后一公里'不通畅的现象？""河长制是如何推动水环境横向跨部门协同治理机制创新的？河长制在推动'九龙治水'转向'一龙治水'过程中还面临哪些挑战？"等问题，本部分采取"分—分—总"的结构安排，分别从纵向层级协同与横向跨部门协同两个角度对水环境协同治理机制在科层内的运行状况进行考察。

第2章"'上下同治'：层级协同治水机制创新"。本章首先回答了河长制是如何促进"上下同治"的；然后采取嵌入性案例研究法对治水"最后一公里"不畅通的问题进行深入挖掘；最后基于基层官方河长的全员问卷调查数据，构建多元回归模型来检验影响基层河长政策执行力的相关变量。

第3章"'部门联治'：横向协同治水机制创新"。本章对S市河长制推动跨部门协同治水的成效进行实证评估与系统审视，首先回答"河长制能否促进'一龙治水'"的问题，然后在"结构—程序—技术"的水环境跨部门协同治理机制分析框架的基础上，尝试回答"河长制是如何推动'九龙治水'走向'一龙治水'的？河长制促成了'一龙治水'吗？"等问题。

第4章"实证检验：河长制下的跨部门协同治水网络"。河长制的制度创新取得了一定成效，那么河长制跨部门协同治理机制的创新实践到底走出了一条怎样的"新路"？本章从社会网络分析视角切入，深入解析我国现有或正在出现的协同型治理模式，呈现河长制政策工具下水环境治理过程中跨部门信息协作网络的结构和质量，进而回答"跨部门协同治水网络何以可行"的问题。

第三部分中篇，即"社会吸纳：水环境'中国之治'的助力"，包括第5~7章。为了回答"河长制是如何推动水环境政社协同治理机制创新的？河长制下社会多元主体（社会组织、企业、民间河长）治水参与何以可能？何以可为？不同主体在治水参与中还面临哪些挑战？"等问题，本部分采取并列式结构安排，分别从社会组织治水参与、企业治水参与以及民间河长治水参与三个角度切入，以对水环境的政社协同治水机制创新进行实证考察。

第 5 章"社会组织治水参与：政社协同治水机制创新"。首先，探究河长制下社会组织治水参与"何以可能"与"何以可为"的问题；其次，采取单案例研究法呈现专业环保组织如何帮助政府化解治水工程阻力，尝试揭示政社协同治水背后的深层次机制。

第 6 章"企业的治水参与：从污染者到河湖守卫者"。首先，分析政府与企业各自在水环境治理中的优势，探究河长制下企业治水参与"何以可能"；其次，通过对全国各地企业河长制的模式进行总结和提炼，探索企业治水参与"何以可为"；最后，结合 S 市企业河长制的实践探索，具体呈现企业治水参与的深层机理。

第 7 章"民间河长治水参与：填补官方河长注意力转移的空缺"。首先，从社会吸纳、社会内生以及身份的精准定位等角度探讨民间河长治水参与"何以可能"；其次，对不同特征的民间河长治水模式进行总结，并在此基础上分析民间河长治水参与"何以可为"；最后，基于问卷数据以及 S 市民间河长制的实践探索，探究民间河长治水参与的深层机理。

第四部分下篇，即"技术赋能：水环境'中国之治'的支撑"，包括第 8~9 章。为了回答"'互联网＋'技术的应用是如何支撑河长制推动水环境协同治理机制创新的？技术赋能协同治水的限度和边界在哪里？影响'互联网＋'公众治水参与的相关因素有哪些？"等问题，本部分遵循"归纳—检验"的结构安排，主要分析"互联网＋"技术在河长制中的应用状况，包括其在促进多元主体治水参与当中的路径、取得的绩效以及现实困境等。

第 8 章"技术赋能协同治水：单案例研究"。本章采取嵌入性案例研究法，首先从纵向信息流转和业务联动、横向沟通与协调、公众参与渠道等角度讨论"互联网＋"技术如何嵌入协同治水，接着对技术嵌入水环境协同治理的执行边界进行探讨。

第 9 章"技术赋能公众治水参与：基于多层次模型的分析"。本章基于"期望—手段—效价"理论视角，利用 S 市大规模问卷调查数据，辅之所抽取的样本河涌的客观数据构建多层次多元回归模型，分析影响"互联网＋公众治水参与"的相关因素。

第五部分，即第 10 章"总结与展望：水环境协同治理的未来——大数据驱动水污染风险防控"。河长制作为一项以注意力分配为核心的新式制度，受到"运动式"治理的诟病或质疑，因此，通过什么样的机制来持续推动水生态的高水平保护以及水环境的高质量发展，确保水环境的"长治久清"，是后河长制时代急需思考的问题。本章通过搭建"简化—调适—整合"的分析框架，以大数据驱动水污染风险防控为案例，尝试回答"如何利用大数据驱动水污染防控的敏捷治理？如何利用大数据驱动'层级协同'、'部门协同'以及'政社协同'？未来的水污染风险敏捷治理机制应该包含哪些特征？"等问题。

本书尝试在以下三个方面进行创新。

一是研究内容的创新。本书不仅仅关注水环境治理中的上下协同、跨部门协同，还关注到行政力量与社会力量间的协同，并且特别关注到技术赋能在协同治水中所发挥的关键作用，而已有研究更多关注的是流域治理的府际协同问题。本书基于协同治理理论、多中心治理理论，构建了一个更加全面、系统、完整的协同治水分析框架，囊括了科层协同、政社协同以及技术赋能协同三个维度，大大丰富了已有研究的内容。

二是学术观点的创新。本书注重凝练水环境的"中国之治"经验，尝试基于对河长制的实证考察阐释水环境"中国之治"的制度密码，并把它上升到理论层面，与西方相应的理论观点进行平等对话，而已有研究比较偏重于对西方的理论资源进行解释。

三是研究视角的创新。本书从技术和治理的双向互动关系出发考察技术对于提升水环境协同治理效能的支撑作用，而已有研究更多关注制度和结构等因素，对于信息和互联网技术在协同治理中所发挥的作用及内在逻辑缺乏实证考察和深入探究。

本书尝试在以下三个方面做出学术价值的贡献。

第一，率先对中央提出的协同治水政策理念进行实证探索。河长制是党中央破解"九龙治水"之困的创新性举措。中央提出的协同治水政策理念在地方到底是如何落地的？河长制是如何推动水环境协同治理机制的创新的？本书率先对中央提出的协同治水政策进行阐释性研究，对水环境协同治理机制创新的"中国之治"经验进行全面、系统、深入的总结与凝练，希望为进一步完善河长制的体制机制、推动水环境的协同共治提供政策建议。

第二，尝试构建具有中国特色的协同治理理论。中国的政治生态与治理情境与西方迥然不同，不能照搬照抄西方的理论成果，本书以"完善党委领导、政府负责、民主协商、社会协同、公众参与、法治保障、科技支撑的社会治理体系"为理论指导，构建具有中国特色的理论模型。基于中国的治理场域，应用协同治理理论、多中心治理理论，搭建了一个更具有解释力的"科层驱动—社会吸纳—技术赋能"协同治水分析框架，进一步拓展和丰富了协同治理的已有研究。

第三，阶段性成果获得了良好的社会评价。作者围绕着水环境协同治理的这一选题已经取得了较为丰富的阶段性研究成果，目前已在《学术研究》、《华南师范大学学报》（社会科学版）、《北京行政学院学报》、《探索》、《甘肃行政学院学报》、《吉首大学学报》（社会科学版）等 CSSCI、北大核心等期刊上发表了 12 篇与水环境协同治理直接相关的论文（截至2023 年 8 月 29 日累计被引 258 次），其中有 1 篇被人大复印报刊资料《公共行政》全文转载，有 5 篇被《新华文摘》观点摘编，有 1 篇被《社会科学报》观点摘编，并被"质化研究""政管学人"等多个微信公众号转载，赢得了学术界良好的评价。

目　录

上　篇
科层驱动：水环境"中国之治"的基础

第1章　导论

1.1　水环境现状与河长制的实施

我国是世界上经济增长较快的经济体之一，在 2010 年成为仅次于美国的世界第二大经济体，政府财政结余增长，人民物质文化生活水平逐步提高。然而，随着工业化、城镇化的持续深入发展，人口与资源的矛盾日益突出，长期的粗放式经济增长方式造成了生态环境的恶化，加之受全球气候变化的影响，水资源短缺、水污染严重、水生态环境恶化等问题日益凸显。全国各地相继出现各种水生态问题，诸如河湖面积萎缩、水质恶化、生态退化等，这导致河湖的防洪、供水、平衡生态等功能严重受损。

一是水资源缺口较大。根据《2016 年中国水资源公报》，我国的淡水资源总量为 28000 亿立方米，占全球水资源的 5.8%，居世界第六位。但我国人均水资源占有量只有 2098 立方米[①]，仅为世界平均水平的 1/4，是全球人均水资源最贫乏的国家之一。目前，我国年平均缺水 400 亿立方米[②]，2/3 的城市不同程度缺水，地下水超采面积达 18.87 万平方公里[③]，水功能区水质指标达标率仅为 42%[④]；农业灌溉用水效率较低，仍比先进国家低 20 ~ 30 个百分点[⑤]；万元 GDP 工业用水量为 138 立方米，明显高于美国和日本等发达国家[⑥]；河湖水污染较严重，重度污染河段占比接

[①]　资料来源于世界银行 2017 年发布的数据。
[②]　资料来源于《中国统计年鉴 2017》。2017 年我国共有 664 个城市不同程度缺水，占全部城市的 65.9%。
[③]　资料来源于中国地质调查局 2020 年发布的数据。
[④]　资料来源于《2019 中国生态环境状况公报》。
[⑤]　资料来源于《2017 年中国水资源公报》。
[⑥]　资料来源于《中国统计年鉴 2017》。

近 9%①。

二是水污染防治任务艰巨。以 2017 年为例，据水利部发布的《2017 年中国水资源公报》，2017 年全国 24.5 万千米的河长中，劣 V 类水质河长占 8.3%，各流域中 IV ～劣 V 类水质河长平均占 30%，黄河、辽河和海河为中重度污染；在 123 个湖泊共 3.3 万平方千米水面中，全年总体水质为 I ～Ⅲ类的湖泊仅有 32 个，IV ～ V 类湖泊 67 个，劣 V 类湖泊 24 个，分别占评价湖泊总数的 26.0%、54.5% 和 19.5%。可见，水污染的防治任务依然比较艰巨。

三是水生态修复困难。水资源过度开发和水利设施管理不善造成的水生态问题日益凸显。根据水利部公布的《中国水土保持公报（2017 年）》，16 个国家级重点预防区 46.60 万平方公里的监测区域中，水土流失面积达 18.45 万平方公里，占总面积的 39.6%；19 个国家级重点治理区 29.83 万平方公里的监测区域中，水土流失面积达 11.59 万平方公里，占总面积的 38.9%。水土流失、水生生物的生产能力下降，以及由于水利工程修建等原因引起的河流断流，导致沿岸植被枯死、土地沙漠化等水生态失衡问题。

水资源的流动性、跨界性、产权的模糊性以及水治理的综合性，使得"九龙治水"、条块分割、各自为战的治水方式难以奏效，亟须对治水方式和机制进行创新。由此，水资源的物理性与社会性共同催生了"河长制"。② 2016 年《关于全面推行河长制的意见》指出，河长制是"落实绿色发展理念、推进生态文明建设的内在要求"，是"解决我国复杂水问题、维护河湖健康生命的有效举措"，还是"完善水治理体系、保障国家水安全的制度创新"。

河长制是由地方各级党政负责人担任本行政辖区内河流湖泊的"河长"，作为本行政区域治水的第一责任人，分级分段承担相应的责任，并成立河长办公室，整合联动各职能单位，统筹规划水资源保护、水环境治理的一项创新制度。这一制度创新蕴藏着协同治理的政策内涵，其不仅体现在《关于全面推行河长制的意见》所提出的要"坚持党政领导、部门联动"的基本原则中，还体现在 2016 年 12 月水利部、环境保护部在《贯彻

---

① 资料来源于《2019 中国生态环境状况公报》。

② 郝亚光."河长制"设立背景下地方主官水治理的责任定位 [J]. 河南师范大学学报（哲学社会科学版），2017（5）：13 – 18.

落实〈关于全面推行河长制的意见〉实施方案》中所强调的"强化部门联动"与"上下同治、部门联治、全民共治、技术助治"的治水新格局上。那么，中央推行河长制的重要政策理念在地方的实际运作状况如何？河长制是如何推动水环境协同治理机制的创新的？目前水环境协同治理机制的运行还面临哪些问题？其背后的深层次原因是什么？本书选取 S 市为研究个案，基于协同治理、多中心治理等理论，构建了"科层驱动—社会吸纳—技术赋能"三个维度的整合性分析框架，分别从科层协同、政社协同以及技术协同三个角度对水环境协同治理机制创新进行探究。而在具体研究内容上，本书将主要回答以下几个问题。

（1）河长制是如何推动水环境层级协同治理机制创新的？河长制在自上而下的推行过程中为何出现治水政令"最后一公里"不通畅的现象？其背后的深层次原因是什么？

（2）河长制是如何推动水环境跨部门协同治理机制创新的？河长制在推动"九龙治水"转向"一龙治水"过程中还面临哪些挑战？其背后的深层次原因是什么？

（3）河长制是如何推动水环境政社协同治理机制创新的？河长制下社会多元主体（民间河长、企业河长、社会组织等主体）治水参与何以可能？何以可为？不同主体在治水参与中还面临哪些挑战？其背后的深层次原因是什么？

（4）数字技术的应用是如何支撑协同治水机制创新的？技术赋能河长制需要在哪些层面进行改革？技术又是如何推动全民治水参与的？

（5）河长制在推动水环境协同治理机制创新中积累了哪些科学管用的"中国之治"经验？这些经验的可推广复制性体现在哪里？大数据背景下水环境协同治理的未来方向在哪里？

1.2　水环境治理模式的历史变迁与时代变革

新中国成立以后，我国环境保护事业开始孕育，20 世纪 70 年代正式拉开帷幕；至 21 世纪初，随着工业生产和城市发展规模扩大，我国水环境问题日益严峻。随着我国迈上全面建设社会主义现代化国家新征程，我国治理模式不断创新，相关法律法规不断完善，生态文明理念日益深入人心，水环境治理成效日益彰显，水生态状况逐步改善。

"水资源的治理不仅是技术层面的操作工艺，更是政府、社会、市场三种不同组织类型在水资源场域中的博弈与较量。"① 由此，本书主要根据行政系统内部治水部门的变革以及该系统内外多元力量博弈格局的转变，以 2016 年《关于全面推行河长制的意见》的发布为标志，将 20 世纪 70 年代以来我国的水环境治理大致划分为四个阶段，分别对应四种主要的治水模式，即管制型治理模式、吸纳型治理模式、协同型治理模式以及后河长时代"长治久清"的治理模式。同时，借鉴"管理"和"治理"这对概念在理念、主体、手段以及结构方面的差异，对各个阶段的水环境治理模式展开介绍。管制型治理模式强调政府主要运用行政或政治控制的手段对水环境进行治理，呈现一种自上而下的单向管理逻辑，突出"高度的权力取向、片面的秩序取向以及偏颇的效率取向"②。吸纳型治理模式强调政府进行有限度的开放，通过制度化参与渠道吸纳公众的意见，该模式中的治理主体并非平等交往的关系，主要是政府以垂直吸纳的方式与他者互动。③协同型治理模式强调治理主体的多元化，以及多元主体间为实现同一治理目标而采取多手段协调合作、互相监督、共同促进的过程。后河长制时代"长治久清"的治理模式强调从制度设计层面推动水环境协同治理模式向纵深发展。一方面，需要进一步推进数字智慧水利建设，建立科学准确的河湖风险预警机制；另一方面，要广泛凝聚社会共识，持续推动水环境的高质量保护和高质量发展。

1.2.1　管制型治理模式

20 世纪 70 年代初，中国水环境污染问题频发，发生了诸如官厅水库污染、松花江汞污染等影响颇大的水污染事件，中央政府决定对全国的污染状况，特别是工业"三废"对水源和空气造成的污染进行调查，自此，新中国的环境保护事业正式拉开了帷幕。

1971 年 4 月，卫生部军事管制委员会下达《关于工业"三废"对水

① 郑容坤. 水资源多中心治理机制的构建——以河长制为例 [J]. 领导科学，2018（8）：42 – 45.

② 易承志. 传统管制型政府的价值缺失与服务型政府建设 [J]. 江南社会学院学报，2009（3）：68 – 71.

③ 黄俊尧. 吸纳·调控·合作：发展中的协同治理模式——基于杭州的案例研究 [J]. 中共浙江省委党校学报，2014，30（6）：74 – 80.

源、大气污染程度调查的通知》，正式启动了工业"三废"的污染调查工作。该通知是中央政府部署环境污染调查工作的指导性文件，为 20 世纪 70 年代的环境污染调查和保护工作提供了制度性保障。1974 年 10 月，国务院环境保护领导小组正式成立，负责制定环境保护的方针、政策和规定，组织协调和督促检查各地区、各部门的环境保护工作。1979 年 9 月，《中华人民共和国环境保护法（试行）》审议通过，提出了"谁污染谁治理"等原则。1984 年 5 月，《中华人民共和国水污染防治法》强调国务院有关部门和地方各级人民政府，必须将水环境保护工作纳入计划，采取防治水污染的对策和措施。

在治理理念上，虽然这一时期的水环境治理开始得到中央层面的重视，意识到不能重蹈西方"先污染、后治理"的覆辙，并通过出台相关法律法规以及设立环保部门等举措进行环境治理。但遗憾的是，此阶段中央的主要重心在发展经济，所有环境政策的考量都须在不影响经济发展的大前提下进行，必须服务于国家经济发展之大局。① "发展优先""效率优先"的价值导向体现了管制型治理模式中"偏颇的效率取向"特征。②

在治理主体上，该时期中国所开展的一系列污染调查和治理主要是在中央政府的推动下，或者说是在中央政策的直接或间接的引导下进行的，这是一种以政府为主体的单一模式。此外，在体制系统内，虽然相关法律制度明确在水环境治理中各部门应相互配合、协同工作，但其低标准、宽口径、软约束的特征导致在实际操作中，各行政部门和机构往往是从本部门和本地区的利益出发，有利相争、有责互推。部门职能的纵横交错加剧了"管水量的不管水质，管水源的不管供水，管供水的不管排水，管排水的不管治污，环保不下水，水利不上岸"的碎片化治理局面。

在治理手段上，由于该时期包括水环境治理在内的环境整治更多地被设定为一项政治任务，因此，治理基本上是依靠政府和相关部门的管制，即利用行政权威来实现对水环境的管理和保护，呈现出明显的"自上而下"治理机制特征，行政干预力度强，带有强烈的行政命令。尽管也有法律手段［诸如出台《中华人民共和国环境保护法（试行）》《中华人民共

① 郝就笑，孙瑜晨. 走向智慧型治理：环境治理模式的变迁研究［J］. 南京工业大学学报（社会科学版），2019，18（5）：67 – 78 + 112.
② 易承志. 传统管制型政府的价值缺失与服务型政府建设［J］. 江南社会学院学报，2009（3）：68 – 71.

和国水污染防治法》等法律法规〕和市场手段（诸如实行排污收费制度、可交易的许可证制度等）的身影，但在功利主义的价值驱动下，水环境治理更多停留在形式化层面，缺乏约束力和执行力。

在治理结构上，呈现的是金字塔状科层结构。① 中央政府拥有绝对的权威，通过自上而下的权力运行机制，发布行政命令、制定和执行水环境保护政策，地方政府和其他主体都"听令行事"（以官厅水库污染调查为例，其调查框架如图 1-1 所示）。在这种权威型结构下，中央政府对水环境问题的认知与态度直接决定了水环境治理的行动和最终成效，集中体现出管制型治理模式下"高度的权力取向"特征。然而，一方面，随着水环境问题的复杂化，政府依靠行政强制力单边治理的模式越来越难以满足水环境事务管理的需要，政府失灵问题愈加突显；另一方面，随着市场经济的发展，政府与市场、政府与社会在水环境场域中的力量博弈格局发生了变化。由此可见，水环境治理模式的转型有其必然性和可能性。

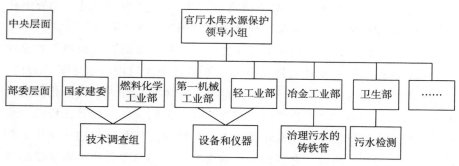

图 1-1　官厅水库污染调查框架

1.2.2　吸纳型治理模式

2007 年太湖蓝藻暴发，无锡市面临水污染严重、水生态破坏等问题，② 为全力开展太湖流域水环境治理，无锡市委、市政府将 79 个河流断面水质检测结果纳入各市（县）、区党政主要负责人政绩考核内容，为无锡市 64 条主要河流分别设立"河长"，由市委市政府及相关部门领导担任，初步

---

① 郝就笑，孙瑜晨. 走向智慧型治理：环境治理模式的变迁研究 [J]. 南京工业大学学报（社会科学版），2019，18（5）：67-78+112.

② 徐轶杰. 新中国环境保护区域协作初探——以官厅水库水源保护工作为例 [J]. 当代中国史研究，2015，22（6）：69-81+127-128.

建立了"河长制"。随后，全国各省、自治区、直辖市相继出台文件，完善相关制度，促进河长制的推广。2008 年，国务院进行新一轮的机构改革，国家环境保护总局升格为环境保护部，成为国务院组成部门。与此同时，国务院对环境保护部、住房和城乡建设部以及水利部三大涉水部门的职责进行了调整，进一步理顺了水务管理职能，主要体现在以下三方面。

第一，关于环境保护部与水利部的职能交叉问题，环境保护部"三定"方案明确提出，环境保护部对水环境质量和水污染防治负责，水利部对水资源保护负责。环境保护部发布水环境信息，对信息的准确性、及时性负责；水利部发布水文水资源信息中涉及水环境质量的内容，应与环境保护部协商一致。第二，关于住房和城乡建设部与水利部的职能交叉问题，原建设部"指导城市规划区内地下水的开发利用与保护"的职能被划入水利部，强化了水利部对水资源的统一管理。第三，关于三大涉水部门与城市政府的职能交叉问题，环境保护部规定水污染物排放许可证的审批和发放职责下放，交给地方环境保护行政主管部门。此外，住房和城乡建设部、水利部也都将城市管理的具体职责交给城市人民政府，由其决定市政公用事业、供水、节水、排水、污水处理等方面的管理体制（见图 1 - 2）。①

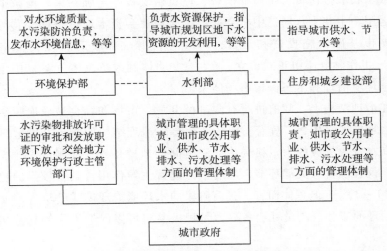

图 1 - 2　2008 年三大涉水部门的职能调整

① 武红霞. 机构改革逐步推进　三大涉水部门职责调整 ［EB/OL］. http://www. h2o-china. com/news/73932. html.

在治理理念上，2007 年党的十七大报告指出，坚持节约资源和保护环境的基本国策，关系到人民群众的切身利益和中华民族的生存发展。党的十八大报告正式提出"五位一体"总体布局，强调建设生态文明是中华民族永续发展的千年大计，关系人民福祉，关乎民族未来，功在当代，利在千秋，必须树立尊重自然、顺应自然、保护自然的生态文明理念。中央层面对于人与自然、经济发展与环境保护的关系定位发生了深刻的转变，生态文明建设被纳入国家发展总体布局，"进入了快车道"。

在治理主体上，此次机构改革在一定程度上打破了"九龙治水"的困局，部分解决了部门职能交叉、政出多门的问题，有利于促进水务的统筹管理，同时，部分地区开始对"河长制"进行探索，由各级党政主要负责人担任"河长"，这有利于整合相关职能部门的有利资源，加强部门之间的沟通配合，一定程度上实现了水环境治理的高效率与高效益。

在治理手段上，以往单纯的政府管制越来越难以推进水环境的有效治理，此阶段的治理呈现手段多元化的特征。新修订的《中华人民共和国环境保护法》建立了压力型奖惩机制，强化了地方政府在环境治理中的责任，对地方政府施加了较强的刚性约束。① 与此同时，市场化治理也不仅仅局限于收取排污费、生态补偿费、环境赔偿费等"强约束、弱激励"手段的运用。中共十八届三中全会提出，允许社会资本通过特许经营等方式参与城市基础设施投资和运营；2014 年，财政部政府和社会资本合作（PPP）工作领导小组正式设立；《生态文明体制改革总体方案》中也强调要健全环境治理和生态保护市场体系。

在治理结构上，政府进行有限度的开放，市场和社会被政府吸纳到水环境治理模式之中，"政府—市场—社会"治理结构的雏形开始显现；然而，在水资源场域的力量格局中，三者间的地位悬殊，在制度安排、议题选择、议程设置等关键环节，政府依然起着主导作用，具备较强的控制力（见图 1-3）。② 但总体而言，过渡阶段的水环境治理模式已呈现多元主体参与治理的态势。动员社会各界力量积极参与可以促进不同的利益相关者

---

① 郝就笑，孙瑜晨. 走向智慧型治理：环境治理模式的变迁研究 [J]. 南京工业大学学报（社会科学版），2019，18（5）：67-78+112.

② 黄俊尧. 吸纳·调控·合作：发展中的协同治理模式——基于杭州的案例研究 [J]. 中共浙江省委党校学报，2014，30（6）：74-80.

达成共识，是影响水环境治理成功的重要因素之一。① 这种政府占绝对主导地位的治理模式，伴随着非主导治理主体主动性的提升，成为转型时期的一种过渡模式。②

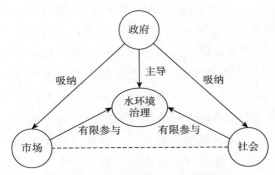

图 1 - 3　吸纳型水环境治理结构

1.2.3　协同型治理模式

为加快解决以块为主的地方环保管理体制存在的突出问题，2016 年 7 月，中央全面深化改革领导小组第二十六次会议审议通过《关于省以下环保机构监测监察执法垂直管理制度改革试点工作的指导意见》，开启了省以下环保垂直管理制度改革。2016 年 12 月，中共中央办公厅、国务院办公厅印发了《关于全面推行河长制的意见》，正式提出在全国范围内实施河长制，自此，作为地方性应急管理制度设计，"河长制"逐渐转向长效化、常规化。③

在治理理念上，党中央就我国水安全问题，创造性地提出了"节水优先、空间均衡、系统治理、两手发力"④ 的十六字新时期水利工作方针。2017 年党的十九大把"坚持人与自然和谐共生"作为新时代坚持和发展中国特色社会主义的基本方略。此外，习近平总书记多次强调，绿水青山就

① 应力文，刘燕，戴星翼，刘平养，刘明，石亚. 国内外流域管理体制综述 [J]. 中国人口·资源与环境，2014，24（S1）：175 - 179.

② 尉帅. 压力型体制下的政治动员及其发展：转型过程中我国地方政府环境治理模式研究 [D]. 陕西师范大学，2016.

③ 王园妮，曹海林. "河长制"推行中的公众参与：何以可能与何以可为——以湘潭市"河长助手"为例 [J]. 社会科学研究，2019（5）：129 - 136.

④ 中共中央党史和文献研究院. 十九大以来重要文献选编（中）[M]. 北京：中央文献出版社，2021：197.

是金山银山，改善生态环境就是发展生产力①，倡导环保意识、生态意识，构建全社会共同参与的环境治理体系，让生态环保思想成为社会生活中的主流文化②。

在治理主体上，从纵向看，2018 年实行机构改革（以水利部为例，2018 年其机构职能调整如图 1-4 所示），省级政府将市县两级政府的环境督察与环境监测权上收，而下放生态环境执法权，整合进地方综合行政执法权。③ 以往市县级环保机构上下级之间是业务指导关系，由本级政府管理环保机构的人财物。实行环保垂直管理制度后，市级人事任免权被上收至省级环保机构，上级环保部门的统一调度权加强。同时，环境执法重心向市县下移，加强了基层执法队伍建设，强化了属地环境执法。《关于全面推行河长制的意见》明确提出各地要拓展公众参与渠道，建立管理信息发布平台。一些地方政府通过向社会招募民间河长、小河长、企业河湖长，组织成立志愿服务队、民间护水队以及推出河长微信公众号等方式积极推动体制内外多方主体联动，实现对水环境的协同共治。

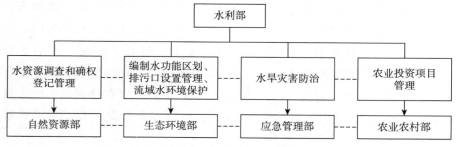

图 1-4　2018 年水利部机构职能调整

在治理手段上，一方面，河长制实行生态环境损害责任终身追究制，极大地强化了监督与问责；另一方面，2017 年修正的《中华人民共和国水污染防治法》提出，通过财政转移支付等方式，建立健全水环境生态保护补偿机制。一些地方政府据此还实行财政补助与河长考核结果挂钩的经济

① 中共中央党史和文献研究院．十九大以来重要文献选编（中）[M]．北京：中央文献出版社，2021：24.
② 中共中央党史和文献研究院．十九大以来重要文献选编（中）[M]．北京：中央文献出版社，2021：25.
③ 杨志云．新时代环境治理体制改革的面向：实践逻辑与理论争论 [J]．行政管理改革，2022，152（4）：95-104.

激励制度。此外，市场手段中以政府为主导、民营资本参与的水环境综合治理 PPP 项目也备受关注。财政部 PPP 中心数据显示，截至 2016 年底，全国入库 PPP 项目共计 11260 个，其中，环保类项目 2334 个，占全部入库项目总数的 20.7%，且在环保类 PPP 项目中，涉水项目包括污水处理、水利、供排水、水环境综合治理、海绵城市、地下综合管廊等占比高，超过 80%。① 总体而言，河长制之下的水环境治理综合运用法律、行政、市场和社会等手段，其体现出的制度逻辑与协同型治理模式亦是高度契合的。

在治理结构上，各级河长发挥组织领导功能，涉水部门通过建立联席会议制度、成立联动执法机构以及打造信息共享平台等方式，加强协调联动，形成体制内部的协同合力，切实发挥联动治理的效能（见图 1－5）。除了明确规定地方政府作为责任主体之外，河长制还注重市场化规制工具的运用，强调群策群力、公众参与，由过去自上而下的单中心治理结构向以政府为主导的多中心治理结构跃迁。② 一方面，体现了互动、协商与合作精神，为社会组织、市场企业、公民个体的参与搭建了制度平台；另一方面，强化了政府、市场和社会三者之间的合作关系与制衡关系，"三位一体"的协同型治理模式基本成形（见图 1－6）。

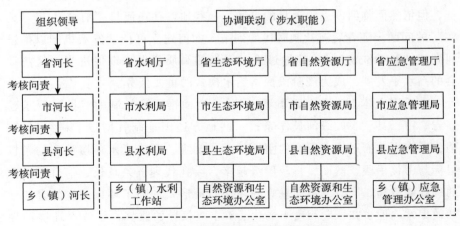

图 1－5　2018 年机构改革后部门治水联动

① 韩声江. 对话财政部 PPP 中心主任焦小平：规范推进，PPP 才可持续 ［EB/OL］. https://www. thepaper. cn/newsDetail_ forward_ 1623764.

② 郝就笑，孙瑜晨. 走向智慧型治理：环境治理模式的变迁研究 ［J］. 南京工业大学学报（社会科学版），2019，18（5）：67－78＋112.

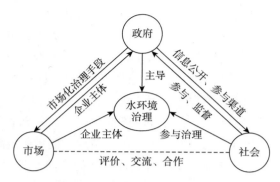

图 1-6　水环境多中心治理结构

1.2.4　后河长制时代引领"长治久清"的治理模式

　　截至 2018 年 6 月底，31 个省、自治区、直辖市已全面建立河长制，提前半年完成中央确定的目标任务，共明确省、市、县、乡四级河长 30 多万名，有 29 个省份设立了村级河长 76 万多名。河长制的组织体系、制度体系、责任体系初步形成，已实现每条河流都有河长，即已实现河长"有名"。① 河长制在制度设计上鲜明体现了新时期协同型治理模式的逻辑和特征，但依然面临河湖返黑返臭的难题，一些地方存在河长"有名"却"无实"的问题。随着后河长制时代的到来，如何建立可持续发展机制以推进河湖的"长治久清"，如何通过推动河湖的高质量保护以促进当地经济社会的高水平发展，成为现阶段探索治水模式的重要任务。

　　在治理主体上，自上而下看，《关于全面推行河长制的意见》要求建立省、市、县、乡四级河长体系，一些地方还因地制宜增设了村级河长，强化了中央政府对地方政府的刚性约束与问责，明确了水环境治理的考核目标与考核手段，然而，行政层级越多，委托代理链条越长，信息不对称的程度就越高。同时，单向垂直的环保问责形式加强了环保问责的合法性和效率性，但也在一定程度上弱化了对上级领导的监督，导致水环境治理问题的责任推诿，忽视治水责任的公平性，造成治水权责的失衡。从横向层面看，水环境治理仍未能从根本上解决部门本位目标取向、执法不协同、检测不统一、信息不共享等问题，协同机制缺失现象较为普遍。

---

① 刘谨. 我国全面建立河长制 [EB/OL]. https://www.gov.cn/xinwen/2018-07/18/content_5307246.htm.

此外，在水环境保护的公众参与和社会监督方面，尽管政府积极搭建了推动信息公开的平台，但并非所有平台都能开展有质、有量、有效的信息交流。

在治理手段上，河长制的实践更多是通过开展带有"运动式"治理色彩的专项治理行动来进行，如"饮用水源地环境保护执法专项整治"、"黑臭水体整治"及"清四乱"专项行动等。[①] 在企业方面，环境要素被纳入企业的生产成本当中，违法排污的处罚力度也大大加强，在法律的威慑和外部力量的监督下，企业"明目张胆"违法排污行为有所减少，但利用水环境治理的法律制度等漏洞打"擦边球"的污染行为依然存在。至于社会手段，像环境社会调查制度、环境圆桌对话制度、企业环境报告会制度、环境社会赔偿制度等还没有得到很好的开发和推广使用。[②]

由此，学界不少学者通过对河长制治理实践的剖析和反思，为水环境治理模式的再发展寻找思路。一是从制度设计层面为推动水环境治理协同模式向纵深发展提出优化对策。在体制内，优化治水机制顶层设计，健全水污染防治法制与执法监管体系；加强立法供给，将"河长制"成功经验法制化，细化各级党委和政府履行治理责任、协调配合、绩效考核和问责追责等方面的法规制度，用法律的手段保证各类"河长制"的长效实施。[③]

在市场和企业方面，一方面，建立企业环境信用等级评价制度和"守信激励、失信惩戒"的运行机制，定期对企业进行等级评定，并将结果进行公示，作为企业信贷、融资的重要依据。[④] 另一方面，加快推动政府与社会资本合作等相关规范出台，既能够引入社会资本，缓解政府财政压力，合理解决项目资金问题；又能够提高治理效率，发挥社会资本方治理水环境问题的专业技术和运营管理的相对优势，合理分配风险，明确责任边界。[⑤]

在公众和社会层面，建立健全社会组织和公众参与环境保护与治理的相关制度，包括环境信息公开制度、专家咨询制度、多方沟通交流机制、

① 王园妮，曹海林."河长制"推行中的公众参与：何以可能与何以可为——以湘潭市"河长助手"为例 [J]. 社会科学研究，2019（5）：129 – 136.
② 发挥好社会手段在环境治理中的重要作用 [EB/OL]. https://baijiahao. baidu. com/s? id = 1661396893287467738&wfr = spider&for = pc.
③ 张茜. 水环境多部门协同管理研究 [D]. 郑州大学，2017.
④ 杨树燕. 基于协同治理视角的"河长制"探析 [D]. 河南师范大学，2018.
⑤ 刘圣洁. PPP 模式在水环境综合治理项目中的应用研究 [D]. 江西财经大学，2018.

公众评议机制等，为社会组织和公众参与环境治理提供制度化保障。①

　　二是融入技术理性因素以进一步拓展完善水环境治理协同模式。智慧型治理的目的是在协同型环境治理的框架基础上引入技术理性，实现"环境智理"，推动环境治理进入智能化、精细化、科学化阶段，二者是补强关系而非替代关系。

　　在智慧治水实践中，将"大数据时代"智慧治理中的技术工具内化到治理模式中，推动治理内在思维和外在方式的变革。例如，在政府内部，统筹建立一个打破行政层级条块分割的跨平台、跨系统、跨结构的大数据共享交互平台，最大程度化解信息不对称困境；在企业和市场层面，以大数据为支撑，借助区块链技术不断完善排污权交易市场、水权交易市场等；对于社会公众，通过三维设计、可视化仿真、立体化和动态化数据呈现技术来传递信息，让公众不光能看得到，还能看得懂。②

1.3　理论框架与研究设计

1.3.1　基于"科层驱动—社会吸纳—技术赋能"的整合性分析框架

　　鉴于市场或政府在公共事务治理过程中都可能会存在失灵现象，奥斯特罗姆夫妇认为，公共事务治理应该摆脱市场或政府"单中心"的治理方式，建立起包括政府、市场、社会的"多中心"治理模式，以避免治理失灵现象。"'多中心'意味着有许多在形式上相互独立的决策中心从事合作性的活动，或者利用核心机制来解决冲突，在这一意义上大城市各种各样的政治管辖单位可以以连续的、可预见的互动行为模式前后一致地运作。"③ 多中心治理理论主张通过分级别、分层次、分阶段的多样性制度设置，加强政府、市场和社会三者之间的协同共治。在多中心治理理论的基

① 詹国彬，陈健鹏. 走向环境治理的多元共治模式：现实挑战与路径选择 [J]. 政治学研究，2020（2）：65 - 75 + 127.
② 郝就笑，孙瑜晨. 走向智慧型治理：环境治理模式的变迁研究 [J]. 南京工业大学学报（社会科学版），2019，18（5）：67 - 78 + 112.
③ 〔美〕奥斯特罗姆，帕克斯，惠特克. 公共服务的制度建构——都市警察服务的制度结构[M]. 宋全喜，任睿，译. 上海：上海三联书店，2000：11 - 12.

础之上，Ansell 和 Gash 进一步阐释了"合作"主体的多元不仅体现在组织内部的不同部门之间，也包含内部与外部的合作、公私合作等更为广泛的内涵。

　　协同治理理论的协同特性、复杂体系、多元变量与多样的社会治理问题相耦合，既强调多元化的协作参与，又讲求系统的有机统一，因此能成为一种治理研究的范式与理论而存在。基于对协同治理的不同理解，学者们分别从不同角度识别了影响协同治理的关键性变量，构建了相应的分析框架。例如，吴春梅和庄永琪认为，网络关系中的利益状况、协作互动机制中的社会资本、整合功能下的制度和信息技术分别是影响协同治理的显性因素、隐性因素以及共享因素①；Ansell 和 Gash 提出信任和共享理解对协同过程的基础性影响②；Thomson 和 Perry 强调"协同合作主体自身的独立性"与"集体利益的相互依赖"之间存在持续的紧张关系③；Provan 和 Kenis 则更关注稳定性与可行性、包容性与生态性、内部与外部合法性之间的紧张关系等对协同治理的影响④；还有一些框架突出了治理主体间的权力不平衡，以及多种制度逻辑导致的冲突问题⑤。上述研究为构建协同治水的分析框架提供了丰富的理论资源，然而，这些框架有些着眼于如何促进决策协同，有些更侧重于协同过程的研究，有些就如何达成协同行动的一致规范和规则进行探讨，有些则更关注领导角色与领导结构的研究，还有从协同的权威性、合法性等外部环境入手构建。已有的研究框架析出了不少影响协同治理的关键性变量，如有关协作条件的政策设计、目标任务和激励机制等制度要素，有关协作过程的信任、

① 吴春梅，庄永琪．协同治理：关键变量、影响因素及实现途径［J］．理论探索，2013（3）：73-77．

② Ansell, Chris, and Alison Gash. Collaborative Governance in Theory and Practice［J］. Journal of Public Administration Research and Theory, 2007（11）: 543-571.

③ Thomson, Ann Marie, and James L. Perry. Collaboration Processes: Inside the Black Box［J］. Public Administration Review, 2006, 66（S1）: 20-32.

④ Provan, Keith G., and Patrick Kenis. Modes of Network Governance: Structure, Management, and Effectiveness［J］. Journal of Public Administration Research and Theory, 2008, 18（2）: 29-52.

⑤ Agranoff, Robert. Managing within Networks: Adding Value to Public Organizations［M］. Washington: Georgetown University Press, 2007: 469-471; Bryson, John M., Barbara C. Crosby, and Melissa Middleton Stone. The Design and Implementation of Cross-sector Collaborations: Propositions from the Literature［J］. Public Administration Review, 2006, 66（1）: 44-55.

共享理解等价值要素，有关协同结构的权责关系、冲突逻辑、多元主体及制度多重性等结构要素，有关于治理能力、治理方式方法和技术应用等的技术要素，还有诸如领导力、合法性、利益关系、社会资本、协同网络等内部和外部环境因素，为我们研究"河长制"协同治水提供了很多有益的借鉴。

上述研究为构建协同治水的分析框架提供了丰富的理论资源。这些早期的框架大多未涉及问责这一要素，但也确实围绕协同的流程提及了诸多有价值的协同要素。而本书关注的是影响协同治水的关键性变量对中国水环境治理机制创新产生的重要影响，而非如何通过流程与规则的设计去促进协同治水。因此，基于水环境治理的本土特征以及多中心治理理论、协同治理的相关理论资源，结合目前河长制协同治水工作中主要呈现的"科层协同""政社协同""技术协同"三大协同关系与特征，从国内外文献析出的框架与要素中筛选出与研究协同治水紧密相关的三个要素，即"科层驱动""社会吸纳""技术赋能"，以此构建了一个协同治水的整合性分析框架（见图1-7）。

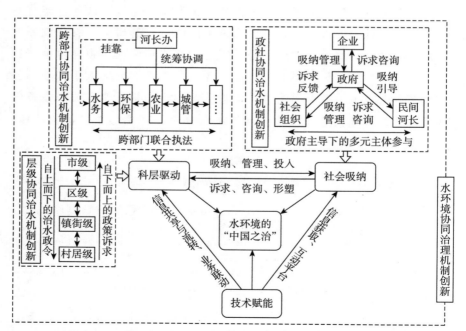

图1-7 "科层驱动—社会吸纳—技术赋能"的整合性分析框架

1. 科层驱动是中国水环境协同治理的基础

恩格斯在《论权威》一文中指出，权威"是指把别人的意志强加于我们；另一方面，权威又是以服从为前提的"①，在现代政治生活中，政治权威是基于政治权力的合法来源而获得的。换言之，"权威是一种权力，有时被认为是一种合法性权力"②，而"治理是指政治管理的过程，它包括政治权威的规范基础、处理政治事务的方式和对公共资源的管理。它特别地关注在一个限定的领域内维持社会秩序所需要的政治权威的作用和对行政权力的运用"③。在"党领导人民有效治理国家"的中国语境下，以中国共产党为领导核心的政治权威是现代国家治理体系中的主导力量，对国家治理的有序展开具有重大影响。

水环境的科层协同的"政治权威"主要是指党的领导力量是水环境治理的主导性力量，其是基于"完善党委领导、政府负责、民主协商、社会协同、公众参与、法治保障、科技支撑的社会治理体系"，进一步推动以河长制为代表的协同型治水模式的现代化的基础。从权力作用机制来看，通过全面构建以党政领导负责制为核心的责任体系，河长制强化了纵向协同机制，推动了水环境治理从"弱治理"模式向"权威依赖治理模式"的转型；通过强化水环境综合协调机构——河长办的权威，以及一系列的结构性安排和程序性设计，河长制强化了横向协同机制，形成了一种新型的混合型权威依托的等级制协同模式。水环境的科层协同机制包括层级协同机制和跨部门协同机制，其中纵向上所形成的市—区—镇街—村居四级河长办体系是层级协同机制的载体，治水政令通过各级河长办自上而下层层下达，基层的水环境治理问题则通过各级河长办自下而上层层上传；横向上由水务、生态环境、农业、城管等各涉水职能部门组成的协同组织网络是跨部门协同机制的载体，它们共同受所在层级的河长办的统筹协调。

2. 社会吸纳是中国水环境协同治理的助力

所谓社会吸纳，即以公权力为代表的政府机构在社会治理过程中以直

① 马克思恩格斯选集：第 3 卷：3 版［M］. 北京：人民出版社，2012.
② 〔英〕安德鲁·海伍德. 政治学核心概念［M］. 吴勇，译. 天津：天津人民出版社，2008.
③ 俞可平. 治理与善治［M］. 北京：社会科学文献出版社，2000：5.

接或者间接的方式，对不同层次的对象，以不同途径、不同渠道，将精英的意见、第三部门和社会运动的声音、普通民众的诉求，都纳入政治决策程序之中。① 社会吸纳机制主要是指国家通过一系列确定性、程式化的程序安排，使公民的权利、诉求得到政府部门的回应，采用的方式包括自愿合作与行动、公民参与等一系列制度和政策安排，以最大限度地将社会各主体吸纳到治理当中。

社会多元主体吸纳进治理领域的原因可以归结为三点。第一，社会吸纳是提升政府治理公信力的基础。吉登斯指出，"从广义的角度讲，政府责任是指政府能够积极地对社会民众的需求做出回应，并采取积极的措施，公正、有效率地实现公众的需求和利益"②。欧文·休斯也指出："公民允许政府代表其执行权力，但是政府必须满足公民的利益并且为公民服务。"③ 因此，需要加强政府的回应性建设和信任机制建设。第二，从中央和地方的关系看，"社会吸纳"可以增加中央对地方的制衡。尽管"条条块块"之间的分歧不乏权力分配的考量，但经济优先的发展惯性，已经同新的可持续发展理念存在差距。正是这种差距使得中央政府部门产生了"吸纳"社会力量的动力，以寻求更多的借力支点。④ 第三，社会吸纳有利于提升政府公共政策的合法性。公共政策的目的在于解决社会问题。公共政策作为一种治理工具，是政府治理社会的手段和方式，政府利用其对社会价值、资源、利益进行权威性分配。从这个角度讲，政府要让公众参与到公共政策的制定过程中来，回应公众的利益诉求，让公共政策能代表和体现大多数人的利益，这样才能获得公众普遍支持和认同，实现公共政策制定的目的。⑤

河长制不能仅仅局限于调动行政系统内部的资源，如果缺乏对连接社会力量外部机制的构建，社会力量的作用将难以发挥。相反，吸纳社会组

---

① 姚远，任羽中．"激活"与"吸纳"的互动——走向协商民主的中国社会治理模式［J］．北京大学学报（哲学社会科学版），2013，50（2）：141－146．

② ［英］安东尼·吉登斯．第三条道路及其批评［M］．孙相东，译．北京：中共中央党校出版社，2002．

③ ［美］布兰恩·琼斯．再思民主政治中的决策制度——注意力、选择和公共政策［M］．李丹阳，译．北京：北京大学出版社，2010．

④ 姚远，任羽中．"激活"与"吸纳"的互动——走向协商民主的中国社会治理模式［J］．北京大学学报（哲学社会科学版），2013，50（2）：141－146．

⑤ 李稷玺．社会治理背景下的公众利益吸纳：内涵、形式和制度构建［J］．延边党校学报，2015，31（6）：44－47．

织、企业、民间河长等社会多元主体参与水环境治理具有重要的作用，其不仅有利于政府更加精准地把握社会多元主体对优美河湖生态环境的诉求，而且是政府贯彻建设生态文明中须坚持"一切为了群众""一切依靠群众"路线的重要抓手，还是政府开展河湖生态治理与保护的必要补充，可以促进"治水参与、人人有责"的良好社会氛围的形成。①

3. 技术赋能是中国水环境协同治理的支撑

"赋能"这一概念，最早出现在 20 世纪 80 年代积极心理学的理论分析中，指通过言行、态度、环境的改变给予他人（或组织）以"正能量"的过程，"赋能"是"赋权"理论的扩展，二者皆对应英文单词"empowerment"，体现了由赋予"行动资格"向赋予"行动能力"的转变。② 学者们从不同学科角度论述了"赋能"的重要作用。组织理论研究者和实践者认为，"赋能"是未来组织最重要的功能，是使工作效率最大化的有效方法，也是使个人或组织获得过去所不具备的能力或实现过去不能实现的目标。③ "赋能"并不是简单地赋予能力，而是激发行动主体自身的能力以实现既定目标，也可以理解为给行动主体实现目标提供一种新的方法、路径和可能性。因此，"技术赋能"就是指应用新兴信息技术，通过技术扩散、场景改造和平台提供等方式，形成一种新的方法、路径或可能性，来激发和强化行动主体自身的能力。④

施瓦布从宏观的全球视角出发，认为当前工业革命正在通过技术革新实现物理世界、数字世界和生物世界的融合和交互，让"全世界正在进入颠覆性变革的新阶段"⑤。不同于工业时代的线性时间与空间模式，信息时代的社会信息流正在构成全新的社会—技术基础设施，推动实现信息与工业基础设施的融合，这为重新安排时间—空间组织提供了重要的条件。⑥

---

① 刘小勇. 公众参与全面推行河长制工作主要内容与实践模式 [J]. 中国水利，2018（4）：11 – 13.
② 王丹，刘祖云. 乡村"技术赋能"：内涵、动力及其边界 [J]. 华中农业大学学报（社会科学版），2020（3）：138 – 148 + 175.
③ 曾鸣. 赋能：创意时代的组织原则 [M]. 北京：中信出版社，2019.
④ 关婷，薛澜，赵静. 技术赋能的治理创新：基于中国环境领域的实践案例 [J]. 中国行政管理，2019（4）：58 – 65.
⑤ 〔德〕克劳斯·施瓦布. 第四次工业革命 [M]. 李菁，译. 杭州：中信出版社，2016.
⑥ 张康之，向玉琼. 网络空间中的政策问题建构 [J]. 中国社会科学，2015（2）：123 – 138 + 205.

具体来讲，技术赋能的特点有：①信息供给维度，新技术提升了系统整体的信息供给量；②信息交互维度，新媒体技术使信息交流具有扁平、便捷、实时共享等特性，这促进了信息传递由单向传接的"金字塔"式垂直机制向双向交互的"网络"式平行机制转变①；③信息应用维度，大数据与人工智能等技术正在为不同的治理场景提供更多的创新应用与服务，该过程要求政府与非政府主体掌握复杂技术，具备学习治理规则的能力②。

在河长制的协同框架下，一方面，技术设备与数据平台的使用将促进协作本身绩效的提升，而技术工具具有"非人类"属性，可以跨越部门协同的障碍，也能有效超越治水过程中个体认知与互动的问题。其中，多媒体网络"信息平台"的构建与应用为跨层级与跨部门协同提供了有效的载体与媒介，通过技术平台的应用，信息整合度提高，治理中原有的信息不对称问题被解决，信息传递的壁垒与困境被打破，信息共享的时效性与客观性得以提高。另外，技术的客观性也为协作内部的管理与监督提供了支持与保障，为数据应用与监管打开了机会之窗。另一方面，河长制作为一项推动科层协同与政社协同治水的机制设计，不仅仅是要强调政府发挥主导作用，更是要求政府推动治水向多元协同共治转变，而"互联网+"在河长制当中的应用则为推动政社协同提供了可能。S市基于"互联网+"的治水信息系统，不仅在实现内部协同治水的操作化方面取得了新进展，也为全民参与治水打开了机会之窗。

1.3.2 研究设计

本研究严格遵循社会科学研究的一般程序和基本规范进行方案设计，具体如下。

1. 研究问题的选择

本研究之所以把研究问题聚焦在水环境协同治理机制创新的"中国之治"上，主要是基于如下考虑。第一，近年来笔者参与了大量与环境治理相关的政府委托课题，对水环境治理这个场域非常熟悉，也积累了与本研

---

① 孙伟平，赵宝军．信息社会的核心价值理念与信息社会的建构［J］．哲学研究，2016（9）：120-126+129.

② 薛澜，张慧勇．第四次工业革命对环境治理体系建设的影响与挑战［J］．中国人口·资源与环境，2017，27（9）：1-5.

究相关的大量的第一手资料。例如，依托 S 市河涌监测中心的委托课题"完善治理体系，提升基层河长履职效率研究"，课题组有机会接触到 S 市所有的涉水职能部门以及市—区—镇街—村居四级河长办，也访谈了大量的基层河长，并且利用河长 App 对全市所有镇街和村居官方河长进行了点对点的全员问卷调查。应该说，在第一手资料的把握上，本研究是有一定优势的，毕竟水环境协同治理这个场域相对于很多人而言还是一个"黑箱"，难以"赢得研究的进入"。第二，已有关于河长制的相关研究非常多，但从协同治理角度来研究河长制水环境治理机制创新的研究并不多，并且已有有关水环境协同治理的研究中，大多是从府际关系或跨流域治理的角度来探讨，系统地从上下政府间的层级协同、横向跨部门协同、政府与社会多元主体间的协同以及技术赋能协同等角度来全面检视河长制这一协同治理机制创新的研究不多。第三，已有研究对水环境"中国之治"经验的总结与提炼不够，本研究基于河长制在全国全面推行近七年的实证考察，尝试对上述问题进行解答，选题具有一定的理论意义和现实价值。

2. 研究目的与研究性质

按照研究目的的不同，社会科学研究可以分为探索性研究、描述性研究、解释性研究；按照研究性质的不同，可以分为理论性研究和应用性研究。本研究既不属于纯理论性研究，也不属于纯应用性研究，而属于综合性研究。一方面，拟通过描述性研究回答河长制这一创新举措是如何促进水环境协同治理机制创新的以及水环境协同治理机制在运行中遭遇了怎样的现实困境两个问题，拟通过解释性研究回答哪些因素影响了水环境协同治理机制的创新这一问题。另一方面，拟基于河长制的检视，系统地归纳和梳理水环境协同治理机制创新的"中国之治"经验，为进一步推动水环境的协同共治提供相关对策建议，也为河长制经验在其他公共治理领域以及其他国家的水环境治理的推广应用提供借鉴。

3. 研究工具的选择

本研究选择案例研究法这一研究工具，主要是基于如下考虑。第一，案例研究适合用于回答"怎么样"和"为什么"的问题，而本研究主要探究"河长制是如何推动水环境协同治理机制创新的？""目前水环境协同治理机制的运行还面临哪些问题？其背后的深层次原因是什么？"这几个方面的问题。借助案例研究，我们可以深入了解河长制在推行过程中出现的一般性问题，掌握其内在发展规律，为推进水环境治理机制创新提供科学依据。第二，案例研究"对于正在发生的事件不能控制或者极少控制"，这与水环境协同治理的实际情况相符。虽然我们无法像自然科学实验那样对河长制的制度运行过程进行控制，但案例研究为我们提供了一种科学认识这类复杂社会事件的便捷途径。第三，案例研究聚焦"当前问题"，"适合用于研究发生在当代但无法对相关因素进行控制的事件"，而本研究是在全国全面推行河长制这一现实背景下，关注水环境协同治理机制创新在 S 市的践行情况，讲好新时代"大国治水"的故事。相对于历史研究法，案例研究更加强调"直接观察事件过程"和"对事件的参与者进行访谈"，而访谈法和参与式观察法是本研究主要的资料收集方法。①

之所以选择 S 市为个案研究对象，主要基于以下的考虑。一是 S 市作为实施河长制的先行地区，2014 年就在全省范围内建立"市—区—镇（街）—村（居）"四级河长体系，2017 年开发建设河长管理信息系统并不断推进"互联网＋河长制"的实施，河长制多年的运行实践为数据的获取与素材的挖掘奠定了良好的基础。二是 S 市的水系发达，河道密布，治理任务艰巨，2019 年前共有 197 条支流全部黑臭，并且河流黑臭污染反复出现，S 市河长制在推动水环境协同治理机制创新过程中所遭遇的困境及面临的挑战具有一定的典型性，能够在很大程度上折射出全国河长制的现实运行状况及普遍性问题。三是课题组于 2018 年 6 月至今三次接受 S 市水务局、S 市河涌管理中心等的课题委托，具有"赢得研究进入"的便利条件。团队已经在水环境治理这个场域开展了长达七年的田野调查，搜集了大量鲜活的第一手资料，可以较为完整、系统、全面地刻画与呈现 S 市水环境协同治理机制创新的图景，并且对河长制进行检视，来解读河长制所蕴含的国家治理密码。四是 S 市河长制的实施既深刻蕴含着政社协同的治理理念，又体现了依托社会公众参与水环境治理的共治原则。并且 S 市民间社会组织发达，民众环保意识较强，为政社协同创造了良好的社会环境。因此，S 市的案例研究可以提供在相对成熟的社会条件下，河长制如何发挥政社合力，共同推动水环境治理的积极经验。

---

① 〔美〕罗伯特·K·殷. 案例研究：设计与方法 [M]. 周海涛，李永贤，张蘅，译. 重庆：重庆大学出版社，2004：7 - 11.

4. 研究方式

本研究主要采取调查研究、实地研究以及文献研究等方式进行。

（1）调查研究，主要针对基层官方河长采取发放自填式问卷的方法来搜集有关基层河长政策执行力及其影响因素的数据，针对所抽取的 40 条黑臭河涌沿岸的居民采取发放结构式访问问卷的方式搜集关于"互联网＋"公众治水参与度及其影响因素的数据。

（2）实地研究，主要通过走访涉水职能部门、各级河长办、各个治水社会组织等搜集相关主体对协同治水相关问题的看法，通过参与式观察的方法来深入了解河长制是如何推动水环境的层级协同治理和跨部门协同治理的，以及技术是如何赋能水环境的协同治理的，通过个案考察的方式来对水环境协同治理机制创新的实际运作进行解剖麻雀式的研究。

（3）文献研究，主要通过对有关水环境协同治理的法律法规、政府文件、统计数据、专业书籍、期刊论文、媒体报道等进行文本分析，以发现问题和分析问题。

5. 资料收集方法

（1）访谈法。在治水主管部门的大力支持下，课题组开展了覆盖 S 市主要治水职能部门及 11 个区的大范围考察，共整理访谈稿 21 份，超过 70 万字。访谈主要分五个阶段进行。

第一个阶段从 2018 年 1 月到 2018 年 2 月，课题组对 S 市 BY 区 4 个镇街的 10 名河长办工作人员，以及 CH 区 XY 村的 4 名河长进行了深度访谈，初步了解河长制在基层的运行状况、存在的主要问题及原因等。

第二个阶段从 2018 年 7 月到 2018 年 9 月，课题组先后走访了 5 个市级治水部门（分别为市河长办、市环保局、市农业局、市城管委、市河涌监测中心）和 3 个区级河长办（分别为 TH 区、LW 区、HZ 区），侧重于了解各个治水部门对于水环境协同治理相关问题的看法。

第三个阶段从 2018 年 11 月到 2019 年 1 月，在 S 市河涌监测中心的大力支持下，课题组以召开座谈会的方式对 8 个区（分别为 BY 区、YX 区、HP 区、PY 区、NS 区、ZC 区、HD 区和 CH 区）河长办派出代表（包括区、镇街和村居三级河长）分批进行了小组访谈，侧重于了解各个层级治水部门对于水环境协同治理相关问题的看法。

第四个阶段从 2018 年 12 月到 2019 年 4 月，课题组对 TH 区 CB 涌、TX 涌的民间河长，以及 S 市新生活环保促进会的运营主管和 S 市绿点公益环保促进会的干事进行了深度访谈，主要了解民间河长、环保社会组织在水环境协同治理中所扮演的角色以及所发挥的作用。

第五个阶段从 2019 年 10 月到 2020 年 1 月，课题组对 S 市河长办的工作人员进行访谈，侧重了解 S 市河长管理信息系统的设计思路、具体应用状况及存在问题等。访谈的问题涉及：①河长管理信息系统平台的设计思路与基本框架；②河长管理信息系统的基本功能板块与运行状况；③河长管理系统所涉及的相关行动主体及其各自扮演的角色；④已有的制度结构是如何影响相关行动主体的行为的等。

第六个阶段从 2021 年 10 月到 2021 年 12 月，课题组先后走访了 S 市 HZ 区、BY 区、ZC 区、NS 区等区级河长办及其所辖镇街河长办，获取从河长制建设向政社协同发展的案例。从 2022 年 3 月到 2023 年 4 月，课题组先后走访了 S 市工业和信息化局、S 市城市管理和综合执法局、S 市政务服务数据管理局，系统了解相关涉水部门的应用信息化建设情况及数字协同情况。

（2）问卷调查法。为了更加全面和精准地把握 S 市层级协同治水中的基层河长政策执行情况，课题组在对基层河长深度访谈的基础上，设计《S 市基层河长履职情况调查问卷》，借助河长 App 官方平台点对点派发与收集问卷，对基层河长群体全员进行问卷调查。问卷调查的时间为 2017 年 9 月至 2018 年 11 月，共发放问卷 2638 份，实收问卷 2115 份，有效率 80.2%，其中镇街级河长共发放 915 份问卷，实收问卷 643 份，有效率 70.3%，村居级河长共发放 1723 份问卷，实收问卷 1472 份，有效率 85.4%，

为了从总体上把握 S 市政社协同中的公众治水参与状况，课题组在对公众、民间河长及环保组织负责人深度访谈的基础之上，设计了《S 市河长制水环境治理公众调查问卷》。2019 年 3 月 1 日至 4 月 30 日，课题组采取比例抽样的方法，以《S 市 197 条黑臭水体 2018 年第四季度整治进展公开清单》所公布的 197 条黑臭河涌为抽样框，按照所有黑臭河涌在 11 个区的地理分布，综合考虑市中心、郊区与城乡接合部的产业结构对河涌的影响以及黑臭水体的三种类型，从中抽取约 20% 的黑臭河涌（共 40 条），进而采取目的抽样的方法在上述河涌沿岸拦截当地居民进行问卷派发，共发放问卷 1000 份，回收问卷 931 份，回收率为 93.1%；有效问卷为 926 份，

有效率为 99.5%。

（3）参与式观察法。鉴于水环境协同治理机制运作属于"微观的政治过程"，为"赢得研究的进入"，笔者通过安排研究生到涉水部门进行专业实习的形式展开参与式观察，以获得较为真实、鲜活的第一手资料，具体安排如下。① 2017 年 10 月至 2018 年 1 月，研究生 A 在 S 市 LX 河流域管理办公室进行专业实习，实习期间通过跟随部门领导实地走访、参加会议等方式，对现有河长制运行的制度政策、政府治理手段、治理机制等有了一定程度的了解。② 2019 年 4 月至 7 月，研究生 B 在 S 市 TH 区河长办进行参与式观察。5 月、6 月恰逢河长制国家考核时期，前期需要进行民意调查收集公众评议意见，因此研究生 B 在实习期间通过跟随部门领导外出走访调查、参加迎国检会议等方式，对现有河长制运行的制度政策、政府治理手段、治理中公众的参与机制等有了较为深入的了解。③2020 年 10 月至 2022 年 1 月，研究生 C 在 S 市河长办开展参与式观察，全面接触河长办数据生产与数据应用方面的多项具体事务，对 S 市河长管理信息系统的设计意图与运作逻辑、"互联网＋"河长制的具体推行状况及存在的问题进行深入了解。

（4）实地考察法。为更深入了解影响 S 市河长制实施的因素，研究者对 BY 区 TDTX 涌、XSH 涌、SH 涌 BZH 涌、ZZH 涌及 PY 区 DSHD 涌等整治不力的典型河涌进行了实地考察。在进行公众问卷调查期间，对 TH 区的 LD 涌、TX 涌、CP 涌、YC 涌、SHA 涌、SH 涌，HZ 区的 LJ 涌、MDSH 涌，LW 区的 SM 涌、LZHW 涌、JK 涌、SHH 涌，PY 区的 CHB 涌、BQ 涌，HD 区的 XH 涌、TM 涌，YX 区的 JT 涌等进行了实地考察，并通过与河涌当地居民交谈了解相关情况。

科层驱动：水环境"中国之治"的基础

第 2 章 "上下同治"：层级协同治水机制创新*

2.1 科层协同治水中的政治权威及其作用机制

2016 年 11 月 28 日，中共中央办公厅、国务院办公厅印发《关于全面推行河长制的意见》（厅字〔2016〕42 号），明确要求"在全国江河湖泊全面推行河长制"，"全面建立省、市、县、乡四级河长体系"。同年 12 月，水利部和环境保护部印发《贯彻落实〈关于全面推行河长制的意见〉实施方案》（水建管函〔2016〕449 号），进一步指出"确保到 2018 年底前，全面建立省、市、县、乡四级河长体系"。自河长制实施以来，全国各地之所以能够将河长制的制度优势转化为制度势能，形成"横向到边、纵向到底"的水污染治理体系，关键在于科层权威的科学调度。在水环境治理中，科层权威主要体现在三个方面：一是将"党的领导"作为制度落地的首要前提，二是将"政治生态"作为制度绩效的重要保障，三是将"组织权威"作为河长制长效发展的关键所在。

2.1.1 "党的领导"是首要前提

由于水环境具有整体性、流动性的特点，水污染问题治理牵连着"左右岸、上下游、水陆间"的不同部门和管理领域。然而，以科层制为组织架构的传统水环境治理权限被分割到不同职能部门，亟须寻求一种有效的统筹机制。河长制作为一项以"协同"为突破口的制度创举是如何解决组织结构"碎片化"与水治理对象"整体化"矛盾的呢？

---

　　* 本章部分内容曾以《治水"最后一公里"何以难通》为题发表在《华南师范大学学报》（社会科学版）2020 年第 5 期，收入本章时进行了扩充与删改。

习近平总书记强调"党政军民学，东西南北中，党是领导一切的"①，中国共产党的领导及其制度体系在国家制度和国家治理体系中具有重大意义和重要地位。党是中国的最高政治力量与政治权威。一项制度的有效执行离不开党的领导，特别是对于需要处理复杂的部门关系的水环境治理而言，更需要以坚持党的领导为制度执行的核心原则，推动河长制在全国范围从"有名有实"向"有能有效"纵深发展。

河长制是中国在环境领域中的制度创举，在责任配置上，由全国各级党政负责人担任行政辖区内河流湖泊河长，河长作为所辖河湖的第一责任人，负责组织领导相应河湖的管理和保护工作，包括水环境保护、水域岸线管理、水污染防治、水环境治理等。在机构设置上，在地方成立河长制领导小组办公室（河长办），主要负责联动涉水相关职能部门，统筹规划水资源保护，统筹水环境治理的各类资源。作为一项从中央到地方自上而下推行的水环境治理创新举措，经过一段时间的推行落实，河长制在强化政府治理责任、统筹协调各治水单位、整合全社会资源等方面发挥了积极的作用。

2.1.2 "政治生态"是重要保障

"政治生态"所反映的是一个地方政治生活的大环境和大趋势。习近平总书记在党的二十大上明确提出"中国式现代化是人与自然和谐共生的现代化"，这表明了依托新时代新发展理念打造的"政治生态"是建设社会主义现代化国家的重要组成部分。具体到河长制的建设上，政治生态的良性营造对于解决我国复杂水问题、维护河湖健康生态、完善水治理体系和保障国家水安全至关重要。也只有在"绿水青山就是金山银山"的生态文明理念下，河长制才能被政府、市场和社会充分关注，才能在良好的水环境治理氛围中集众之所长，解决传统治理模式下难以解决的治理难题。

S市自2017年全面推行河长制以来就以生态文明建设为抓手，在2017年3月颁布的《S市全面推行河长制实施方案》中明确提出，要"构建责任明确、协调有序、监管严格、保护有力的河湖管理保护机制，为维护河

---

① 中共中央党史和文献研究院. 十九大以来重要文献选编（中）[M]. 北京：中央文献出版社，2021：554.

湖健康生命、实现河湖功能永续利用提供制度环境，营造河畅、水清、堤固、岸绿、景美的水生态环境，服务国家重要中心城市的发展"。为此，S市从体系搭建、机制创新和行动指导等方面强化自上而下的河长制制度落实。具体而言，一是印发《S市全面推行河长制实施方案》，完善市—区—镇街—村居四级河长体系以及九大流域的河长组成架构，成立全市全面推行河长制工作领导小组，出台《S市河长制考核办法》，落实河长"涌边三包、守水有责"的制度规范。二是下发《S市黑臭河涌整治工作任务书》，将治理任务落实到基层和各责任部门；制定《S市河涌管理范围内违法建设专项整治实施方案》，将全市河涌管理范围内的违法建筑列为拆除重点，坚持"条块结合、以块为主"，坚决"止新"，全力"拆旧"。三是完善《S市河道管理信息报送制度》《S市河长制公示牌设置指引》《S市河长巡河指导意见》《S市河长制办公室关于开展聘请河湖"民间河长"活动的通知》《S市河长制投诉举报受理和办理制度》《S市河长制工作重大问题报告制度（试行）》等制度规范，确保河长制规范管理、各级河长责任落实以及民众的参与及监督。四是制定《S市水环境治理责任追究工作意见》，倒逼河长制工作落实，提高各级河长和管理单位履职尽责能力。

2.1.3 "组织权威"是关键所在

要让制度从"纸面"到"地面"，就需要为该项制度搭建相应的组织架构，建立具有权威的组织形态。河长制作为一项顶层设计谋划，要真正有效落地离不开能够贯彻制度的组织和机制。一方面，要在地方搭建纵向到底的省、市、县、乡四级河湖长体系；另一方面，要搭建横向到边的部门协同体系，将水务、环保、城管、农业等涉水相关职能部门统合进协同与分工体系中。为此，河长制工作领导小组办公室（河长办）作为一个疏通纵向与横向关系的权威载体应运而生，中共中央办公厅和国务院办公厅印发的《关于全面推行河长制的意见》与水利部、环境保护部印发的《贯彻落实〈关于全面推行河长制的意见〉实施方案》都对河长办这一权威组织的设置有明确的规定。以S市为例，S市于2017年6月5日成立了S市河长制工作领导小组，领导小组下设S市河长办公室，S市河长办挂靠在市水务局。S市河长办的成员单位有S市委组织部、S市委宣传部、S市发展改革委、S市工业和信息化委、S市财政局、S市国土规划委、S市环保局、S市住房城乡建设委、S市交委、S市水务局、S市农业局、S市城管委、S市林业和园林局、S市水投集团以及各区政府等相关单位。该设置模式既能够使地方党政一把手肩负起流域治理第一责任人的职责，又能整合横向的水环境治理资源，强化组织结构的顶层设计。

2.2 河长制如何推动"上下同治"

在推行初期，河长制以统筹和协同为核心展开制度转型探索，在压实地方党政领导的水环境治理责任，解决长期以来水环境治理资源分散、职能碎片化、统筹权威缺失等问题上发挥了积极的作用。但由于河长制在制度设计上并没有从根本上突破传统官僚制的分工与组织方式，这使其难以摆脱原有治理模式的制度惯性与行为依赖，甚至一度出现河长制流于形式的现象。这些深层次的治理困境导致治水"最后一公里"难以打通：一方面，河长制治水创新机制频遇"上热下冷"，基层推动时难以找到抓手，有关基层治水"阳奉阴违"或策略性执行的报道时常出现；另一方面，"一把手包干""一票否决"等强行政手段到了基层难以奏效，基层陷入"有权无实、重责难担"的尴尬境地。那么，河长制应该如何加强体制建设从而增强落地实效？又该如何将制度势能转化为治理效能呢？

2.2.1 设置"4+2"新型河长组织体系

S市在原市—区—镇街—村居四级河长基础上，向上实现九大流域河长统筹跨区河流治理，向下设置网格长（员）扩大污染源监管覆盖面，基本形成"市级河长、流域河长、区级河长、镇街河长、村居河长、河段长（网格员）"纵向协同体系。"4+2"的河长组织体系秉持区域治理与流域治理相结合的理念，将属地负责原则嵌入河长等级管理体系，发挥各级河长的独特优势。

首先，市级河长主要负责河长制的组织领导、决策部署和监督检查，解决河长制推行中遇到的重大问题。从组织上看，市河长办下设综合协调组、巡查督办组、污染防控组、新闻宣传组、监督问责组。这些内设单位主要肩负着将基层的诉求和声音传达给市河长办的重要任务。例如市河长办综合协调组会经常深入基层了解河长履职需要，听取基层河长的声音。特别是在2019年，S市基本消除了197条国家划定的黑臭河涌，这就要求S市要及时推动治理重心和任务转型。有些基层河长反映河流水质已经改善，而规定的巡河次数没有变化，依旧过密，这给河长造成了不必要的工作负担。通过综合协调组的信息传达，市河长办很快就根据实际情况，推动基层河长的履职标准更新。

其次，区级河长是本区推行河长制的第一责任人，对本区河湖管理保护负总责。在纵向的协同体系中，区级河长是落实河长制的"关键少数"，"少数"是指区级河长人数不多，但能将辖区内的治理资源有效投入水环境治理中。而"关键"则在于区级河长一方面需要将市级政策贯彻执行且要关照本区域实际；另一方面相比于市级河长对辖区情况有更深刻的了解，能更快速地反映和协调资源投入治理现实。因此，发挥区级河长的"桥梁"作用，是实现河长制政策高位推进、统筹协调、综合施策、系统治水的关键所在。S 市在区级河长管理中，创新构建了区级河长注意力调动机制，将区级河长的履职评价得分与镇街河长的履职评价得分挂钩，强化上下级的联动，提高了协作的效率；从横向上，将水污染治理案件"推诿扯皮问题数量"纳入区级河长的履职评价指标当中，发挥区级河长"领头雁"的作用，推动区级河长积极解决跨部门治理难题。

再次，镇街河长是河长制体系中的最后一环，也是水环境治理的"最前线"。新型河长管理体系在末梢设置了"河长吹哨，部门报到"的合作体系。通过明确问题流转中各级各部门的主体责任，匹配权责关系，以"河长派单—部门接单"带动科层内部的层级协同。这种通过流程管理替代科层体制下的逐级流转，将各层级河长办、各职能部门有效统一于问题流转的框架下的整体性治水模式，不仅能减轻基层河长的履职压力，让河长专职、专心排查污染源，还能发挥各职能主体的专业优势，推动问题得到更快更好的解决。

最后，S 市第 3 号总河长令在原 3000 多名河长的基础上，划分出19660 个网格，形成以网格为基本单元的全覆盖、无盲区的治水网络体系，把发现问题的责任放到网格员身上，网格员管理的空间更小，其职责更具体也更容易落实。网格化治水实现"小切口，大治理"，能够把"散乱污"治理、违建拆除、管网建设、巡查管理等治水工作落实到每个网格单元，实现河长巡查工作由"水"向"岸"深化、控源重点由"排口"到"源头"转换。网格化治水让网格员成为基层河长的左膀右臂，实现河长履职事半功倍和治水力量的乘积效应。

2.2.2　压实河长履职的全过程绩效评价体系

为推动河长制尽快从"有名"向"有实"转变，S市先后出台多项指导意见，提出河长巡河的具体要求，并紧密围绕河长履职前、履职中、履职后提出更加契合河长履职真实情况的全过程绩效评价体系。对河长履职全过程数据的跟踪使河长履职评价更科学、更客观，对于提升河长履职的积极性和认同感有积极影响。

首先，在河长履职前，S市河长办会为河长开展多种形式的培训。例如相关的市级培训部门会"送课进区"，为区河长派送"共筑清水梦"系列的履职漫画，用更丰富有趣的方式教会河长使用河长App进行问题上报、查看河涌水质等。特别是在2019年污染问题较为严重的三个月，S市河长办对河长培训进行探索，举办了各类河长培训会12场，制定相关河长履职的工作指引16份，出版河长履职系列漫画15册，等等。其中由中国水利水电出版社出版的《共筑清水梦》读本被发放至全市3030名河长及各级河长办人员手中，将枯燥乏味的履职规范用有趣易懂的漫画呈现，让河长学习履职知识更便捷、更有效。

其次，在河长履职过程中，S市河长办强化信息反馈为河长行动"纠偏"。自2018年7月起S市陆续向各级河长推送河长周报，每周一次将河长履职不到位的地方，用简报方式推送给各级河长，从而起到事中约束提醒的作用。特别是在黑臭水体治理攻坚战最关键的2019年，S市定期分析河长巡河情况、问题上报情况、水质情况等基础数据，编写基层河长履职情况报告，推送河长周报77期；通过数据分析，定期曝光履职差的河长，适时作为问责线索移交相关部门处置。仅2019年，S市就印制《河长管理简报》16期，曝光履职差的典型河长46名。通过不断强化河长日常履职规范要求，帮助各级河长及时掌握自身及下级河长履职情况，分析履职成效，找出存在的问题，并提醒河长及时调整工作计划。

最后，在河长履职后，运用"红黑榜"的方式开展回应型政府建设。在传统水治理模式下，一些河长敷衍了事，到河涌附近打个卡、逛一圈、拍拍照，就当作履职记录，这种现象又被称作"打卡式履职"。对此，S市增设"红黑榜"，用电话抽查、履职数据分析等方式监督河长，对巡河轨迹、责任河涌水质、下级河长履职情况等进行分析评估，督促提醒巡河不力、上报问题避重就轻、问题解决不力的河长。仅在2019年，S市就在黑榜上批评"打卡式履职"河长 145 名。S 市通过深入分析黑榜，以"河段—河长—问题—水质"为相关线索挖掘河长履职不仔细、河长履职不认真的问题，并进行双向、可追溯、多元化管理分析，提出有针对性的意见建议，以便责任单位及时整改。

2.2.3 构建立体化的河长制监督执纪体系

自河长制全面推行以来，监督执纪体系在其中发挥了极大作用。S 市河长制的监督执纪工作成效显著：一是形成了"横向到边，纵向到底"的纪检监察体系；二是设立了纪检监察联络站，打通了监督问责的"最后一公里"；三是强化了监督问责机制，压实了治水责任；四是形成了"1+4"监管执纪创新机制。

首先，河长制的监督执纪体系全面且完善。从领导方式上看，监督问责组实行双重领导制，执纪问责工作主要由市纪律检查委员会和市监察委员会（市纪委监委）领导，日常监督工作主要由市河长办领导。在实际操作中，监督问责组发现问题线索后，需要同时向市河长办公室和市纪律检查委员会、市监察委员会报告，这确保了河湖监督执纪体系的权威性和严肃性，也保障了河湖治理责任链条的完整。从机构设置上看，市河长办监督问责组设在市纪委监委党风政风监督室。市河长办监督问责组设组长（由市纪委监委人员兼任）、专职副组长，组员为从市直各相关部门抽调的业务骨干。从职责上看，市河长办监督问责组负责受理、调查核实和处置全面推行河长制工作中不履行或不正确履行职责问题，自行或者依托媒体力量开展暗访监督，并根据《S 市水环境治理责任追究工作意见》实施责任追究。从工作方式上看，市河长办监督问责组按照干部管理权限实行分级负责制，报市纪委监委领导同意，市河长办监督问责组有权指定下级河长办对管辖的单位、党员、干部等的违纪问题进行执纪审查，必要时会同纪检监察机关以市纪委监委的名义直接进行执纪审查（见图 2-1）。

其次，"横向到边，纵向到底"的监督执纪队伍打通了监督问责的"最后一公里"。"横向到边"是指当前已经将区级考核监督纳入绩效管理架构中。"纵向到底"是指各个区已打造出具备专业化、规范化监督执纪能力的高水平监督执纪队伍。例如，LW 区在社区（经济联社）设立纪检监察联络站，将联络站站长专职化，构建区、街、社区（经济联社）三级监督体系，把区各级河长履职情况作为日常监督内容，压实河长履职

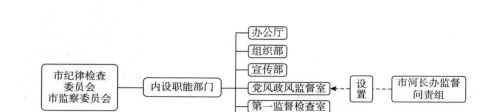

图 2 − 1　河长制的监督执纪体系

责任，将监察监督的"触角"延伸到基层"神经末梢"。截至 2022 年，LW 区的区、镇街、村居三级河长累计上报问题 1602 个，已整改 1587 个，整改率达 99.06%，充分发挥了监督执纪队伍的威慑力。

再次，通过强化多元的监督问责机制压实治水责任。在监督检查方式上，设置了专项调查、检查、督查三个检查级别，具体有暗访、媒体曝光、公众信访举报、上级单位交办等方式；在问题等级划分上，对河湖监督检查发现的问题，按照严重程度分为重大问题、较严重问题、一般问题三个风险评估级别；在暗访规范上，按照"四不两直"的原则——检查前不发通知、不向被检查地方和单位告知行动路线、不要求被检查地方和单位陪同、不要求被检查地方和单位汇报、直赴现场、直接接触一线工作人员，防止监督问责的腐败；在问责对象范围上，涵盖了涉河湖违法违规单位、组织和个人，如河长、湖长以及河湖所在地各级有关行业主管部门、河长制办公室、有关管理单位及其工作人员；在监督问责的工作重点上，主要是处理上级部门交办的重点问题、媒体曝光的舆论问题、群众举报的河湖污染问题。由此，监督问责组可以将监督资源集中在涉河湖治理的突出问题上，发挥监督执纪的作用。

最后，在监督执纪体系上，形成"1+4"监管执纪创新机制。"1"是指秉持刚柔并进这一核心理念，要用监督问责这把利剑强化河湖长制的权威，同时要有"制度温度"，强化基层河湖长的履职能力。"4"包括了提前介入机制、抓早抓小机制、主动介入机制、注意力调动机制。一是提前介入机制，也被称为"找事干"。监督问责组会根据"红黑榜"、曝光台、每月的简报、每季度的简报找出那些不作为的河长，提前介入纠正河长不认真履职等问题。特别是针对违规违纪违法现象，监督问责组会根据形势发布监督重点内容清单，适时采取明察暗访等方式，推进监督常态化。二是抓早抓小机制，监督问责组运用大数据技术，做到河湖风险的提前预报。三是主动介入机制，市、区两级的监督问责组主动下基层，实地查看、实地找问题，找出基层河长队伍中的优秀典型，同时对不作为、慢作为的河长依规处理。四是注意力调动机制，将督察所取得的线索"上升"为严肃的交办案件，包括以下几方面内容：①将河长履职与绩效考核深度挂钩，将河长制实施情况纳入全面深化改革以及水资源管理制度中进行考核，考核结果作为党政领导干部综合考核评价的重要依据；②将河长履职与谈话提醒机制挂钩，用谈话提醒约束行为，包括建立河湖长谈话提醒制度，对巡查河湖走过场、上报问题和解决问题不积极、整改问题不彻底的河长进行谈话提醒，减少河长不作为；③将河长履职与督察动员机制挂钩，各区参照市河长办监督问责组的架构设置相应的区河长办监督问责组，各区河长办监督问责组组长为区纪委监委相关负责人，市河长办可发出责任追究通知，交由各区河长办处理，必要时由市河长办直接开展责任追究工作。

2.2.4 建设"应用多、接地气"的河长培训服务体系

S 市除了压实河长职责，还建立了相应的河长培训服务体系，满足水环境治理过程中自上而下的任务需求和自下而上的治理需求。一是在任务需求上，服务型河长体系具有"应用链接"能力，能随着 S 市总河长令的叠加，不断完善河长培训能力体系。例如，2017 年河长培训体系仅包含河长履职工作指引。2019 年，河长培训服务体系随着治水阶段治水的重心调整，增加了黑臭水体治理攻坚、考核断面监测、"清四乱"行动、海绵城市建设、突击检查等培训模块。2020 年，S 市结合实际工作需求，新建开发污染源治理、四个查清、履职督导等 19 个培训功能模块，让培训服务体系与河长制相关政策深度匹配，帮助政策落实。

二是在治理需求上，河长培训服务体系是"接地气"的，能够让基层河长反映治理的需求，让市级河长办及时调整滞后的政策，让河长制的政策制定与地方治水实际更匹配。例如，S 市在 2019 年已经完成了黑臭河涌的全面消除工作，但是原有的"每日一巡河"政策未被及时调整，对此，BY 区、PY 区、YX 区等地的河长通过河长服务培训平台提出政策调整建议。市河长办听取建议并进行调整，最终于 2021 年 1 月起在全市推行差异化河湖巡查，根据河湖治理的最新情况，将河涌分为"红、橙、黄、绿"四个级别，对不同的预警级别实施不同的巡河频次政策，改变了河长履职

"一刀切"的状况，回应了河长的实际需求。

2.3 层级协同中的治水"最后一公里"

2.3.1 治水"最后一公里"：基层政策执行的议题

表面上看，旨在打破"九龙治水"格局的河长制是一种跨部门协同的模式，但实际上其是一种新型的混合型权威依托的等级制协同模式，① 并没有从根本上突破强调分工和专业化的传统官僚制模式。最突出表现就是治水"最后一公里"难以打通，河长制治水创新机制频遇"上热下冷"，"一把手包干""一票否决"等强行政手段在基层难以奏效，基层有权无实、重责难担。那么，基层治水"最后一公里"为何难以打通？与此相关的三个子问题是：第一，基层治水难以打通的"最后一公里"到底是什么？第二，为什么基层治水的"最后一公里"难以打通？第三，基层治水"最后一公里"难以打通的背后可以引发哪些思考？为此，笔者拟以 S 市作为个案研究对象，基于"权虚责实"的分析框架，通过访谈、参与式观察以及田野调查等方法搜集的数据与资料，对上述问题进行一一探究。

2.3.2 基于"权虚责实"的基层治水分析视角

虽然河长制的治理结构创新在一定程度上对权力主体起到整合与促进作用，但河长制本身难以超越科层权力分配的逻辑。对于自上而下的权责博弈关系，已有不少可以借鉴的理论成果。

第一种解释是关于央地关系的讨论。央地关系实际指中央政府与地方政府的权限划分和中央政府对地方政府的监督。② 在很长的一段社会发展进程里，央地关系的博弈与动态平衡成为国家治理的主要表象，研究的落脚点不外乎集权与放权的往复交替。然而，这种宏大的相对关系讨论难以解释科层中"权威一统"与"有效治理"如何实现平衡。基于上下级权力分配逻辑、科层契约关系与权变状况，周雪光和练宏用"控制权"理论解释了政府各层级间诸权的分配组合，进而将宏大的央地关系讨论转向对层

---

① 任敏."河长制"：一个中国政府流域治理跨部门协同的样本研究 [J]. 北京行政学院学报，2015（3）：25 – 31.

② 潘小娟. 中央与地方关系的若干思考 [J]. 政治学研究，1997（3）：16 – 21.

级协调与互动关系的阐释。实际上，无论是"集权与放权"理论、"权威与治理"理论还是"控制权"理论，实际都尚未走出费孝通在《乡土重建》中所述的"双轨政治"模型："自上而下"与"自下而上"的"官"与"非"二元逻辑。

第二种解释是委托代理理论。这一解释对中国政府治理行为的研究产生了深刻的影响。基于 Jensen 和 Meckling 的委托代理模型，委托方和代理方之间信息不对称且目标各异，组织设计的关键在于如何使各方的目标保持一致并为实现这一目标采取一致的行动。有研究将其拓展为"委托方—管理方—代理方"（中央政府—中间政府—基层政府）的三级科层组织模型，① 用以解释各级政府的微观治理行为。这一理论与"控制权"理论相辅相成，使央地之间集权与放权的关系得到更加具象的描绘，上下级权力分配逻辑也被解释得更为深刻。然而，逐级代理所带来的决策统一性与执行灵活性的动态矛盾，使得科层治理的研究面向如何理解与防治"各行其是""权力寻租""利益共谋"等更为具体而贴切的政治权变与治理绩效问题。

第三种解释是基于组织失灵的状况。协调失灵、绩效失败、激励缺失、信息不对称等都是组织管理过程中常见的难题，这些都是对政府行为的正式体系研究所揭示出的治理逻辑。然而，此类依赖于管理学、社会学或组织行为学的分析结构与经验现象之间存在出入。如治理信息的传递本应是沿着科层架构上下流动（文件、会议等），"但在实际的政府运作中，重要的信息则是沿着各种所谓'非正式'关系渠道流动的，比如各种饭局、聚会、聊天和八卦消息"② 。政治意图往往需要通过"解读""学习"等"意会"的方式获得补充，这并非组织失灵研究所能解释的范畴。

第四种解释是非正式关系。费孝通提供了一个根植于中国乡土社会关系的解释模型——差序格局，③ 然而我们这里并不是集中讨论关系的强弱影响，而是指出在科层权威体系之外的治理逻辑——"将关系视为个人之间的、不受规范约束的社会互动"。如果说科层治理逻辑意味着一种正式

---

① 周雪光，练宏.中国政府的治理模式：一个"控制权"理论 [J].社会学研究，2012，27 (5)：69 - 93 + 243.

② 周飞舟.论社会学研究的历史维度——以政府行为研究为例 [J].社会科学文摘，2016 (3)：64 - 66.

③ 费孝通.乡土中国 [M].北京：人民出版社，2008，25 - 34.

的"言传"安排，那么非正式关系就意味着一种"意会"治理。"在地方社会中，越是我们'外人'看不出、说不清、感觉不到、意识不到、很难测量和调控的文化因素，越可能是一些深藏不露的隐含的决定力量，越可能是我们实际工作的难点。"① 非正式关系是一种弥补正式关系研究缺陷的有效解释，与科层治理的正式关系组成了区别于"双轨政治"研究的"双轨关系"。

本书所研究的基层治水"最后一公里"难题，实质是权责倒挂造成的。而关于权力与责任，虽然河长制对原有科层治水体系造成了冲击，促进了横向部门与纵向层级的协同实践，但究其根本，河长制还是一种科层治水的政令传达与执行。回到 S 市治水的研究个案，亦没能挣脱科层治理权责不匹配的窠臼。由此，本研究提出"权虚责实"的概念作为过往理论解释工具的延展，结合治水关系结构和理论资源，构建政策执行框架，对河长制难以打通的"最后一公里"及其缘由进行解释与分析（见图 2-2）。

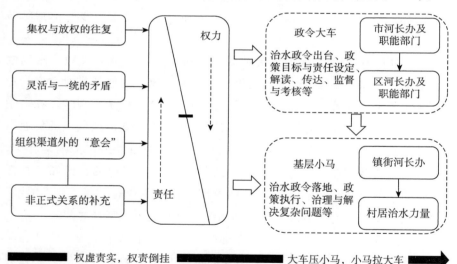

图 2-2 一个"权虚责实"的基层治理解释框架

我国基层治理延续了科层系统自上而下的权力分配逻辑，而随着治理任务的逐级传递、层层下压，政策落地与执行往往成了科层末梢的主要工作责任，加上各种"属地管理""问责考核"的刚性约束，自上而下层层

① 费孝通. 试谈扩展社会学的传统界限 [J]. 北京大学学报（哲学社会科学版），2003（3）：5-16.

加码的状况就成了必然。而在基层治水这个场域中，自上而下构建了四级河长制体系，其中市级和区级河长办是政策制定层，主要负责治水政令出台、政策目标与责任设定、解读、传达、监督与考核等；而镇街和村居河长办是政策执行层，主要负责承担治水政令落地、政策执行、治理与解决复杂问题等一线责任。权力自上而下逐层减弱，责任自上而下逐层压实，形成基层治水"权虚责实"之态。

2.3.3 治水"最后一公里"堵在何处

治水"最后一公里"通常是指市—区—镇街—村居四级河长制体系链条中的"镇街—村居"，它既是河长制政策执行链条的末端场域，也是政策容易走样且极具复杂性和挑战性的实践空间，该空间内的实践时常与政策执行理想状态存在差距。为实现"河畅、水清、岸绿、景美"的河湖管护目标，S市政府围绕着河长制调动了大量政策资源、资金资源、社会资源以及舆论资源等，但水环境治理的"最后一公里"问题依然存在，主要表现为以下几个方面。

1. 市区"热"、镇村"冷"的治水运行态势

基层治水呈现"权虚责实"的态势，对于治水权力而言，越往基层走，其治理权力越小，能力越弱，资源也越匮乏；而对于治水责任来说，越往一线去，其治理责任越大，任务越重，考核也越严格。权责倒挂首先造成的是"上热下冷"的局面，一方面，上层对治水充满期待，积极制定各种政策措施以指导、推动、监督以及鞭策基层治水工作；另一方面，基层一线疲于解读治水政策、执行治水任务、完成考核指标、完成上级各职能部门交付的日常工作。在这种行政压力之下，加上基层激励措施的不足，基层执行的积极性被挫伤，由此"上热下冷"成为基层治水政策执行的常态。对于镇街河长而言，只要"完成"市区级政府发包的治水任务，避免上级政府的负面评价，不至于影响自身的政治晋升前途即可，因而他们更加关注"达标"而非"绩效"。

2. 政策"一盘棋"与执行"一刀切"的掣肘

虽然河长制在政策设计初衷里包含因地制宜的治水安排，但在"刚性考核体系下，所谓的'一河一案'、'一河一策'不过是一个模子里倒出来

流水线产品而已"①。在 S 市早期的治水工作中，为了下好"一盘棋"，"一刀切"的执行方式很常见。一是在"散乱污"企业的清理整顿专项整治中，阵风式地整治"涉污"企业。如曾作为 RH 镇支柱产业的 42 家草菇场在 2017 年的环保问责风暴压力下被当地政府全部查封，事实上"草菇养殖的碱性非常弱，不可能对水体造成所谓的污染"，并且"政府的废水检测报告迟迟不公开"。二是在"禁养、禁种、禁排、禁采、禁堆"范围划定上的"一刀切"。2016 年 5 月 18 日，环境保护部发布《畜禽养殖禁养区划定技术指南（征求意见稿）》，要求依法关闭或搬迁禁养区内的畜禽养殖场（小区）和养殖专业户。BY 区的养鸽场成为关停对象，养殖户不理解、闹情绪，提出"鸽子吃的是薏米，鸽子的粪便还可回收种菜，污染极小"，但回应是"鸽场坐落在新划定的流域禁养范围了，必须关停"。事实上，禁养区的范围仍是比较模糊的，但为了规避治水责任，基层政府"宁可一刀切地禁养"。三是河涌治理早期关于拆除"河涌两岸 6 米内构（建）筑物"的规定，在基层执行起来难度很大。因为"这样的工程量巨大，难以完成，相当一部分是很早以前就正式规划了的"，并且由于补偿问题而引发的矛盾非常多。此外，基层常常在"该不该拆"的定性问题上拿捏不准，但"上面要求完成拆违任务的时间也比较紧，按照程序走下来，调查、取证的时间是不够的"。

3. 基层治理中存在不少难解决的"问题"

河长制落实到基层，势必会涉及基层利益，这导致动员村社集体和村民面临重重困难。首先，由于市、区两级对村居的直接管辖（干预）不如镇街那般有力，很多工作需要基层镇街出面推动，然而一旦牵涉到村集体的利益谁都会陷入犯难的境地。以河涌沿岸违章建筑拆除工作为例。在过去相当长的时间里，由于巨大的市场需求、无序的规划管理及不大的行政处罚力度，大量的违章建筑沿河涌涌现，其中不乏村集体物业、工厂等，它们也是河涌水环境的重要污染源之一。② 由于村集体物业直接关系村民的集体分红，相关部门在执法的时候遭遇的阻力非常大。例如，在 BY 区 LC 村村委会 2012 年打造水上绿道驿站的时候，违法将房屋建在 XL 河河

---

① 王勇. 水环境治理"河长制"的悖论及其化解 [J]. 西部法学评论，2015（3）: 1 - 9.

② 例如，2019 年 4 月 S 市河长办在暗访中发现，LW 区一村把集体物业对外租赁用作汽修厂，其厂房侵占巡河通道十多年，产生的油污严重污染了当地的河涌。

堤内，S 市水政执法支队要求拆除并恢复原状，但村委会不承认房屋系违建，拒不配合。① 执法人员告诉《南方都市报》记者，"那个房子虽然是违法了，但村委把它建成村里的集体物业，所以每次去制止的时候，村委和一些村民抵触情绪很大，我们这么几个人要去强拆，连机械都进不去"。动用行政强制力量推动拆违都这么艰难，对于没有执法权和行动资源的基层河长而言就更是艰难，"像这些拆违很得罪人，影响到村集体经济和村民收入，补偿不到位的话实在很难做工作"，并且"我们没法强拆，只能不断打感情牌、寻找利益补偿等做工作，但工作做通了，拆房子还要我们去执行啊"。其次，上级也难以用官僚组织那套正式的约束机制管控或问责非体制身份的村居河长，加之村居河长与村里有千丝万缕的利益关系，因此对于推动基层治水也没有很好的抓手。一些村居河长提出，"治水还真不能用传统的行政高压，不能一味靠将治理压力转嫁到基层一线，更不能掐着基层经济命脉来整治，如不慎重，很可能造成民怨"。

4. 避责驱动下策略性执行的折扣

治水制度创新以来，行政强力与问责高压的态势确实对水环境治理起到了很大的推动作用，让体制内外和体制上下看到了政府治水的信念与决心。然而，面对责任的层层压实，基层容易陷入避重就轻、选择性执行的旋涡，共谋往往也容易成为基层治理的行动逻辑，基层政策执行大打折扣。折扣一是"能不报就不报"。S 市文件规定，"对其职责范围内无法及时处理的问题"，村居河长"应在 1 个工作日内通过河长 App 上报镇街河长"，镇街河长"要在 1 个工作日内通过河长 App 上报区级河长"，但所上报的这些问题最终有可能通过市、区两级河长办交办或督办的方式回到本层级解决。权小责大的基层河长由于"没有那个能力解决，为了省事就干脆不报了"，并且，现有的考核机制也影响了基层河长上报问题的积极性，"假如上报的问题是解决不了，最后 App 的办结率考核是各区的，到时候又是考核各镇街，镇街又考核村居，那这样一级级地压回来，镇街和村居河长报上去不就是自找苦吃嘛"。折扣二是"避重就轻地上报"。基层发现上报的问题越复杂，被问责的概率就越大，为了避免被问责，基层河长在

---

① S 市水政执法支队先后下发 4 份文书要求整改，结果引来诉讼。经法院调查，LC 村村委会为保住违法建筑，还找人合谋捏造假证据。最后在法院判决以及媒体的舆论压力下，这一违章建筑才被顺利拆除。

上报问题时往往避重就轻，并且只在基层的工作微信群进行内部交流，不愿通过有交办督办流程的河长 App 或网格化信息平台上报问题，这导致大量的问题和矛盾没有进入相应的制度化回应流程而被掩盖。① 折扣三是"上报问题不能给上级领导添麻烦"。由于镇街河长要"协调解决"下级河长上报的重点难点问题，即使是"协调了但未解决的"依然要被扣分，因此，镇街河长并不希望村居河长把"难啃的骨头"上移。对于村居河长而言，镇街政府既是自己的上级，又是村居河长制工作的考核评价者，并且村居河长上报给镇街一级的难题最后可能还是通过系统流转回到村居河长手上，因此村居河长有强烈的动机进行问题的选择性上报。折扣四是"上报问题要考虑如何面对乡里乡亲"。处于熟人社会的村居河长在政策执行中牵涉的因素则更加复杂，"比如涉及自己亲戚的问题，涉及村集体利益的问题，还要不要村民选票？如何拆，组织谁拆，选哪户拆？"等。由此，执行"打折"成了"上有政策，下有对策"的生动写照。

2.3.4 小马拉大车：长期以来的"虚权"架构

作为自上而下的环保治水行动，河长制对原有治水体系进行了创新与改革，着力解决水环境治理中存在的一系列痼疾。然而，从本质上看，河长制集中体现了达标压力型体制的运作逻辑，这种体制过度依赖党政领导权威的"在场"，在政治压力传导不到的地方，容易出现政策执行力弱化疲软的现象。② 事实上，在治水任务层层下压、问责高压时时紧逼的态势下，基层能力似"小马"，责任考核如"大车"，"权虚责实"的窘况给政策执行的"最后一公里"添了不少拦路障。

1. 低治理权的困境

在中国的科层体系中，治理权③的高低具有明显的层级分布特点，越

---

① 比如，尽管 S 市河道两岸违建问题依然突出，但河长 App 上报的违建问题却寥寥可数。又如，同一时段，在全市"5 + N"城中村大排查基础信息系统上报的无照经营事件共有 4682 宗，但网格化平台仅上报了 20 宗，没进入网格化信息平台的事件多数也不会进入交办督办程序，最终可能就不了了之。

② 李波，于水. 达标压力型体制：地方水环境河长制治理的运作逻辑研究 [J]. 宁夏社会科学，2018（2）：41 - 47.

③ 这里所说的治理权，不是政治学和法学意义上的治理合法性等问题，而是指微观层面的影响科层组织行为的"资源配置、时间规划、任务安排及验收考核"等与治理流程设置与政策执行自主性相关的权力。

高层级的政府治理权越高，越到基层治理权越低。[①] 治理权的高低往往取决于几个要素的相互作用：资源量大、时间充沛、任务少，治理走向主动化，呈现高治理权的主动治理；资源量小、时间紧迫、任务重，治理绩效往往不理想，易遭问责，呈现低治理权的被动治理。而基层治水"最后一公里"难通，正是低治理权的被动逻辑造成的。一方面，既在纵向上分级设置河长办，又在横向上保留原流域管理与治水部门，形成新的条块权责交叉，将治理任务与责任层层下压，河长办与环保、水务、农业、城管等各治水部门往往发布要求与标准不一的治水政令与问责考核，这造成基层任务重、责任大，资源配置权力小，权责极其不匹配。另一方面，上下级考核设置严苛，上级下达任务不考虑历史欠债的复杂性，这导致任务难度系数高、时间紧急。尤其政令到达基层一线的村居河长，其治理能力的有限性与责任边界的无限性难以平衡，基层河长面临治水问题报与不报的两难选择（上报，问题无法解决，完成不了考核指标；不报，一经发现，又要被问责处理）。

2. "被动接受"的任务设定与"权力转移"的软控制

科层组织与生俱来的权威体系与实际有效的治理行为之间存在此消彼长的内生关系，而这些关系博弈的根本就是科层体系中上级对下级的"控制权"问题。治理的过程也可看成科层权力再分配的过程，那么，最有效的治理行为，势必需要打破科层权力的"倒金字塔"式配置，以实际的治理问题为导向，给予基层更多的治理权。然而，由于担忧政令在传导过程中产生"权威流失的累积性效应"[②]，组织仍具有加强控制的冲动。S 市的治水与其他公共治理议题一样，虽然延续了"放管服"、属地管理等简政放权的政策，将治水权责层层压实到基层镇街与村居河长，但事实上目前只是下放了治水的事权与管辖权，并未给基层河长配给相应的资源（人事、财政等）调配、时间规划等起关键性作用的治理权力。遇到超出能力与权限的问题，镇街河长需求助于上一级河长办或相关职能部门，协调耗时长、成本高。在访谈中，相当一部分镇街河长认为"职能部门履职不到

① 陈家建，赵阳."低治理权"与基层购买公共服务困境研究 [J]. 社会学研究，2019，34（1）：132 – 155 + 244 – 245.
② 〔美〕安东尼·唐斯. 官僚制内幕 [M]. 郭小聪等，译. 北京：中国人民大学出版社，2017：135.

位是制约水环境治理的重要因素"，而且"需协调的部门多、耗时较长是河长制落实过程中存在的突出问题"。

在基层治水中，虽然上级政府在形式上给予了地方治理水环境污染问题的权力，但实际上地方治水的能力在很大程度上是被削弱的，虚权与实责的冲突，最终造成虚权下放、实责下压的权责不一的窘况。如在网格化污染源治理中，上级明确指出镇街河长有五大责任，包括污染源巡查与上报、组织开展污染源整治与销号、对所辖范围污染源负领导责任、统筹协调跨行政区河流污染源整治以及上级河长办交办的其他污染源查控任务，而赋予镇街河长的权力却是比较虚的，如污染源整治的组织指挥权、统筹协调权等，因为一则这些权力需要人财物等资源予以支撑才能有效运转，要不就只是一句空话；二则这些权力的有效行使依赖于"条条"部门的配合，镇街河长对于不配合的涉水职能部门几乎没有任何制约手段。政府"放管服"模式的设计旨在通过简政放权，使问题减少流转，提高治理效率。然而，现实情况却是，治理任务与治理责任层层下压，基层筑起"责任金字塔"，治理权力却迟迟不到位，基层"权责倒挂"现象愈发明显。基层河长承担重负荷、大压力，面临有责无权、责大权小的难题。

3. 基层治理中非正式关系对科层权力的消解与制衡

在S市基层治水场域下，一方面，治水执行工作不断下移超出了正式关系的范畴。基层镇街在"权虚责实"的尴尬局面下，被迫将治理重任进一步下移到一线的村居。然而镇街河长对村居河长是无有效治理抓手的。在设置上，村干部由村民选举产生，体制上不属于正式科层组织，诸如问责、考核、工资、人事任免等正式体系内的约束机制对其不具实际约束力，河长制面临基层动员的困境。上级治水部门把责任下压给镇街，而镇街一级却无力推动村居级河长工作，从而形成"两头轻、中间重"的局面。镇街河长成为"夹心饼"，既要顶住上级的政令压力，又无法借助科层的正式关系将治水任务落实到村居一级。另一方面，镇街河长时常需要通过体制外的私人关系与村居河长进行沟通，辖内的治水绩效有时取决于镇街与村居的非正式关系。首先是拆违面临的挑战，上级只能通过尽可能提供补偿的方式，配合村居一线干部深入村居做工作，这里除了拆违补偿到位外，"感情牌"是村居河长需要常亮的剑；其次是"农林牧畜渔"的养殖业整改问题①，要做到既推动工作，又不至于打翻民众的"衣食饭碗"，就必须依靠非正式关系的介入，由村居河长出面，动之以情，晓之以理，辅之以技。

2.3.5 大车压小马：责任层层"压实"的惯性

河长制通过强化垂直首长的主体责任，发挥党政一体与行政系统单一制的优势，把分散于各个治水部门的职能整合到地方党政一把手中，使政府对焦点性的复杂事务实现系统管理。因此，从本质上看，河长制属于一种"权威依赖治理模式"。在实践运行中，河长制依靠"高位推动"，但政治势能层层减弱，加上弱激励机制，政治变现能力大打折扣。②

一是治水政令的层层下压与一线难以承载的负荷。在 S 市，河长制依托常规科层组织体系建立了四级河长责任网络，多层级河长责任网络的存在使上级河长必须通过下级河长的职责履行来完成治水任务。首先，市区级河长办作为政策目标的制定集团，通过行政权威层层下达治水政令。《S市全面推行河长制实施方案》分别明确了四级河长的职责。其中，市级河长在责任河湖的整治和管理保护中负责"指导、协调、推动"，区级河长负责"组织"，镇街级河长负责"落实"，村居级河长负责"实施"。换而言之，治水政令到了镇街和村居级就切切实实地转化为"落实""实施"的问题。其次，镇街级河长不仅需要落实具体的河湖整治与管理工作，包括污染物排放量削减、违法建筑和排污口的清理整治、征地拆迁、水面保洁等，而且还要监督村居级河长履行职责，协调解决村居级河长上报的重难点问题。最后，村居级河长需要具体开展一系列的河湖保护工作，除了河湖和排水设施的一日一查工作之外，还包括将河湖管理保护工作纳入"村规民约"、组织河湖周边环境整治，甚至还要负责本村社自建污水收集管网接入市政污水管网系统，以提高污水收集率。在制度设计上，村居不属于科层正式体系，但作为基层的自组织又与镇街存在密切联系，相互捆绑与渗透的现实使得村居两委在治水工作上成为政策执行的最前线。

---

① 水环境治理中针对农村农业水体环境的整治，涉及种植、水体养殖、畜牧业养殖等全行业废水排污的整顿。

② 贺东航，孔繁斌. 中国公共政策执行中的政治势能——基于近 20 年农村林改政策的分析 [J]. 中国社会科学，2019（4）：4 – 25 + 204.

如何推动各级河长，尤其是基层河长履职是全面推行河长制的核心问题。我国水环境治理呈现倒金字塔形，基层担负着整合各部门资源的属地管理责任，相关部门的工作责任虽然都自上而下向基层下沉了，相应的事权却并没充分下放，基层人员配置也严重不足。一方面是对于镇街河长而言，以 HZ 区某街道为例，辖内 19 条河涌，河长办设置在街道城管科（共计 4 人），城管科不仅要承担河长办的工作职责，还要兼顾科内的各项工作。而 PY 区某街道，面积 24.8 平方公里，下辖 18 个村居，其中 10 个是城中村，街属河涌 9 条，但街道城管中队实际在岗编内人员仅 4 人，执法资源不足严重制约了基层排查和清理整顿"散乱污"企业、违建、污水偷排等工作的效果。另一方面是对于村居河长来说，其除了要完成自身的本职工作之外，还要按要求开展日常巡河，用河长 App 实时记录巡河轨迹，把巡查过程中发现的八大类问题①通过河长 App 进行上报，按要求开展"四个查清"②工作等。访谈中，大多数村居河长认为河长当得"吃力不讨好""兼职不兼薪"。首先，河长 App 对巡查的频率、时长③、速度④、路线等的要求比较严苛。不少村居河长认为"巡河占据我太多日常工作时间，使我工作负荷过大"，"巡河要求过于死板，脱离实际"。其次，基层河涌污染历史欠账多，如整体规划不足、管网建设落后、未实现雨污分流等，给治水工作的顺利推进带来很大的难题，而"村居河长能做的只是发现问题、上报问题，最终解决问题还得依赖各个职能部门"。再次，临河违法建筑拆除、"散乱污"场所整治等是容易得罪村集体或村民的工作，村居河长不得不花费大量的时间和精力去协调众多且关系复杂的利益主体，所以"河长是一个容易得罪人的职位"。最后，处于政策执行末梢的村居河长需要对类似于"配合征地拆迁""村社污水管建设"这样的考核指标负责，属于"芝麻大的权力、西瓜大的责

---

① 这八大类问题包括垃圾类、违章类、水质类、污染类、设施类、安全类、整改类以及其他类。

② "四个查清"即查清河道两岸通道贯通、违建、"散乱污"及排水口情况。

③ 2017 年《S 市河长巡河指导意见》规定，镇街级河长每周巡查不少于一次，村居级河长落实河湖和排水设施一日一查。2018 年《S 市河长湖长巡查河湖指导意见》规定，对于一般河湖，镇街级河长每旬巡查不少于一次，村居级河长每周巡查不少于一次；对于黑臭河湖，镇街级河长每周巡查不少于一次，每次完成不低于责任河湖黑臭水体总条数的 30%，村居级河长每个工作日一巡，每周完成责任河湖黑臭水体全覆盖巡查；原则上河长每次巡查时间不少于 10 分钟，里程不少于一公里。

④ 巡河速度不得超过 15 公里/小时，否则就属于"巡河速度异常"。

任"。在种种因素的交错影响下，村居河长的履职积极性受挫，政策执行效果不佳。

二是治水政令的疾风骤雨与垂直协调的无奈。河长制是一种协同创新治理的尝试，但实际并未跳出科层治理的逻辑，因此在协调与施压之间存在执行时效的矛盾。一方面，这种垂直的权威体系虽有强力的政治或行政权力支持，但政令信息的上传下达特别依赖层级沟通的"中间人"，这里的"中间人"在今天不仅指负责协调沟通的人员，也包括信息传递的媒介、程序等，因此垂直协调不仅增加了政令流转的时间，还增加了政令扭曲的风险。另一方面，垂直协调的结果必然是不断加强等级权威的集权效果，权威体系得到巩固，治理绩效式微。此外，"涉及大量人员的水平协调，都必须通过大量官员来实现"①。由于治水任务的绩效要求，河长办还要对同层级的"九龙部门"进行水平协调。在制度设计上，河长办能有效组织和动员同级各部门协同治水，但在实际中碍于河长办角色定位的模糊及权责关系与边界的模糊等，河长办在协调过程中常常吃力不讨好，仍须通过上级河长办或职能部门进行协调，因此这种水平协调最终还是回归至垂直协调费时费力的循环中。

S 市在推进水环境污染整治的过程中，比较常用的手段就是由市委书记、第一总河长向各区总河长颁布总河长令。总河长令具有典型的权威依赖特点和强烈的"运动式"治理色彩。其一，治水政令疾风骤雨式地下达，颁布的频次高，平均不到 3 个月就颁布一次。其二，任务重、时间短，如 2018 年底前要确保九大流域内 197 条黑臭河涌基本消除黑臭，2019 年 6 月前要实现"无非法入河排污口、无成片垃圾漂浮物、无明显黑臭水体、无人为行洪障碍体、无违法违规建（构）筑物"的"五清"目标。其三，通过严厉的问责机制压实治水工作责任，如"强化监督""严格执纪问责""严肃追责"等措辞在总河长令中反复出现，其问责不仅指向"敷衍塞责、工作不力"的责任人，还指向"工作进度滞后"的责任单位，并且问责的手段也越来越多元化，如在 S 市第 7 号总河长令中所规定的"谈话提醒""约谈督办""移交市纪委监委"（见表 2-1）。

---

① 〔美〕安东尼·唐斯. 官僚制内幕 [M]. 郭小聪等，译. 北京：中国人民大学出版社，2017：61-62.

表2-1 2018年9月~2022年5月S市颁布的总河长令

总河长令	颁布时间	工作举措	具体目标和时间节点	问责规定
第1号	2018年9月	向全市11个区和市水投集团下达了全面剿灭黑臭水体任务书，要求2020年各区全面剿灭黑臭水体	2018年底前，全市35条黑臭河涌达到"长治久清"，102条黑臭河涌整治初见成效，其他50条黑臭河涌基本达到不黑不臭标准	对履职不力、未按时完成任务并未实现工作目标的责任人，将依纪依规予以严肃追责
第2号	2018年11月	在市、区、镇街、村居四级河长基础上设置九大流域河长，进一步创建新河长制、湖长制工作	确保九大流域内197条黑臭河涌年底前基本消除黑臭；2019年6月底前完成省总河长令下达的"五清"工作任务	市纪委监委要强化监督，严格执纪问责，推进河长制各项工作的落实
第3号	2019年3月	依托全市19660个标准基础网格，在河（湖）长制工作中推行网格化治水工作	要求各区要在3月30日前配齐网格员、网格长并明确职责，建成全覆盖、无盲区的治水网格体系；各区要确保河涌无污水直排口	对敷衍塞责、工作不力的，依纪依规严肃追责
第4号	2019年9月	用5年左右的时间，在全市开展"排水单元达标"攻坚行动（雨污分流率）90%）；分成105个片区下达攻坚任务书	2020年底前，全市排水单元达标比例达到60%	对敷衍塞责、工作不力的，依纪依规严肃追责
第5、6号	2019年12月	对JM、DD开展断面达标攻坚行动	确保JM、DD国考断面2020年稳定达到地表水Ⅱ类标准	对敷衍塞责、工作不力的，依纪依规严肃追责
第7号	2020年3月	对BY区SHJ河口省考断面开展达标攻坚行动	确保SHJ河口省考断面2020年稳定达到V类水标准	建立三级督办协调机制；区该督办机制醒一市河长办约谈督办一市纪委监委移交问责
第8号	2020年4月	全面完成涉水违法建设拆除工作	2020年7月底前，各区要完成辖区内黑臭小微水体整治销号任务。全面排查辖区内小微水体有无黑臭情况，保持小微水体洁净，实现小微水体"三无"（污水直排、水面无垃圾、水质无黑臭）目标	对敷衍塞责、工作不力的，依纪依规严肃追责

续表

总河长令	颁布时间	工作举措	具体目标和时间节点	问责规定
第 9 号	2020 年 12 月	完成全市 443 条合流渠箱雨污分流改造	推动构建合流渠箱河（湖）长制管理体系，明确全市 443 条合流渠箱清污分流工作的责任人，建设内容、完成时间，截污闸（堰）开闸计划等	对敷衍塞责、工作不力的，依纪依规严肃追责。对没有按进度推进工作的，暂不提拔使用
第 10 号	2021 年 4 月	消除 75 条劣 V 类一级支流	第 10 号总河长令连同 2021 年 75 条劣 V 类一级支流攻坚清单一并发布。对照国家和省级考核要求，精干地表水水质断面，水功能区准施策、靶向治理，确保 2021 年底前消除国、省考断面涉及的 75 条劣 V 类一级支流	对敷衍塞责、工作不力的，依纪依规严肃追责。对没有按进度推进工作的，暂不提拔使用
2022 年第 1 号总河长令	2022 年 5 月	防洪排涝攻坚	落实《G 省总河长令》，滚动排查整治行洪突出问题排查整治工作动员令等 10 类妨碍河道行洪突出问题，实行清单化管理，严格落实销号制度，整治行洪突出问题，做到排查一宗、销号一宗，保障河道行洪畅通，守年防洪安全底线。2022 年底前，完成妨碍行洪突出问题清理整治任务	对敷衍塞责、工作不力的，依纪依规严肃追责。对没有按进度推进工作的，暂不提拔使用

三是不切实际的考核与弱激励、强问责。在自上而下的权威考核机制下，上级以考核为抓手来推动基层政策执行，而忽视了基层河长所面临的复杂工作环境和相对匮乏的执行资源，导致考核要求与基层实际工作情况相脱节，具体表现如下。首先，考核内容繁多，进一步加大了基层河长的负荷。针对镇街级河长的考核指标涉及排污口整治、征地拆迁、污染源查控、河湖及排水设施巡查、牵头落实"洗楼"污染源摸查等18个指标共21项工作，针对村居级河长的考核指标涉及配合征地拆迁、村社污水管建设、污染源及违法建筑摸查、河湖及排水设施巡查等11个指标共11项工作。其次，考核指标要求高。如在针对镇街级河长的考核中对于"河湖维护及保洁"这一考核指标的要求是"责任河湖无垃圾堆放，无污水直排，堤防及附属设施无损坏"，其中达到"无污水直排"这一点需要配套截污纳管工程建设，镇街级河长并无相应的权力及能力解决该问题。又如在针对村居级河长的考核中对于"村社污水管建设"这一考核指标的要求是"组织本村社自建污水管接入污水管网系统，提高污水收集率"，没有对村社基础设施的历史欠债问题予以考虑，也超出了村居河长的资源调动能力。再次，以集中考核和静态考核为主的方式使得考核结果带有偶然性和随机性，忽视了河流的整体性和动态性。如上级检查当天恰逢下雨影响河涌水质、排污口在封住后遭人为破坏等影响河流水质的偶然性情况，会导致考核方和被考核方对于同一数据的解释具有多重性。最后，考核依据多用数据是否达到短期指标来衡量，忽视了水环境治理的长期性与艰巨性。如RH镇的养殖场关停事件，由于环境保护部发布了"依法关闭或搬迁禁养区内的畜禽养殖场和养殖专业户"的要求，基层为了完成该指标，在"禁养区"界定不清晰的情况下只能将事实上污染很低的养鸽场"一刀切"地关停。

作为制度创新的河长制，在推动基层治水的过程中问责态势强，采取"行政高压""一票否决"等方式，具体呈现如下特点。一是问责手段多元。为了督促基层河长履职，S市河长办采取了"河长周报"和河长"红黑榜"两种手段。二是问责力度大。如在"河长周报"中点名批评的履职不力基层河长，通过媒体向社会曝光的资料包括该河长具体所在区、镇街、村居，完整姓名，职务以及问责事由，等等。三是问责形式多样。具体问责形式包括约谈、通报批评、停职检查、责令辞职等。强力问责的态势虽然在一定程度上对工作任务的完成起到了促进作用，但在实际操作中一些"尽了责"的基层河长仍有被问责的可能。一方面，基层河长大多是由党政领导班子成员兼任，作为非专业人员，在检查过程中对于水质是否合格的判断几乎只能通过眼观、鼻闻等方式，同时也缺乏运用高科技手段（例如 RS、GPS 等）来动态监测水质变化的能力和资源。因此，在河道巡查时，基层河长更多偏向于完成上级安排的巡查指标，而难以完成"入河污染物（氨氮）排放浓度削减"以及"黑臭河涌整治完成后，河湖水质改善"等绩效考核指标。另一方面，在相当一部分基层河长看来，上级压下来的任务不属于他们的本职工作，而是"分外事"，"如果是各种乱作为或不作为肯定是需要追责的，但干了分外的事情为什么还要被问责？"

与高压问责形成鲜明对比的是目前对于基层河长的弱激励机制设计。在《S 市村居级河长考核指引》中，对于"年度考核结果为不合格的"要进行非常严苛的问责，但对于"年度考核为优秀的"，只是"由镇政府（或街道办事处）予以表扬"。在实际操作中，不少区以口头表扬、书面表扬、评选先进河长、表彰排名前列的河长等方式鼓励基层河长积极履职，但激励措施多集中在精神层面，对于本来就属于体制外、非正式行政身份的村居河长而言，其效果是非常有限的。在访谈中，相当一部分基层河长抱怨"兼职不兼薪"的问题，有的还抱怨巡河而产生的成本（如加油费、手机费）得不到应有的补偿。考核的正向激励缺失，势必会挫伤基层河长的积极性。

2.4 层级协同中的基层河长政策执行力

2.4.1 基层河长：治水第一线的街头官僚

基层河长，即村居级河长，作为"治水第一线"的街头官僚[①]，是实施河湖环境管理、整治、保护的"第一责任人"，扮演着"执行末梢"和"输出端口"的角色，对形成"责任明确、协调有序、监管严格、保护有力"[②] 的河流管理保护机制起着关键作用。基层河长作为治水工作的基本依托，以"守土有责"为原则担负着一线落实任务，积极落实河湖和排水

---

① 基层（村居级）河长具有街头官僚的典型特征：第一，处于政策执行的末端；第二，直接与公民接触；第三，具有一定的自由裁量权。

② 《中共中央办公厅 国务院办公厅印发〈关于全面推行河长制的意见〉的通知》。

设施一日一查工作，及时发现并上报问题，处理来自公众电话投诉的问题，组织做好河流保洁，统筹落实"四个查清"工作，摸查污染源及违法建筑，完成上级交办的其他工作任务，助力河涌水环境治理取得阶段性成效。S市数据显示，2018年上半年基层河长巡河32.5万次，人均每天巡河1.04次，电话接听率为91.64%，全市交办问题办结率92.38%。①

然而，在其他治理领域所存在的街头官僚执行不力现象在水环境治理领域同样存在。近年来，关于基层河长执行不力，如巡河达标率低，出现应付式打卡巡河现象；上报问题数量少，避重就轻，甚至出现零上报；"四个查清"工作效果不佳，交办督办问题迟迟得不到解决等情形频频见诸官方河长周报及各大媒体。在S市2019年公布的河长问责数据中，65%以上与基层河长（村居级干部）在水环境治理中不履行或不正确履行职责有关。② 那么，上述问题在多大程度上在基层河长这个群体中存在？基层河长在水环境治理中的政策执行力究竟如何？又受哪些因素的影响？鉴于此，本节将基于S市基层（村居）河长的全员问卷调查数据对上述问题一一探究。

2.4.2　影响基层河长政策执行力的几个命题

1. 分析框架

影响基层河长政策执行力的因素很多，目前对政策执行的研究主要有自上而下路径、自下而上路径以及建立在反思前两种路径基础上的整合路径。其中，自上而下路径更加强调高层领导的政策意图及其所制定的执行框架和制度，把政策制定过程看作一条上令下行的指挥命令链条；自下而上路径更加强调基层政策执行者的自由裁量权，把执行过程看作政策制定者与执行者之间的互动过程；整合路径认为上述两条路径都不能解释为什么有些政策执行得很成功，而有些政策执行得却不是很理想。整合路径认为，政策执行过程中的结构性因素、组织目标及正式的规章制度以及基层政策执行者的自由裁量权等对政策执行的结果都可能产生重要影响，过于强调某一方面的原因都不能对此做出完整的解释。河长制在基层的政策执

---

① 《S市河长制办公室关于2018年河（湖）长制年中专项督导调研情况的通报》。

② 2019年上半年，S市河长办监督问责组共发出8份问责通知，对199名工作人员（含处级干部31人、科级干部17人、村居级干部141人、其他10人）做出了问责处理。与此同时，S市各区河长办对18名在水环境治理中不履行或不正确履行职责的工作人员（含处级干部4人、科级干部2人、村居级干部6人、其他6人）予以问责。

行中，一方面，政策的制度结构、可得的资源以及可进入的执行场域可能都是由上级政府决定的，其实质性地影响着政策执行结果，并且所有执行者的行动可能都要落到中央所框定的政策范围内。另一方面，基层河长在政策执行过程中有一定的自主行动空间，也拥有许多的"抵制资本"，他们在执行过程中可能会改变政策的实质。因此，本部分基于政策执行的整合路径，从一个更加系统、综合的视角来考察河长制在基层的政策执行过程。

笔者拟借鉴米特尔霍恩模型所提出的与政策执行结果有着动态联系的六组变量①来探寻基层河长政策执行力的相关影响因素。①政策标准与目标，即对决策总目标的具体化，它为政策绩效评估提供更加具体和明确的标准，如市河长办下达到基层的拆违目标、"散乱污"关停目标、治理黑臭水体的时间期限等。②政策资源，即执行主体在执行政策的过程中所需要的各种资源，包括经费资源、物质资源、信息资源、人力资源和权威资源等，如法律法规、政策扶持、资金投入、信息共享机制建设等。③组织间的沟通与执行活动，其不仅包括纵向的上下级间关系，还包括横向的部门间关系，如纵向的上级河长对基层河长的工作交办、督办、考核、问责，横向的跨部门协同治理等。④执行机构的特征，包括执行机构的规模与能力，所获取的政治资源/支持，对其分支机构的决策和程序进行科层控制的程度，以及执行机构与决策机构之间的各种正式与非正式联系等，如河长办的机构设置、人员编制和被赋予的权责。⑤经济、社会与政治环境，即影响政策执行的系统环境因素，如公共舆论对于河长制的看法是什么，公众对于河长制政策执行是持赞同还是反对的态度，河长制政策执行在多大程度上受到现有经济与社会条件的制约，等等。⑥执行者处置与回应，包含三个要素——执行者对政策的认知（理解或认同）、执行者对政策的回应（接受、中立或反对）以及回应的程度，如基层河长对自身工作角色和价值的认知、选择性执行政策等。

结合前期深度访谈和田野调查，本部分拟从"制度支持""工作负荷""权责一致"三个角度出发探讨基层河长的政策执行力，其中"制度支持"对应米特尔霍恩模型的"政策资源"、"执行机构的特征"和"经济、社会与政治环境"；"工作负荷"对应米特尔霍恩模型的"政策标准与目标"

① Van Meter, D., and C. Van Horn. The Policy Implementation Process: A Conceptual Framework [J]. Administration Society, 1975, 6 (4): 445 - 488.

和"执行者的处置与回应"；"权责一致"对应米特尔霍思模型的"组织间的沟通与执行活动"（见图2-3）。

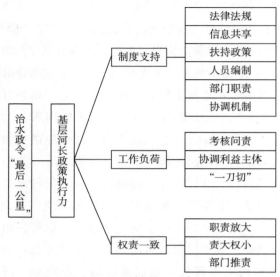

图 2 - 3　基层河长政策执行力分析框架

2. 研究假设

（1）制度支持与基层河长政策执行力之间的关系。相当多国内外关于制度支持对政策执行影响的研究表明：制度支持对政策有效执行有至关重要的促进作用。首先体现在法律法规的完善方面，从官僚组织的合法性出发，斯科特提出组织的外部合法性包括规制合法性，依法批准的、具有强制性的法律法规等正式制度是组织规制合法性的来源，组织的职责范围、运行机制、人员编制、经费来源等由此拥有了法定依据，组织从中获得身份和地位的认可。① 从官僚行为的合法性出发，部分学者认为需借助于法律手段对官僚机构进行控制，进一步将官僚机构限制在"法治"的框架之内，从而使官僚机构的行动具有合法性。② 部分学者指出环境问题的解决

---

① 〔美〕理查德·斯科特. 制度与组织——思想观念与物质利益：3 版 [M]. 姚伟，王黎芳，译. 北京：中国人民大学出版社，2010：67－71.

② Bovens, Mark, and Stavros Zouridis. From Street-level to System-level Bureaucracies [J]. Public Administration Review, 2002, 62（2）：174－184；叶娟丽，马骏. 公共行政中的街头官僚理论 [J]. 武汉大学学报（哲学社会科学版），2003（5）：612－618.

在根本上依托于环保政策的法治化，通过法律手段将环保领域的国家意志转化为相关法律，有利于更好地开展环境保护工作；当前河长制的非法治性问题突出，制度构建的法律依据欠缺，组织设置和运行具有非法定性。[①]

其次，权力与职能的碎片化以及部门间沟通不畅阻碍了政策有效执行。环境治理的职责被配置给多个部门，彼此缺乏明确的责任分工和有效的合作机制，并且受部门本位主义价值导向以及信息共享机制不健全的影响，政府部门之间的相互沟通也受阻，这导致职能交叉、权责不清、政出多门、部门间互相推诿。[②]

最后，基层受制于政策执行资源不足，尤其是在政策执行与民众利益在一定程度上出现互动矛盾时，人力资源、经费资源等组织资源的匮乏使得政策执行步履维艰。由此可见，制度支持方面所存在的不足，使得执行动力削弱，得出假设 1。

H1：与河长制运行相关的制度支持越不完善，基层河长的政策执行力越弱。

（2）工作负荷与基层河长政策执行力之间的关系。Burden 等的研究认为行政官员对行政负荷的感知是政策执行偏好的一个重要变量，对于行政负荷感知更强烈的行政官员更有可能对所执行的政策持消极的看法，从而影响其政策执行力。[③] 基层河长的行政负荷主要来自两方面。一是巡河要求脱离实际，巡河负担大，2017 年印发的《S 市河长巡河指导意见》明确规定"巡河频率为村居级每日一巡；每次巡河时间应为十分钟以上；实行巡河电子化记录，需按照'河长'App 规定路线进行巡河和上报问题，数据统一上传至后台进行统计"。二是来自多方的多类督办导致工作负担大，

---

① 白冰，何婷英."河长制"的法律困境及建构研究——以水流域管理机制为视角［J］. 法制博览，2015（27）：60 - 61；刘芳雄，何婷英，周玉珠. 治理现代化语境下"河长制"法治化问题探析［J］. 浙江学刊，2016（6）：120 - 123；王鸿铭，黄云卿，杨光斌. 中国环境政治考察：从权威管控到有效治理［J］. 江汉论坛，2017（3）：113 - 118；李慧玲，李卓."河长制"的立法思考［J］. 时代法学，2018，16（5）：15 - 23.

② 李宇. 电子政务信息整合与共享的制约因素及对策研究［J］. 中国行政管理，2009（4）：84 - 85；张翔. 中国政府部门间协调机制研究［D］. 南开大学，2013；冉冉. 环境议题的政治建构与中国环境政治中的集权——分权悖论［J］. 马克思主义与现实，2014（4）：161 - 167.

③ Burden，B. C.，D. T. Canon，K. R. Mayer，and D. P. Moynihan. The Effect of Administrative Burden on Bureaucratic Perception of Policies：Evidence from Election Administration［J］. Public Administration Review，2012（72）：741 - 751.

根据《S市河长制工作督办制度（试行）》，督办分为日常督办、专项督办和重点督办三类，市河长制办公室定期对河长制工作督办的进展和结果进行通报，同时将河长制工作督办事项完成情况列为市河长制年度考核内容。

在考核问责方面，部分学者认为问责机制属于一种负向激励手段。在"压力型体制"及目标管理责任制下，强力的考核问责在行政官员看来带有一定的惩戒性，加之在短期内为了达成一定政策效果而采用"一刀切"的方式，行政官员不得不花费大量的时间精力来应对检查、评价、考核，进而对现有的考核问责制度持消极甚至是抵制的态度，导致非正式行为的产生。[1] 由此可见，基层河长的工作负荷重、强度大、难度高，影响了政策执行力，得出假设2。

H2：基层河长工作的负荷越大，政策执行力越弱。

（3）权责一致与基层河长政策执行力之间的关系。部分学者已关注到权责一致与政策执行力的关系，权责一致即权力主体所履行的责任要与其所拥有的权力相当，包括两方面：一方面，责任主体必须拥有顺利履行责任的权力；另一方面，权力主体应承担与权力相对应的责任。然而在实际运行过程中，由于纵向上行政体系为金字塔式，权力自上而下分配，上级会利用权力优势将责任下压至下级，同时横向上依据专业化、封闭化原则将职责划分到不同部门，这造成了部门之间的分割，加之利益的驱使，部门会倾向于逃避责任，使得责任进一步下压。[2] 由此可见，基层出现的责大权小、有责无权、权责界限模糊等现象，使基层河长政策执行力降低，得出假设3。

H3：基层河长的权责越不一致，政策执行力越弱。

3. 测量工具

（1）因变量。基于已有研究对于政策执行力的定义，本研究将基层河

① Chan, H. S., and Jie Gao. Putting the Cart before the Horse: Accountability or Performance? [J]. The Australian Journal of Public Administration, 2009, 68 (S1): S51 – S61；阎波，吴建南. 绩效问责与乡镇政府回应行为——基于Y乡案例的分析 [J]. 江苏行政学院学报，2012 (2): 109 – 115.

② 郭蕊. 权责一致：异化与纠正 [J]. 沈阳师范大学学报（社会科学版），2009, 33 (2): 28 – 31；麻宝斌，郭蕊. 权责一致与权责背离：在理论与现实之间 [J]. 政治学研究，2010 (1): 72 – 78；赵炎峰. 城镇化背景下基层政府权责伦理的重构与职能转变 [J]. 领导科学，2018 (17): 13 – 15.

长政策执行力定义为：基层河长为实现河长制的政策目标以及完成相关工作任务，通过对各种政策资源的控制和使用，执行河长制政策的能力和效力。问卷设置了"您对大多数基层河长的履职能力和履职效力的评价为？"这一题项测量"基层河长政策执行力"，并采取 Likert – 5 评分方法对不同频率予以赋值，即"1"代表"履职不佳"，"2"代表"履职比较不佳"，"3"代表"履职一般"，"4"代表"履职较好"，"5"代表"履职非常好"。

（2）自变量。本部分从"制度支持""工作负荷""权责一致"三个维度来考察影响基层河长政策执行力的因素。其中，"制度支持"通过"法律法规、信息共享、扶持政策、人员编制、部门职责、协调机制"共六个反向编码的题项进行测量，"工作负荷"用"问责压力、协调利益主体的关系、一刀切"共三个题项进行测量，"权责一致"用"职责放大、责大权小、部门推责"共三个反向编码的题项进行测量，同样采取 Likert – 5 评分方法予以赋值，即"1"代表"非常不赞同"，"2"代表"比较不赞同"，"3"代表"一般赞同"，"4"代表"比较赞同"，"5"代表"非常赞同"（见表 2 – 2）。

表 2 – 2　影响基层河长政策执行力的变量测量量表

变量	题项描述
基层河长政策执行力	您对大多数基层河长的履职能力和履职效力的评价为？
制度支持	缺乏相关法律法规的配套支持（反向编码）
	缺乏相关扶持政策，如拆迁村民安置、搬迁企业补偿、当地经济扶持等（反向编码）
	河长办无专门编制，人员流动性强，专业性不足（反向编码）
	需协调的部门较多，耗时较长（反向编码）
	信息共享机制不成熟，各成员单位数据依据不同（反向编码）
	各成员单位权责边界不清，处理问题的效率低下（反向编码）
工作负荷	河长的工作是"吃力不讨好"的工作，问责压力大
	市里面下达指标"一刀切"，完成任务难度大
	河长是一个得罪人的职位，需要协调的利益主体较多，关系复杂
权责一致	上级在问责时，有无限放大基层河长的职责之嫌（反向编码）
	上级的考核让我感到"芝麻大的权力，西瓜大的责任"（反向编码）
	职能部门不能一股脑地把责任往基层转移（反向编码）

2.4.3 基层河长政策执行力影响因素的实证检验

1. 样本分布特征

整体而言，基层河长在性别、学历、年龄、担任本职工作时长、政治面貌方面的分布较为贴近基层官员的结构特征，研究样本具有较高的代表性。

2. 变量的描述性统计分析

基层河长大多数对自身履职能力和履职效力的评价一般，均值为2.99，得分率仅在60%左右。"制度支持"六个题项（均为反向编码）的均值都在3以下，说明其在扶持政策（2.07）、法律法规（2.15）、协调机制（2.33）、人员编制（2.35）、信息共享（2.39）、部门职责（2.49）等方面的制度建设较不完善，制度支持有待加强。"工作负荷"三个题项的均值都在3以上，首先源自"市里下达指标'一刀切'，完成任务难度大"（3.42）的工作负荷最大，其次是问责压力（3.16），最后是协调利益主体的关系（3.08）。"权责一致"三个题项（均为反向编码）的均值都低于2，说明权责不一致的问题在基层较为严重。大多数基层河长认为职能部门存在推责卸责的问题（1.56），使得基层负担增大；基层普遍存在"责大权小"（1.73）和"职责放大"（1.83）现象，基层河长权责不一致，落实河长制任务的时候困难重重。

3. 变量之间的相关性分析

表2-3呈现了各个变量之间的相关关系，"制度支持""工作负荷""权责一致"与"基层河长政策执行力"之间都存在显著的相关关系。但"工作负荷""制度支持""权责一致"之间没有相关关系，说明本研究不存在多重共线性问题。

表2-3 变量之间的相关关系 （N = 1472）

变量	基层河长政策执行力	制度支持	工作负荷	权责一致
基层河长政策执行力	1			
制度支持	0.200**	1		

变量	基层河长政策执行力	制度支持	工作负荷	权责一致
工作负荷	− 0.683 **	0.000	1	
权责一致	0.154 **	0.000	0.000	1

注: ** 、*** 分别表示在 5% 、1% 的水平下显著。

4. 多元线性回归模型

为了进一步挖掘影响 S 市基层河长政策执行力的相关因素, 接下来将以 "基层河长政策执行力" 为因变量, 以析出因子 "制度支持" "工作负荷" "权责一致" 为自变量, 以 "性别" "学历" "担任本职工作时长" "政治面貌" 为控制变量, 通过回归模型探索解释变量对 "基层河长政策执行力" 的影响。由回归结果可知, 回归方程的 R^2 为 0.535, 说明模型的拟合度较好; F 值为 242.294, P 值为 0.000, 说明回归模型整体显著。

由表 2 – 4 可知, "制度支持" 与 "基层河长政策执行力" 之间存在显著的正相关关系 ($\beta = 0.266$, P = 0.000), 与河长制运行相关的制度支持力度越大, 基层河长政策执行力越强, 假设 1 得到验证; "工作负荷" 对 "基层河长政策执行力" 的影响最大, 两者之间存在显著的负相关关系 ($\beta = -0.916$, P = 0.000), 河长工作的负荷越大, 基层河长政策执行力越弱, 假设 2 得到验证; "权责一致" 与 "基层河长政策执行力" 之间存在显著的正相关关系 ($\beta = 0.184$, P = 0.000), 基层河长的权责越不一致, 政策执行力越弱, 假设 3 得到验证。

表 2 – 4 基层河长政策执行力多元回归结果 ($N = 1472$)

变量	非标准化系数		标准系数	t	Sig.
	β	标准误差	试用版		
常量	2.949	0.129		22.901	0.000
制度支持	0.266	0.024	0.196	10.996	0.000 ***
工作负荷	− 0.916	0.025	− 0.672	− 37.368	0.000 ***
权责一致	0.184	0.025	0.135	7.384	0.000 ***
担任本职工作时长	− 0.027	0.021	− 0.024	− 1.332	0.183
男 (参照系为女)	0.137	0.064	0.041	2.140	0.033 *

续表

变量	非标准化系数		标准系数	t	Sig.
	β	标准误差	试用版		
党员（参照系为非党员）	−0.144	0.112	−0.023	−1.278	0.202
大专及以下学历（参照系为本科及以上学历）	0.160	0.060	0.051	2.645	0.008 **

注：*、**、*** 分别表示在 10%、5%、1% 的水平下显著。

学历虚拟变量的 β 值等于 0.160，回归系数为正，表明大专及以下学历的基层河长比本科及以上学历的基层河长政策执行力更高。性别虚拟变量的 β 值为 0.137，回归系数为正，表明基层河长群体中男性比女性的政策执行力更高。担任本职工作时长、政治面貌这两个变量的 P 值均大于 0.05，与政策执行力不存在显著关系。

2.4.4 研究结论

第一，工作负荷对基层河长政策执行力的影响最为显著，两者呈负相关关系。以河长制在 S 市基层的运行为例，首先，基层河长的工作内容多。基层河长由各村委书记或各社区居委党支部书记担任，除了本职工作，同时根据《S 市全面推行河长制实施方案》，其作为兼职河长的工作职责涉及多个方面，如污染物管理、违建清理、排污口排查、管网建设、排水设施维护、水面保洁等，工作任务繁重。

其次，上级河长办下达的部分指标经由层层加码后到达基层，易产生"一刀切"的状况。如下达到基层河长的养殖场整治及关停任务，以 RH 镇的养殖场被关停事件为例，该镇的养鸽场是村民发家致富的重要自足企业，由于环境保护部发布了"依法关闭或搬迁禁养区内的畜禽养殖场（小区）和养殖专业户"的要求，基层河长为了完成该指标，只能一味地关停。但事实上养鸽场的污染是很低的，其粪便因具有相当的营养价值而有利于土壤养护。这种注重短期成效的"一刀切"的做法，忽视了对具体情况的具体分析，使得基层承受地方环境治理的"阵痛"，基层河长面临来自上级政府和本级居民双重要求的矛盾。

再次，基层河长通过河长 App 上报的问题经过河涌中心分类后上传到市河长办和区河长办，由市河长办和区河长办对下级或职能部门进行交办或督办。在"放管服"背景下，落实与执行责任与压力下沉到基层，基层河长上报的问题通过交办或督办的方式再度回到本层级进行解决。

最后,利益主体方面,村居一级在实施河长制工作中所面对的目标群体的异质性较强,在建设治水基础设施、拆除违法建筑、安置补偿村民居民、整改散乱污企业等方面需协调的利益主体较多,各主体诉求各异且可能存在矛盾,村居河长的协调难度大。基于此,基层河长肩上的担子越来越重,有时基层河长在工作上"有心作为也无力作为",积极性备受打击。

第二,制度支持是影响基层河长政策执行力的次重要因素,与基层河长政策执行力呈显著正相关关系。一是尽管河长制的实施有法律上的正当性,河长制的主要内容可以在《中华人民共和国水法》《中华人民共和国水污染防治法》《中华人民共和国环境保护法》等相关法律中找到依据。但是河长制缺乏统领性的水环境治理法律规范作为支撑,目前最高法依据为《中华人民共和国水污染防治法》第五条"省、市、县、乡建立河长制,分级分段组织领导本行政区域内江河、湖泊的水资源保护、水域岸线管理、水污染防治、水环境治理等工作"。除部分先行地区有专门的地方性法规外,其余地区只是依照中共中央办公厅和国务院办公厅发布的《关于全面推行河长制意见》、各地出台的《关于全面推行河长制的意见》和《关于推行河长制的实施方案》等相关红头文件执行。

二是就 S 市而言,河长办的设立依据为中共 S 市委办公厅、S 市人民政府办公厅联合发文的《关于成立 S 市全面推行河长制工作领导小组的通知》,市河长办设在市水务局,与市水环境整治联席会议办公室合署办公。其设立既无法律授权,也无"三定"方案明确其职能,更未成立专门的办公机构,合法性不足,尤其在指挥职能部门的权威性方面,更是面临协调不力、指挥不动等难题。除此之外,作为临时性的没有编制的机构,河长办工作人员均从各成员单位抽调,抽调时间仅为一年,稳定性不足,专业性较弱,执行力不强。

三是河长办的设立对原本的常规科层组织分工治水体系造成一定的冲击,尤其体现在河长办与职能单位之间权责模糊,角色难以定位。同时由于职能部门囿于自利化倾向、本位主义及各部门间不同的统计口径和数据指标所产生的信息壁垒,横向间的信息沟通耗费了大量成本,信息共享机制建立迟缓。

四是村居不是一级行政机关,而是自治组织,在水环境治理上缺乏行政权力,不是适格的主体,村居级河长的设立与我国行政层级结构不匹配。同时，村居一级河长在建设治水基础设施、拆除违法建筑、安置补偿村民居民、整改散乱污企业等方面缺乏扶持政策，工作推进缓慢。

五是在考核压力方面，考核指标繁多，要求较高；考核形式单一，不客观。考核方式多采用集中考核和静态考核方法，很少采用有针对性的动态跟踪考核，考核者与被考核者之间未进行充分沟通，对考核对象的评价往往不全面且缺乏深度。现行的河长制考核问责仍是自上而下的内部考核，局限于行政系统内部。缺乏公开透明的监督机制，缺乏独立的长期的第三方考核机制，并且内部考核多为主观式考核，客观的日常检查具有偶然性和随机性，忽视了河流的整体性和动态性。

第三，权责一致是影响河长政策执行力的重要因素之一，与基层河长政策执行呈正相关关系。《S市全面推行河长制实施方案》中规定，村居河长由各村委书记或各社区居委党支部书记担任，为行政体系落实环节中的"最小一马"。一方面，受政府"放管服"模式的影响，治理任务与治理责任层层下压，水环境治理责任因河长制的层级划分呈现金字塔结构，下级承接着上级及职能部门的"发包任务"，作为落实主体和实施主体的基层河长承担了多任务、重负荷、大压力；另一方面，因行政资源自上而下的配置形成"倒金字塔"，最末梢的基层河长所具备的权力小，能调动的资源最少，部分需解决的问题不仅超出其职能范围，并且还需其承担问责责任，出现有责无权、责大权小的情况，即"上面千条线，下面一根针"，"芝麻大的权力，西瓜大的责任"。体现在现实中，基层河长常面临上报还是不上报的"两难选择"。一难是"不上报难"，上报率过低将面临问责；另一难则是"上报也难"。通过河长App上报的问题经过河涌中心分类后上传到市河长办和区河长办，由他们对下级或职能部门进行交办或督办。在这一过程中，基层河长上报的问题将通过交办或督办的方式回到本层级进行解决，这样的情况严重打击了河长政策执行的积极性。

2.5 结论与讨论

综上所述，由于机制建设存在短板，且指标要求层层加码，基层河长工作负荷较大，履职积极性受挫；"事在下而权在上"，最末梢的基层河长拥有的权力小、能调动的资源少，加之部门推责与卸责，不加区分地将责任下移，使得基层河长的履职能力受损；同时，扶持政策、法律法规、协调机制、人员编制、信息共享、部门职责等方面的制度建设不够完善，基层河长的执行难以获得政策保障。受多方因素的掣肘，基层河长的政策执行力不足，河长制在基层的运行出现"最后一公里"难以有效打通的问题。

1. 双重角色下的角色过载

街头官僚具有双重角色。一是承担自上而下的执行工作。在压力型体制下，街头官僚作为治理任务的执行者及政府职能的承担者，是上级发包与部门内部发包之间的"交汇点"，上下级组织间及组织内部的压力传导使得街头官僚成为压力终端。二是回应自下而上的公众诉求。基层群众多元化与碎片化的利益诉求，要求街头官僚予以直接与及时的回应，为街头官僚增添了不小的工作压力。村居河长在履行好其作为村干部职责的同时，还需要承担基层河长的所有日常工作。兼任河长使相关村干部责任范围扩大，而权力却没有相应增加。同时，行政资源自上而下的配置形成"倒金字塔"，最末梢的基层河长所具备的权力和能调动的资源也较少。双重角色所带来的工作负荷与其所具备的执行资源之间的矛盾，使得基层河长处于"权虚、能弱、责重"的位置，"角色过载"。

《S 市全面推行河长制实施方案》规定了基层河长主要负责实施责任河湖的保护工作，其工作职责涉及征地拆迁、污水管网建设、污染源查处、河湖巡查、村社保洁、处理电话投诉、河湖保护宣传、上级交办的其他任务等多个方面。一方面，河长制存在着"过高标准"的倾向，如落实河湖一日一查，未考虑基层河长本职工作的负荷及责任河湖的差异性，有过半的基层河长是利用工作时间外的时间巡河，部分基层河长因不得已的特殊原因出现巡河空缺。"我因为巡河次数少了几天而被通报，我一看空缺的那几天是春节。""我有几天生病没能去巡河，他们要我开医院证明，我连医院都没有时间去，怎么开证明？"同时，一日一巡的考核要求诱发了目标替代现象，这一要求的本意在于通过一日一巡，及时发现责任河湖所存在的问题并予以解决，然而在实际运行过程中部分基层河长为了达到上级考核要求而机械式巡河打卡，追求巡河数字绩效，对于问题的解决并无实质性意义。再如河长需时刻保持电话畅通，及时接听群众的来电，在实际中常出现非工作时间来电、反映问题不属于河湖保护责任范畴、因其他事宜无法及时接听等情况，在一定程度上对河长的正常工作产生影响。另一方面，河长制存在着"过严要求"的倾向，如组织本村社自建污水管接入污水管网系统以及配合征地拆迁，该工作需结合已有城市建设进行重新规划设计，需投入大量资金进行工程建设且需协调多方群体的利益要求，远超基层河长的能力范围。"自建污水管接入管网无异于天方夜谭，是不可能完成的事情，哪里来的规划，哪里来的资金？"

为缓解上述问题，首先，应科学界定区、街镇、村居三级河长及相关职能部门的权力与责任，明确责任主体，细化权责清单，把权责划分得更加清楚明确，为科学考核和精准问责奠定基础，善用问责考核，而非"泛用"，以免挫伤河长的履职积极性。其次，依据"权、责、能对应"原则，结合基层实际运行现状中出现的"过高"与"过严"问题，对考核与问责机制的指标要求与细则要求进行有针对性的修改与完善。最后，针对单一行政内部考核的不足之处，引入第三方考核机制。独立的、长期的、透明的第三方考核机制可以有效弥补单一行政内部考核的不足之处，对河长履职情况和水环境治理成效进行更为客观、清晰和长效的考核及评价。

2. 委托代理关系下的信息不对称

在水环境治理问题上，中央和地方构成了委托代理关系，中央负责政策制定及运行管理，将政策执行逐步下放至地方。在委托代理关系中，上下级政府间距离的层级越多，信息流动过程越长，信息不对称的问题越发凸显。① 以河长制为例，中央做出"全面推行河长制"的重要决定后，省、市、区、镇街、村居逐级落实，构成了五级委托代理链条。省级河长负责领导全省范围内的河长制工作，承担总督导、总调度职责；市级河长负责指导、协调、推动责任河道的整治与管理保护工作；区级河长负责组织责任河湖的整治与管理保护工作；镇街级河长主要负责落实责任河湖的整治与管理工作；村居级河长主要负责实施责任河湖的保护工作。依据职责侧重的不同，省级、市级、区级河长可被视为负责政策制定与运行管理的管理官僚，镇街级、村居级河长可被视为负责政策执行的街头官僚。

从信息传递角度看，街头官僚作为向管理官僚提供政策和场景信息的信息传递者，发挥着重要的信息枢纽作用。以巡河上报问题为例，基层河

---

① 艾云. 上下级政府间"考核检查"与"应对"过程的组织学分析——以 A 县"计划生育"年终考核为例［J］. 社会，2011，31（3）：68 – 87.

长通过对责任河湖的一日一巡，第一时间发现河湖所存在的问题，通过河长 App 上报，使上级河长知晓并采取有效措施予以解决。然而，基层河长在实际执行过程中难免出现以下两方面的问题，一是巡河工作不达标，包括巡河率低、虚假巡河、形式巡河；二是问题上报不真实，包括上报意识不强、选择性上报、欺报瞒报。责任河湖所存在的无须解决的严重问题被基层河长"一手掩盖"，问题多通过上级河长的抽查督查、媒体报道或公众举报的方式被揭露。究其原因，街头官僚具有双重身份，既是信息传递者，也是政策执行者。作为复杂的理性人，街头官僚的行为在一定程度上受个人利益得失的影响。基层河长若如实履行信息传递者的职责，面对超出其职能范围而无力解决的严重问题，上报会使其因"履职不力"而被"问责"，陷入"上报两难"的困境。由此，街头官僚不得不利用自身在信息传递过程中的优势来掩盖政策执行过程中的劣势，通过信息的选择性传递将不利于自身的信息遮蔽，进而获得了信息权力。

为缓解上述问题，第一，应大力推行"智慧治水"技术，通过互联网信息技术平台的深度应用，化解上下层级间信息流转不畅、互动不足、信息失真等问题。如上报问题不只依赖于基层河长上报这一途径，可通过"水质检测与预警"技术，全天候监测河流水质，通过系统后台直接将异常水质问题上报，为河涌问题的发现提供客观路径。同时，可将河长履职数据通过提取统计、对比分析和信息公示，发现河长履职的薄弱点，促进河长履职，这也有利于上级河长采取有针对性的扶持措施，但也需提防"形式绩效"的产生。第二，应针对目前普遍存在的"兼职不兼薪"问题，强化奖励激励机制，对于那些上报问题积极、工作能力突出、河湖治理成效明显的基层河长，给予一定的表彰及工作经费奖励，进一步提升他们的履职积极性。

第3章 "部门联治"：横向协同治水机制创新[*]

我国长期以来实行的以属地管理和部门管理为基础的水环境行政执法体制决定了水环境治理具有典型的"团队生产"特性，这意味着要实现水生态环境的"河畅、水清、堤固、岸绿、景美"，需要水务、环保、农业、城管等多政府部门间的相互协调与紧密合作。然而，在传统的水环境管理体制下，涉水职能部门数量过多、执法体制分散、部门规范相互冲突，这些因素制约了水环境治理的协同性与有效性，进而导致"管河岸的不管河面，管河面的不管河水，管河水的不管河底"等碎片化治理问题的出现。

2007 年，太湖大面积蓝藻暴发，导致了江苏无锡的饮用水危机，传统"部门分治"的水环境治理模式在此次危机面前短板凸显，于是"水上岸上齐抓共管，左右岸联防联治，部门联动协同履职"的河长制在无锡市得以实施。① 河长制在江苏省的有效实践，使其成为中国水生态环境治理体系改革的重要方向，开始被其他地方政府效仿和借鉴。为了从根本上破解全国各地"九龙治水"困局，结合政治经济、社会人文及历史文化等国情，中共中央于 2016 年底在全国范围内推行河长制，要求各地"全面建立省、市、县、乡四级河长体系"，"县级及以上河长设置相应的河长制办公室"，进而实现"党政领导，部门联动"。那么，经过了多年的实践运行，河长制这一水环境治理创新举措在多大程度上突破了"九龙治水"的困局？水环境跨部门协同治理的实际运行绩效到底如何？

---

* 本章部分内容曾以《从"九龙治水"到"一龙治水"？——水环境跨部门协同治理的审视与反思》为题发表在《吉首大学学报》（社会科学版）2022 年第 1 期，收入本章时进行了扩充与删改。

① 李轶. 河长制的历史沿革、功能变迁与发展保障 [J]. 环境保护，2017，45（16）：7 – 10.

3.1 河长制能否促进"一龙治水"：
积极论与消极论

围绕"河长制能否促进'一龙治水'"的问题，目前学界形成了两种观点。持"积极论"的学者认为河长制的推行极大地促进"九龙治水"转向"一龙治水"，在制度设计方面，河长制保障了部门间信息流通、资源共享，促进了部门间信任关系的形成以及合作目标共识的达成①；在技术应用方面，河长制与信息技术的有机结合，使水环境治理体系更加完善，部门间的信息交流渠道更加畅通，部门的预测能力、应变能力和联合执法能力也相应提高②；在部门文化理念方面，河长制的出现缓解了部门间的绩效主义、人治主义、变通主义和问责规避等问题③，对于部门间治理权责的明确、协同合作机制的完善等都有一定的促进作用。持"消极论"的学者认为河长制并未能突破已有的体制结构，存在运行"内卷化"危机，是一种应急层面的制度设计。④ 同时，河长制的"人治"色彩依旧浓厚，治理权力分配结构失衡，难免会使跨部门协同存在利益合谋的风险，使部门陷入"非合作博弈"困境。⑤ 除此之外，由于技术与组织结构和制度层面的冲突、信息技术架构不理想等因素，技术介入河长制并不能有效促进部门间的合作。⑥ 为什么学界会出现截然相反的观点？河长制的推行到底在多大程度上促进了"一龙治水"？要回答上述问题，首先需要厘清何为"一龙治水"。事实上学界对"一龙治水"尚未形成共识，有的学者侧重从结构性的角度来解释，即强调监管主体的单一化和监管职权的集中化，

---

① 颜海娜，曾栋. 河长制水环境治理创新的困境与反思——基于协同治理的视角 [J]. 北京行政学院学报，2019 (2)：7 – 17.

② 丁春梅，吴宸晖，戚高晟，高士佩. 水体监测物联网技术在河长制工作中的应用 [J]. 人民黄河，2018，40 (10)：57 – 60.

③ 李利文. 模糊性公共行政责任的清晰化运作——基于河长制、湖长制、街长制和院长制的分析 [J]. 华中科技大学学报 (社会科学版)，2019，33 (1)：127 – 136.

④ 周建国，曹新富. 基于治理整合和制度嵌入的河长制研究 [J]. 江苏行政学院学报，2020 (3)：112 – 119.

⑤ 熊烨. 跨域环境治理：一个"纵向—横向"机制的分析框架——以"河长制"为分析样本 [J]. 北京社会科学，2017 (5)：108 – 116.

⑥ 李永峰. "互联网＋甘肃河长制信息管理平台"构想与实现 [J]. 中国水利，2018 (4)：46 – 48.

或者强调成立超越原有结构的协调机构；也有学者侧重从程序性的角度来解释，即强调通过程序性设计将不同部门的治理边界有效衔接，实现治理环节的"环环相扣"；还有学者强调数据技术和数据资源在赋能"一龙治水"中所扮演的角色。笔者认为，仅仅从结构性或程序性或技术性的角度来理解"一龙治水"是不够的，无论是结构性因素，还是程序性因素，抑或是技术性因素，在水环境跨部门协同治理中都发挥着不可或缺的作用。鉴于此，本章拟搭建一个"结构—程序—技术"三维分析框架，并以 S 市河长制的实际运行成效来检验该分析框架的适用性和有效性。

3.2 基于"结构—程序—技术"的跨部门协同治水机制

协同治理理论作为独立术语最早见于 1978 年的《理论付诸实践》杂志，由于协同治理的协同特性、复杂体系以及多元治理理念的涌现，学界对协同治理的界定尚未达成一致。学者们虽然对协同治理内涵有不同的理解，但对跨部门协同治理已形成了初步共识。如有学者指出，广义上的跨部门协同指政府内部各部门和机构间的协调和合作，包括了政府内部、政府与市场以及政府与社会间的合作，而狭义上的跨部门协同指政府内部各部门围绕既定的政策议程建立合作伙伴关系。[①] 本章所关注的水环境跨部门协同治理是指 S 市政府内部为推动"九龙治水"走向"一龙治水"，在横向上推动水务、环保、城管、农业等涉水职能部门间的"部门联治"。对于水环境跨部门协同治理而言，有学者认为政治势能、考核压力和治理需求为河长制推行提供了基本动力，而将河长制嵌入基层政府河湖治理中，实质上是基层政府借由科层体制依赖增强自我治理能力而进行的一项制度创新[②]；河长制的实质是一套严密的等级结构和等级逻辑，通过人员分工明确及绩效考核等方式将科层权威落实到水环

① 6，Perri. Joined-up Government in the Western World in Comparative Perspective：A Preliminary Literature Review and Exploration ［J］. Public Administration Research and Theory，2004，14（1）：103 – 138.

② 胡春艳，周付军，周新章. 河长制何以成功——基于 C 县的个案观察 ［J］. 甘肃行政学院学报，2020（3）：19 – 28 + 124 – 125.

境治理当中①，而技术作为嵌入水环境治理的手段同样会影响跨部门协同治理成效②。还有学者认为介入合作行动组织的数量、主导性组织及其发挥领导作用的程度、组织之间价值观和态度的相近程度、其他组织合作行动产生的影响以及跨界领导等因素都会影响跨部门协同成效③，此外，自上而下的权力分配逻辑和责任机制保障、政治契约治理机制、组织结构框架以及激励问责机制对于构建积极的跨部门协同治理机制起到重要作用④。

已有研究认为科层结构、制度设计以及信息技术是水环境跨部门协同治理机制的重要影响因素，并且不少文献强调协同理念、组织文化、考核问责机制及技术应用等因素的重要性。然而，由于水环境跨部门协同治理涉及政府内部的运作，对很多人而言是一个"黑箱"，已有研究较少对水环境横向职能部门间复杂的互动关系进行深度考察，而更多地聚焦在跨流域或跨层级的协同治理问题上。现有文献大都强调组织结构、制度设计等要素对跨部门协同治理机制的构成是非常重要的，但更多停留在应然层面，对于这些因素在具体场域是如何发挥作用、如何相互影响的，缺乏基于实证的（evidence-based）研究。对于"河长制在多大程度上推动'九龙治水'走向'一龙治水'"这个问题，已有回答不够系统全面，"尚未形成跨部门协同的独立分析框架，不能提供水环境治理中跨部门协同的整体图景"⑤，也缺乏基于具体个案的实证评估。为此，本研究拟搭建一个"结构—程序—技术"的整合性分析框架，实证检视和评估河长制下 S 市水环境跨部门协同治理的绩效，并检验该分析框架的适用性和有效性。

经济合作与发展组织（OECD）指出，协同机制包括了"结构性协同机制"（structural mechanisms）和"程序性协同机制"（procedural mechanisms）两大类，其中结构性协同机制主要侧重于组织载体，亦即结构性安

① Chien, Shiuh-Shen, and Dong-Li Hong. River Leaders in China: Party-state Hierarchy and Transboundary Governance [J]. Political Geography, 2018 (62): 58 – 67.

② 吴月. 技术嵌入下的超大城市群水环境协同治理：实践、困境与展望 [J]. 理论月刊，2020 (6): 50 – 58.

③ 任敏. "河长制"：一个中国政府流域治理跨部门协同的样本研究 [J]. 北京行政学院学报，2015 (3): 25 – 31.

④ 吕志奎，蒋洋，石术. 制度激励与积极性治理体制建构——以河长制为例 [J]. 上海行政学院学报，2020，21 (2): 46 – 54.

⑤ 徐艳晴，周志忍. 水环境治理中的跨部门协同机制探析——分析框架与未来研究方向 [J]. 江苏行政学院学报，2014 (6): 110 – 115.

排，例如中心政策小组、部际委员会等；程序性协同机制则主要侧重于实现跨部门协同的程序性安排和配套技术，例如，涉及"跨界问题"处理的议程设定和决策程序、信息交流平台、辅助性的工具选择等，可以通过签署协议等正式的方式或通过年度考核等非正式的方式实现跨部门协同机制。①我国学者徐艳晴、周志忍在 OECD 所提出的协同机制基础上，围绕水环境的跨界特性与协同需求、结构性协同机制、程序性协同机制等三个方面，构建了一个跨部门协同的水环境治理分析框架，其中结构性协同主要包括了部门设置以及其职责分工，程序性协同则包括了程序性安排层面的专门协调机构和非常设性机构的运作程序，配套技术层面的信息交流平台、交流的程序规则和辅助性工具。② 徐艳晴和周志忍所搭建的跨部门协同分析框架对本研究有非常大的启发意义，但该框架在解释河长制下的水环境跨部门协同治理机制上有一定的局限性，如在水环境横向协同的组织形式中，两位学者比较强调以"部际联席会议"和"部际协商机制"为组织依托的跨流域协同治理，这对地方政府内的跨部门协同治理解释力不足；再如，他们的研究对于程序性协同构成要素的界定相对宽泛，把配套技术也纳入了程序性协同，事实上，随着"互联网＋"河长制、"智慧治水"等的广泛应用，技术性因素对于跨部门协同治理所产生的影响越来越重要，不少地方建立的河长管理信息平台，实际上就是搭建了一个跨部门协同的虚拟组织结构。因此，本章更倾向于把"配套技术"独立出来，在原有结构性协同和程序性协同的基础上增加"技术性协同"。综上所述，水环境跨部门协同治理机制由多元复杂的因素所构成，其中主要包含了结构性协同、程序性协同以及技术性协同，只有各个因素相互作用、相辅相成，才能推动"九龙治水"真正走向"一龙治水"。

3.2.1 结构性协同

河长制作为一种具有中国特色的水环境治理制度，在实践中得以将制度优势充分转化治理效能，得益于强有力的组织保障。官僚制的优越性在相当程度上是由纵向的、以等级形式出现的命令指挥和执行系统以及横向

---

① Government Coherence：The Role of the Centre of Government ［EB/OL］. https://one. oecd. org/document/PUMA/MPM（2000）3/en/pdf.
② 徐艳晴，周志忍. 水环境治理中的跨部门协同机制探析——分析框架与未来研究方向 ［J］.江苏行政学院学报，2014（6）：110–115.

的以职能部门形式出现的分工协作系统构成的组织结构决定的，纵向的命令系统保证了指挥统一，使命令从上到下得到迅速执行，而横向的部门分工则体现了专业化的要求 。① 同样，河长制在推动跨部门协同治理过程中，首先设立了河长办，为主动整合和吸纳体制资源、畅通纵向与横向的跨部门协同渠道提供了良好平台；其次，建立纵向的"市—区—镇街—村居"四级河长体系，依托"第一把手"的权威资源将上级党政组织的触角向基层政府延伸，既可以在最短时间内集聚治水资源，又可以实现治水政令自上而下迅速传递；最后，河长办的统筹协调优化了横向的组织结构，将水务、环保、城管、农业等各涉水部门紧紧"拧成一块"，提高水环境治理效率。

3.2.2　程序性协同

制度化、规范化不足必然加剧政策执行对权威的依赖，很容易使跨部门协同出现浓厚的人治色彩。② 因此，能否建立长效的水环境跨部门协同机制，取决于程序性协同细节的完善程度，首先，要实现政府职能部门治理行为从被动向主动转变，就要完善落实河长制相关配套制度设计，如河长会议制度、联合执法制度等；其次，只有建立起完善的考核问责、立体督导、奖励激励等配套机制，才能真正激活水环境跨部门协同治理机制，最大限度地打破"九龙治水"困境；最后，"一龙治水"的实现离不开各部门合力的形成，但部门间不存在法律上的协同关系，而是一种基于制度的认同关系，因此需要营造良好的组织文化氛围，如树立跨部门协同理念、建立部门间信任关系等。

3.2.3　技术性协同

信息技术的迅猛发展和广泛应用对政府的组织模式具有革命性的影响，其可以在三个方面促进跨部门网络的形成。③ 一是技术种类大幅增加，

---

① 竺乾威. 地方政府大部制改革：组织结构角度的分析 [J]. 中国行政管理，2014 (4)：17 - 23.
② 周志忍，蒋敏娟. 中国政府跨部门协同机制探析——一个叙事与诊断框架 [J]. 公共行政评论，2013，6 (1)：91 - 117 + 170.
③ 〔美〕简·芳汀. 构建虚拟政府：信息技术与制度创新 [M]. 邵国松，译. 北京：中国人民大学出版社，2010：85.

其带来的收益惠及多个政策领域，例如，GIS 技术的广泛应用惠及了环境管制、经济发展、住房、执法等多个政策领域。二是由于决策变得日益复杂并且合并运用多种新技术，单个政府机构无法精通与其政策领域相关的所有技术，日益面临与其他专业部门相协调的压力。三是技术变化的迅捷使得单个政府机构跟上所有相关技术的发展步伐变得越来越困难。在水环境治理领域，不少地方利用大数据、云计算、人工智能等技术手段，搭建了"互联网＋"河长制信息管理平台，实现了河道管理网络化、上报问题处置流程的规范化及河长绩效考核差异化等。诚然，水环境治理中各部门间存在着职责界限，并且这种界限往往是人难以逾越的，而技术的"非人类"属性可以打破物理空间的局限，相对容易地实现信息跨部门流动。技术为赋能跨部门协同治理提供了更大的空间，例如，水资源、水环境治理、污染源监测等基础数据库的共享，可以减少各部门信息的重复采集和生产；水务、环保、农业、城管等部门基于业务需求进行治理数据交换，助力部门进行精准决策以及精准施策；围绕着"散乱污"场所整治、工业园转型升级、农业面污染治理、违法建设拆除等专项治理任务进行的在线业务联动，可以有效整合执法资源，大大提高联合执法效率。

综上，河长制下水环境跨部门协同治理机制的有效运行离不开结构性协同、程序性协同及技术性协同三者形成的合力，一方面，制度、机制及文化等程序性要素是保障组织运作的必要前提，而组织是程序性要素存在的基础，两者相互形塑、相互影响；另一方面，信息技术在水环境跨部门协同治理的应用，使得基础数据库信息的交换、业务联动等具有网络结构、网络化逻辑的技术成为优化政府组织结构的一种手段，同时组织本身带有的文化、制度特性等也会受到信息技术应用的影响与重塑。而信息技术作为科层体制外的事物，其运作必然会受到来自科层组织及其所附带的制度、组织文化、运作机制等要素的影响。因此，本章充分借鉴已有的关于跨部门协同的研究经验，同时结合推行了多年的河长制以及 S 市治水的具体场域，构建了一个基于"结构—程序—技术"的水环境跨部门协同治理机制分析框架（见图 3-1）。

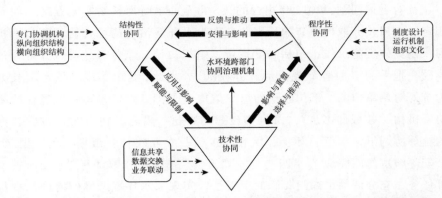

图 3-1 基于"结构—程序—技术"的水环境跨部门协同治理机制分析框架

3.3 河长制如何推动"九龙治水"
走向"一龙治水"

河长制自 2016 年 12 月全面推行以来,从中央到地方都对如何打破治水权威资源碎片化、建立水环境跨部门协同治理机制进行了大量的探索,S 市也不例外,其从结构性协同、程序性协同和技术性协同三个方面采取了大量的举措,努力推动"九龙治水"走向"一龙治水"。

3.3.1 结构性协同:水环境治理权威资源的整合

1. 专门协调机构:权威加持下的综合协调机构

在传统的水环境治理体系下,治水办作为水务局的下设机构,发挥着协调水务、环保、城管、农业等涉水职能部门的作用,但是由于"条块分割""部门文化"等因素的影响,治水办并不能充分发挥协调作用。在实际的运作过程中,治水办的统筹协调作用被严重"边缘化",其不能有效协调平级或者更高一级的其他部门和单位,也没有办法成为各部门认可的协调机构,以至于只能起着水务局"第二个办公室"的作用。2009 年,S 市为筹备大型运动会,治水办按照各职能部门的职责分工进行协商,准备推进河道清理的部门联动工作,但是一些部门以"河道清理不归自己管"为由拒不配合,或者在联合行动中"出工不出力",S 市治水办对此也感到无奈。

针对上述问题，2017年出台的《S市全面推行河长制实施方案》明确规定，由河长办取代原有的治水办，作为水环境治理的综合协调部门承担河长制具体实施工作，包括制度拟定、组织协调、监督考核等，并且通过党政一把手的"加盟"提升河长办权威。① 由此，S市形成了以市河长办为统筹协调单位的、部门联动的组织架构（见图3-2），解决了过往统筹协调机构"权威性不足""如同虚设"的难题。截至2019年底，在河长办的统筹协调下，水务、环保、城管、工信、农业农村、市场监管、财政、公安等涉水部门完成了"四洗"②、"五清"③以及"散乱污"④场所整治等任务，充分调动了部门履职的积极性，实现了水环境跨部门协同治理从无序向有序的转变。

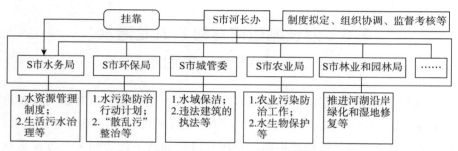

图3-2 河长制实施后S市跨部门协同治水组织结构

2. 纵向组织结构：层级管理下的跨层级治水力量整合

河长制实施之前，水环境治理的权限被分割在各部门中，整体的水环境治理设计、任务推进等都缺乏统一的规划。同时，在自上而下的水环境治理权力分配逻辑下，加之"属地管理"等刚性约束，各个部门习惯了

---

① 《S市全面推行河长制工作领导小组及其办公室设置方案》指出：市河长办设在市水务局，市政府分管副秘书长担任主任，市水务局局长担任常务副主任，市环保局局长担任副主任，同时从市委宣传部、市监察局、市公安局、市水务局、市环保局各部门再抽调一名副局级官员担任副主任。

② "四洗"，即洗楼、洗管、洗井、洗河。

③ "五清"，即清除非法排污口、水面漂浮物、底泥污染物、河道障碍物、涉河湖违章。

④ "散"是指不符合城镇总体规划、土地利用规划、产业布局规划的工业企业；"乱"是指违法违规建设、违规生产经营的，以及使用闲置设施农业用房、教育、农房等非工业用房进行非法生产的工业企业；"污"是指违法违规排放及超标排放废水、废气、废渣的工业企业。

"一股劲"把任务往下压。因此在需要多部门合作解决的水环境问题上，往往出现治水政令堵在"最后一公里"的窘境。例如，早在 2007 年 S 市就规定在涉"水、绿"地区划定"禁建区"，但这一规定始终没有得到镇街级甚至是区级职能部门的支持与配合，相关部门对于居民在河涌周围大量建小作坊的现象"睁一只眼闭一只眼"，餐饮污水、工业污水直排河涌，使得水体发黑发臭，河面上更是漂满了垃圾。

河长制设计的目的，就是以一种权力高度集中的政治结构来破解长期以来水环境治理权威碎片化的困局，通过从纵向上优化组织结构使得治水力量高度整合并实现治水权威自上而下的流动。一方面，S 市以最大限度节约行政成本为原则，成立临时协调性机构，构建"市—区—镇街"三级河长办体系。2017 年，市区两级河长办共从各部门抽调人员 355 人集中办公，其中，从水务部门抽调 133 人，其他职能部门抽调 161 人，新招聘 41 人。这种组织载体依附在原有的治水体系上，既不增加人员编制，也不增加基本的办公经费。另一方面，以河长办这一组织载体来承担河长制的总体设计、统筹协调、整体推进以及督促落实工作，通过层级权威既可以在最短时间内整合水环境治理资源，迅速做出决策，又可以加强各部门之间的合作。

3. 横向组织结构：部门"一把手"权威推动的跨部门协同

河长制诞生之前，由于"职责同构"，S 市水环境治理采用的是以"条"为主、以"块"为辅的治理方式，按照各部门的涉水职能，水环境治理建立了以水务局为牵头单位，农业、环保、城管、林业和园林等部门为配合单位的治水模式，这种模式的特点在于强调各个部门之间的专业分工以及部门层级。水环境治理具有整体性和流动性的特点，这必然要求各个环节紧密相扣才能达到"鱼翔浅底"的目的。但由于部门与部门之间不存在行政隶属关系，各部门往往会追求自身利益最大化，所以在水环境治理过程中，部门容易过于关注子目标而忽视整体目标，形成各自为政的局面，这导致了水环境治理"碎片化""九龙治水"等问题。

河长制的推行打破了"碎片化""各自为政"的局面，水环境治理实现由过去的"以'条'为主，以'块'为辅"转向"条块相结合"的扁平化治理结构，各层级河长办担任统筹协调的角色，河长办以及各部门职责得到明确①，各个层级的职能部门依靠一把手权威"紧紧拧在一块"。虽然这样的变化并没有突破原有的多部门治理体系，但是在河长办的统筹协调之下，部门间形成了水环境跨部门协同治理的合力，这意味着部门与部门之间的壁垒被打破，治水目标得到明确，在一定程度上减少了部门的机会主义行为，进而有利于实现公共利益最大化。

3.3.2 程序性协同：保障体制优势转化为水环境治理效能

1. 制度设计：治水权威的生成逻辑

（1）建立河长会议制度。2016年底S市根据《S市全面推行河长制市级河长会议制度（试行）》建立了市级河长会议制度，市总河长会议每年召开一次，会议研究事项包括"协调解决部门之间、地区之间推行河长制工作中的重大争议"；市级河长会议每半年召开一次，由分管各项职能工作的各市级河长主持，会议内容包括"专题研究、协调解决责任河道推行河长制工作中的重点、难点问题"；市河长办主任办公会议每月召开一次，各涉水职能部门局级领导干部兼任的河长办主任以及河长办负责人出席会议，会议内容包括"审议全面推行河长制工作的相关制度、研究安排市河长办重点工作、研究协调河长制工作中遇到的问题"等。值得关注的是，出席河长会议的官员是政府或职能部门的一把手，将内容涉及跨部门协同治理的工作方案交由各部门领导来审议，这使方案在很大程度上综合了各部门的意见，具有较高的权威性，原有的设计不合理、缺乏可行性问题在一定程度上得到解决。同时，方案对适用对象的精准定位也使部门的接受程度得以提高。例如，在推进全面消除城市黑臭水体工作中，由于涉及水

---

① ①河长办承担S市河长制度实施的制度拟定、组织协调、监督考核工作，河长办成员单位根据各自职责，参与河湖管理保护、监督考核工作；②市水务局负责协调实行水资源管理制度，推进河湖综合整治、城镇污水治理、水面率控制、水源工程建设、河湖健康评估、农村生活污水治理以及河湖执法监管，会同市国土规划委协调推进河湖管理范围的划定与确权；③市环保局负责推进水污染防治行动计划，监管饮用水水源污染防治工作，负责工业企业、农家乐污染以及倾倒工业固体废物、危险废物执法监管，开展水质检测；④市农业局负责监管农业面源、水产养殖污染防治工作，调整优化种植业结构与布局，推进农业废弃物综合利用，加快发展农业节水，开展水生物保护等；⑤市城管委负责中心直管水域保洁、水域垃圾打捞、处理以及监管，推进垃圾处理设施建设与监管，组织开展对倾倒废弃物、违法建设的执法；⑥市林业和园林局负责推进生态公益林和水源涵养林建设，协调推进河湖沿岸绿化和湿地修复等；⑦其他成员单位按照自己职责做好河长制相关工作。

务、城管、环保、农业等多个职能部门，许多工作难协调、难落实，最终通过召开市级河长会议，由各分管领导协调讨论，进一步压实相关部门的职责，工信委整治"散乱污"企业、城管委在河涌蓝线范围内的拆违工作等得以有效推进，为 S 市打赢黑臭水体治理攻坚战提供了保障。

（2）建立跨部门联合执法制度。传统的水环境治理模式中，水务、环保、城管、农业等涉水职能部门倾向于管好自己的"一亩三分地"。对于由职责边界模糊引起的管理灰色地带，大多只有迫于上级压力时才选择临时性的联合执法。已有跨部门联合执法是松散的，未能形成常规化的制度，部门更多的是充当"独行侠"角色。然而，水环境并不会因为部门分割治理就会改变其整体性与流动性。由于缺乏具有约束力的行动规则，在一些需要部门协同联动治理的工作上，就会出现部门"出工不出力"现象。河长制推行之后，针对跨部门联合执法松散、缺乏约束力问题，S 市各区都印发了《河长制办公室联合执法工作制度（试行）》，明确在河长办的协调下，各部门要围绕禁养区畜禽养殖、水域岸线非法建筑、非法设置入河排污口或超标排放等涉水违规违法事件进行跨部门联合执法，否则会被问责。这在很大程度上整改了部门"出工不出力"问题，特别在黑臭河涌、"散乱污"治理上更是明确治理时间表，要求各部门定期开展联合巡查与联合执法行动，每月公开联合整治的工作计划及实施进度。如在 CB 涌治理过程中，在联合执法制度的刚性约束下，环保、城管、水务、工商等部门联合起来，积极推动跨部门协同治理，共同推进开展拆违、清淤、调水、绿化种植等工作，2017 年底实现了"不黑不臭"的目标，2018 年通过"洗楼"行动将附近 1182 家"散乱污"企业关停或搬迁，2019 年萤火虫再现河边。

2. 运行机制：治水权威的作用路径

（1）建立立体的考核问责机制。在河长制之前，对于水环境治理任务目标与治理内容，"如何考核，由谁来考核，考核有何用"的问题始终得不到重视，致使部门的考核方案通常仅仅为领导的意志而服务。河长制推行之后，针对考核流于形式、问责乏力等问题，S 市建立了对河长及职能部门进行考核问责的制度。《S 市水环境治理责任追究工作意见》《S 市河长制考核办法（试行）》的相继出台，在纵向上明确了市、区、镇街、村居四级河长的履职考核任务，并通过治水周报、问责"红黑榜"通报等对河长形成督促作用；在横向上通过专项任务落实情况对跨部门同治理成效进行考核，如黑臭水体治理情况、"四洗""五清"行动、信息共享情况等任务落实情况。同时将考核结果运用到问责中，强化问责的威慑力，进而形成倒逼机制，促进水环境跨部门协同治理。例如，S 市河长办在 2018 年 6 月到 2019 年 3 月，通过河长制问责小组对考核以及上级交办的 71 宗水环境治理问题进行处理，对其中 188 名[①]在水环境治理中不履行职责以及考核不及格的工作人员进行问责处理，党内警告处分 1 次、约谈 112 次、诫勉 37 次、责令书面检查 27 次、通报批评 16 次。

（2）建立了立体的治水政令落实督导机制。自推行河长制以来，S 市针对部门执行不力、推责卸责等问题，建立了立体的治水政令落实督导机制。首先，建立了三类信息报送制度，即信息专报制度、工作信息报送制度和河长制进展情况定期报送及交（督）办事项限时报送制度；其次，针对河长制推行落实过程中的各项任务指标以及水环境治理的难点堵点，出台《S 市河长制办公室关于开展全面推行河长制专项督导检查调研的通知》《S 市全面推行河长制工作督查制度（试行）》等制度文件，通过定时、定点、定量的方法督促各级政府部门将任务落到实处；最后，各部门建立了督导工作体系，如市水务局对水环境综合整治督导工作分工做了调整，明确将 187 条黑臭河涌和 16 条跨界河涌整治、管网建设、"散乱污"违法排污整治、违章建筑拆除等作为重点督导任务，同时将"一河一策"方案的完善、河长履职状况和上级河长交办事项等列为督导重点。

3. 组织文化：治水权威的理念强化

信任是建立部门间关系的桥梁，没有建立在信任基础上的部门间合作都是低效的合作。在河长制推行之前，由于涉水部门间缺乏有效的沟通渠道及"共享理解"机制，加上部门对于自主权或"势力范围"的"争夺"，部门间无形中形成了一种竞争关系，部门间信任缺失。在这样的背景下，部门文化是封闭的、以部门为中心的。而在河长制框架下，S 市为了塑造部门间信任关系，从多个维度推动了水环境跨部门协同治理。首先，S 市通过设立"集权威于一身"的河长办来优化治水组织结构，几乎将所有涉

---

① 188 名被问责人员：局级干部 1 人、处级干部 46 人、科级干部 19 人、村居级干部 113 人、其他 9 人。

水人、财、物等资源进行整合，实现了以问题为导向的水环境治理模式，加强了部门间的沟通与联系；其次，河长办围绕河长制政策、联合执法、城市黑臭水体治理等领域组织各部门参加培训，推动各部门增强对合作部门的了解与信任等；最后，S 市搭建了部门间信息交流平台、水环境治理问题流转平台等，信息技术的广泛应用促进了部门间的资源共享，为营造良好的跨部门协同治水文化提供了技术基础。

3.3.3 技术性协同：技术赋能水环境跨部门协同治理

1. 畅通信息共享渠道

传统的水环境治理体系过于强调部门的专业分工，要实现部门间信息共享，就意味着要改变既有的部门规则，这必然会遭到各部门的反对，由此也导致了水环境治理的"信息孤岛"问题。同时，部门间的信息壁垒不但增加了统筹协调的行政成本，还使得部门间信任降低，不利于部门间合作。

在水环境治理中，如何打破部门间的信息壁垒、高效运用信息资源成为一个难题。河长制为解决该难题提供了有效路径，亦即通过科层权威推动信息共享平台建设。《S 市全面推行河长制信息共享制度》的出台，明确了部门进行信息交换与共享的责任与内容，同时 S 市在河长管理信息系统 PC 端开设"一张图"功能，依据行政区划、网格、地形地势、水流水系、河流河段、水质等基础数据绘制底图，叠加采集的巡河数据、问题数据、污染源数据、水质数据等，集合已有数据形成基础数据库，各部门通过在 PC 端开放数据接口或直接上传数据的形式进行基础数据共享。S 市通过最大限度地整合各部门的涉水数据，实现数据共享，保障了河长办统筹协调作用的发挥，也提升了水环境治理效率。

2. 技术赋能跨部门业务联动

信息作为一种有限的资源及部门权威象征，往往会被部门垄断，同时由于以往部门信息系统的建设更多的是基于内部业务流转的需要，较少考虑到跨部门业务联动的需要，因此传统部门间业务的流转更多的是以公文为载体，流转效率较低，耗时较长。然而，水环境的流动性特征决定了许多水环境问题需要各涉水部门的快速联动才能得到解决，在传统的问题流转模式下就必然会导致一些问题得不到及时解决，甚至是越治越严重。

在河长制诞生后，S市运用信息技术建立了河长管理信息系统，以河长办为监督统筹单位，将各部门的治水端口接入统一的信息管理系统，在该系统中完成问题的交办工作，明确责任单位。例如，围绕着一个排水口的污水直排问题，S市河长管理信息系统通过18次问题流转，把相关行动主体（包括S市河长办、LW区河长办、LW区农业农村和水务局、DD街道河长办）的跨部门协同行为嵌入规范化的事件处理流程中，进而使该问题最终得到有效解决（见图3-3）。与线下的协同相比较，技术赋能下的跨部门协同治水具有三个显著特点：一是作为综合协调机构的S市河长办和LW区河长办可以依托信息平台发挥"数据中台"的作用，从而具有了工作的"抓手"；二是有效避免了部门间低效率的重复性公文流转，极大地提升了问题流转的效率，降低了协调的成本；三是各部门通过信息平台进行及时有效的沟通与协商，以主动或被动的方式进行跨部门知识共享，从而减少了部门间的信息不对称；四是可以对水资源进行更加优化和合理的配置，避免了重复投入以及资源浪费的现象。

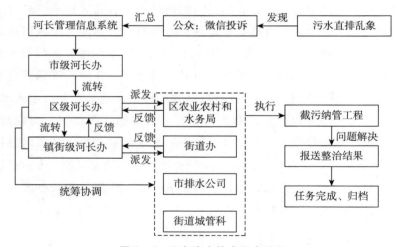

图3-3　S市治水技术平台流程

3.4　河长制促成了"一龙治水"吗

在"结构—程序—技术"这三个维度的协同设计与运转的共同作用下，河长制解决了跨部门协同治理中长期存在的权威缺失问题，极大地提高了水环境跨部门协同治理的整合力和执行力。然而，河长制毕竟是在行政科层体制基础上衍生出来的一套组织体系，具有典型的权威依赖及政治色彩，这使得以河长制为核心的水环境治理在结构性协同、程序性协同以及技术性协同上仍有不足之处。

3.4.1 结构性协同：协同结构的无奈

1. 河长办统筹协调机制不健全，权责不匹配

虽然中央和地方都明确了河长办的存在，但是对河长办的地位及职责界定尚未明确，这导致河长办在组织设置方面存在一定的不合理之处，如河长办的成立既无法律法规的授权，也未定人员、定编制、定机构，其临时性的色彩比较浓厚。在实践中河长办统筹协调作用发挥得不够充分，容易出现代替职能部门推动工作落实的现象。从纵向管理层级看，虽然目前 S 市的市、区两级的河长办机构规格较高，但河长办在日常运作层面依然存在"小马拉大车"问题。市、区两级河长办设在水务部门，一些区河长办在行政层级上仅仅相当于水务部门的内设科室，在工作开展中，除了承担河长办的工作职责之外，还要同时承担水务部门的工作。镇街河长办问题更为突出，多数只是在城管科简单挂牌，在人员、经费等方面缺乏基本保障。这种组织架构导致河长办在运行过程中容易遭遇组织逻辑困境、能力困境以及责任困境。此外，随着市—区—镇街三级河长办组织体系的建立与完善，一个新的官僚制组织体系形成，由此衍生出"如何对不同层级的协调者进行协调"的新问题。

2. 河长办合法性权威不足，过于依赖一把手权威

政府部门是以博弈的策略来实现自身的治理目标，这种谈判式治理逻辑是以正式权威或非正式的社会关系为基础的。① 在河长制下，河长办的地位没有得到明确，使其陷入了专业性与合法性不足的困境。一方面，河长办常常遭到部门"专业主义"的挑战。由于专业性与合法性不足，河长办有时候会面临"指挥不动""遭受质疑"等困境。如市农业农村局在得知《市区联动突击检查，保国（省）考断面达标》的报告中有关于"严

---

① 周雪光. 中国国家治理的制度逻辑：一个组织学研究 [M]. 北京：生活·读书·新知三联书店，2017：159–195.

控鱼塘养殖水对国考断面污染风险"的内容后，立即前往市河长办进行交涉。在交涉中，市农业农村局指出市河长办关于"鱼塘外排水到河涌可能是污染源"这一检测结论存在偏颇，质疑采样地点不对、没有数据对比、标准限值不准确、不了解鱼塘的特征等，其就是希望以市河长办的专业性不足为由，为自己开脱。另一方面，河长办需要依靠一把手权威才能推动河长制工作。尽管各部门间搭建了诸如 OA 系统、河长 App 等平台，但对于界限模糊、"短平快"的工作，河长办偏向于选择有领导在的非正式的微信群安排和协调工作。非正式的微信群在一定程度上取代了正式的工作平台，说明作为统筹协调部门的河长办很多时候需要"搬出领导"才能推动治理任务的落实。

3.4.2 程序性协同：制度与文化的缺失

1. 制度设计：绩效考核制度设计的阙如与扭曲

首先，缺乏跨部门协同治理考核的制度设计。水环境治理的"团队生产"特性使得要独立精确衡量各涉水部门的治理绩效是十分困难的，其度量成本很高，而现有的水环境治理目标责任制往往过于强调各涉水部门自身的职能绩效而忽视了水环境跨部门协同治理的绩效，由此导致各部门的注意力分配主要集中在分解到本部门的、最有利于驱动部门完成绩效目标的那些治理任务上，对于边界模糊不清、成本与收益不对等或者对于拉动部门绩效指标贡献率不大的治理任务采取"能推则推"或"避重就轻"的策略性行为。

其次，考核难与难考核的双重困境。一方面，河长办工作人员任期只有一年，经常遭到"跟河长办交接一份工作，负责对接的已经换了几批人马"的诟病，人员流动性过大，对业务不熟悉，导致了考核工作难以开展；另一方面，河长办工作的开展需要各部门配合，其既不想也不能得罪各部门，所以难以对部门考核，导致"每次到了提交考核成绩时，才匆忙把纸质版问卷打印出来，让实习生在每一项打上不低于 4 分（满分 5 分）"的现象经常发生。

最后，共同激励制度的缺失削弱跨部门协同的积极性。共同激励是影响跨部门协同驱动力的重要因素，但现有的制度设计并没有对各部门在跨部门协同治理中的有效行动形成正面的激励与引导。同时，水环境跨部门协同治理具有外部性，当某个涉水部门付出了极大的努力且确实对水环境治理起到积极作用时，由此带来的收益却很难被该部门全部占有。在复杂治理下，一个理性的部门无疑会选择对自己最有利的治理方式。

2. 文化理念：风险规避下的组织文化缺失

（1）跨部门协同理念缺失。唐斯认为官僚组织无论是在内部领域、无人地带还是外部领域，都会分配较多的注意力争夺有限的政策空间①，所以官僚组织在做出行动的时候不可避免地采取"趋利避害"的策略主义行为。无论是在行政立法中还是在行政改革中，都需要警惕"权力部门化、部门利益化、利益法规化"的倾向。在起草法律法规和制定政策文件时，相关法律法规以及制度的模糊性更是为部门的策略主义行为提供了可能性。如在水环境治理中，S市城管委与水务局常在河涌拆违问题上存在争议。城管委认为根据《中华人民共和国水法》第六十五条，除了水上保洁属于城管委管辖外，在河道管理范围内建设妨碍行洪的建筑物、构筑物等水面上的违建应由水务局来解决，而水务局则认为根据《中华人民共和国城乡规划法》第六十六条，未经批准进行临时建设、未按照批准内容进行临时建设的违建就是城管的责任，所以河道的拆违应该由城管委来执行，不是违法的建筑由住建委执行。制度冲突所形成的制度缝隙为部门提供了选择性执法的空间，特别是在中央启动一轮又一轮的中央环保专项督察及"回头看"背景下，数百个督察组在全国各地进行拉网式检查形成了高压状态，各部门基于问责风险的考虑大大降低了跨部门协同治理的意愿，并利用这些制度缝隙来选择策略性的"不合作"行为以免被问责。

（2）部门间信任缺失。部门都有扩张权力、提高自身权威的天然冲动，部门决策及行为容易局限于自身，较少顾及其他部门决策的关联性，这一定程度上弱化了水环境跨部门协同治理。如为了摸清水环境污染的关键因素，推进"控源截污"工程，S市河长办召开"控源截污"工程会议，在会议上，各部门都急于撇清其与污染源头的关系。如城管委认为"造成黑臭水体，主要是生活污水和工业污水两个因素，漂浮垃圾对水环境污染的贡献是很小的"，"河面漂浮的垃圾确实不是造成水环境污染的关

---

① 〔美〕安东尼·唐斯. 官僚制内幕［M］. 郭小聪等, 译. 北京：中国人民大学出版社, 2017.

键所在"。水务局则认为，"污染源主要来自岸上，应该把重点放在岸上的'散乱污'"。环保局的态度是，"环保局在河长制工作中承担的职责包括整治'散乱污'，所以在这方面进行了大量的研究，问题并不是很严重。雨污分流跟污水处理厂没有做好，生活污水才是重点"。农业局的辩解称，"专家调查，由农业所产生的污水造成水体污染的占比不超过5%，是所有污染源中占比最小的，而比重最大的还是生活污水，其次就是工业污水"。TH区的河长办则强调，"餐饮店等'散乱污'无处不在，餐饮垃圾投放没有规则，甚至餐饮废水未经处理直接倒进河里"。在各部门看来，虽然现阶段是为了推进"控源截污"工程，但是其管辖的领域一旦成为污染的重要源头，接下来就要承担更多的责任与风险，特别在高压的问责态势下更可能会成为被问责的对象，所以各部门互不信任，急于争夺足够的"自主空间"以规避风险。

3.4.3 技术性协同：技术整合的协同性与整体性局限

1. 部门利益降低了信息共享程度

由于水务局负责生活污水、农业局负责养殖排污、环保局负责"散乱污"等，水环境治理信息分割在各部门中。而从经济学的视角看来，信息作为一种资源，其质量跟数量是衡量一个部门影响力与地位的重要指标，部门为了追求利益最大化，往往会利用自身的信息优势垄断信息的传播，各部门不愿开放自身的数据是实现信息共享最大的阻碍。如S市BY区水务局在处理区河长办交办的问题时，需要摸查清楚直排污水的来源，经过大量调查后发现污染源可能来源于新建楼栋的管网建设，便通过河长管理信息系统向区住建局申请资料公开来协助，结果区住建局连续回复了23次"该职能不属于我局范围"，以坚决不进行信息公开的态度把任务退回去。

2. 部门的策略性行为消解了技术赋能的作用

在水环境治理中，虽然各部门的治水技术有了提升，但是单个部门依然无法兼顾与水环境治理政策领域相关的所有技术手段，如S市河长App上面所发现的问题仍然需要河长办工作人员进行人工识别、分类和派发。而职能部门在无法建立互融互通的技术共享平台时，会偏向于选择开辟对其工作有利的非官方平台。

3.5　结论与讨论

3.5.1　跨部门协同：实现"一龙治水"的长效之策

河长制作为水环境治理的创新举措，其旨在通过科层权威来推动"九龙治水"走向"一龙治水"。首先，通过结构性协同实现了治水权威的有效整合与配置。水环境跨部门协同治理作为一种新型的混合型权威依托的等级制协同模式，[①] 其基本特征依旧没有改变，亦即依靠"一把手"的注意力分配，实现自上而下和部门间的治水政令推进。为此，河长办在很大程度上充当了治水权威的整合及流转平台，而横向与纵向的组织结构设置与优化则为畅通治水权威流动奠定了基础。其次，程序性协同细节的完善为治水权威流动提供了保障。一项制度往往是一个复合体而不是单一体，是由多种要素组成的，河长制作为一项由地方党政一把手负责的制度，其必然是由一揽子规章制度组成的，包括河长会议制度、联合执法制度，也包括考核问责机制、督导机制以及激励机制，更离不开组织文化。只有程序性协同细节环环相扣，才能保障治水权威的高效运作。最后，技术性协同为治水权威提供了"智慧"。由于水环境具有整体性与流动性特征，这就要求实现水环境问题的快速与精准治理，而技术的"非人类"属性有助于实现信息的快速流转及找准问题根源，为治水权威的快速反应提供保障。总体而言，河长制在 S 市的实践证实了在以权威为依托的水环境跨部门协同治理下，只有搭建起结构、程序及技术三个维度的整体架构，为治水权威提供精准、快速流动的平台，才能压实各层级部门的水环境治理责任，解决长期以来水环境治理资源分散、治理碎片化、统筹权威缺失等问题。

然而，对于水环境跨部门协同治理而言，当前通过强化纵向机制推动河流治理模式从"弱治理模式"向"权威依赖治理模式"的转型，[②] 是一种以混合型权威（以组织权威为主，以职务权威为辅）为依托的协同治理模式。尽管这种混合型权威协同治理模式有所创新，但是其依旧是依托严

---

① 任敏."河长制"：一个中国政府流域治理跨部门协同的样本研究［J］.北京行政学院学报，2015（3）：25－31.

② 熊烨.跨域环境治理：一个"纵向—横向"机制的分析框架——以"河长制"为分析样本［J］.北京社会科学，2017（5）：108－116.

密的科层组织结构实现治水权威的流转，当政府过于推崇权威依赖治理模式，很可能进一步加剧跨部门协同治理要素之间的失衡，出现"重结构性协同，轻程序性协同"及"人治属性排斥技术理性"等现象，不利于构建良好的跨部门协同治水模式。

3.5.2 水环境跨部门协同治理的反思

不可否认的是，河长制通过推动结构性协同、程序性协同以及技术性协同三者的合力，压实了党政首长的主体责任，使河长办得以依托足够的治水权威打破治水"碎片化"困局。但是以权威为依托的治水模式是有局限的，因为领导人的注意力资源是稀缺的，并且也会随着治理需求与客观情势的变化而发生转移。因此，未来的水环境跨部门协同治理，应逐渐摆脱权威高度依赖的治理模式，通过程序性协同和技术性协同细节的精细化设计促使制度优势充分转化为治理效能，并处理好以下三种关系。

1. 职责分工明晰与跨部门协同治理

一方面，由于政治、经济、社会、文化等因素对于同一个公共问题的共同作用，使得公共问题的解决充满不确定性。① 水环境作为一种与经济社会发展息息相关的公共物品，由于其整体性与流动性的特点，要实现对所有涉水部门的职责边界进行清晰界定几乎是不大可能的，也即部门边界的模糊性以及水环境治理的团队生产特性决定了水环境跨部门治理是未来发展的必然趋势。另一方面，政府职能精细化管理是政府行政管理体制改革中的一项基础性、关键性的工作。② 在政府改革进程中，部门职责边界被划分得越来越精细，特别在河长制水环境治理中，反复强调要进一步明晰各部门的职责分工，但是以"边界"为区分的职责不能及时应对变化中的水环境治理问题，也割裂了具体水环境问题间的内在关联。③ 换而言之，

---

① Creating a Government That Works Better and Costs Less：Report of the National Performance Review ［EB/OL］. https：//files. eric. ed. gov/fulltext/ED384294. pdf.

② 汪智汉，宋世明. 我国政府职能精细化管理和流程再造的主要内容和路径选择 ［J］. 中国行政管理，2013（6）：22 - 26.

③ 例如，有一次公众通过微信公众号投诉"LW 区 HD 河两岸两个排水口无明显标志"，该问题在 S 市河长管理信息系统中经过 S 市河长办、LW 区河长办、LW 区农业农村和水务局、LW 区 DJ 街道办和 HD 街道办等 7 个单位的 23 次转办，历时近 5 个月之后才得到解决。在同一条河两岸两个排水口分别属于不同行政区的不同街道管理，其中还牵涉到属地政府、涉水职能部门、涉水事业单位以及公用企业之间的复杂关系。

"职责分工明晰论"所强调的"分"与跨部门协同治理所强调的"合"之间有着内在的张力。当前水环境治理能取得显著成效的根本不在于对各部门的职责边界进行泾渭分明的划分，而在于建立以混合型权威为依托的跨部门协同治理模式。因此，要超越职责分工明晰论误区，重点研究在职责分工不可能明晰的条件下如何通过结构、程序以及技术的设计来推动跨部门协同治理。

2. 结构性协同与程序性协同

在河长制的实际运行中，无论是中央还是地方，都对结构性协同安排进行了大量且明确的指引，如明确成立河长制办公室，明确牵头单位和组成单位，建立省、市、县、乡四级河长体系等，但是在程序性协同安排方面只有简单的提法却没有明确的指引。同时，相对于结构性协同机制而言，程序性协同机制的建立与完善是一个系统、复杂且时间跨度长的工程，需要不断优化已有制度设计、健全运行机制以及营造跨部门协同的组织文化。但是在"坚决打赢水环境治理攻坚战"这一高压问责风暴下，程序性协同机制的构建往往要让位于自上而下的各种专项整治行动以及不同时间节点必须"啃下的硬骨头"，这使得"重结构性协同，轻程序性协同"的现象在水环境协同治理中比较常见。此外，河长制依托的是一种整体性的制度结构，河长属于该制度的首长，全面执行河湖管理的职权和职责，[①]但对于各级河长身份而言，目前只有昆明、无锡等少数地方以地方性法规或政令的方式规定了河长的权责，也就是说大多数地方的河长"职非法定"。所以在没有法律规定河长权职的情境下，河长的职责与统一监督管理部门的职责、分领域监督管理部门的职责如何界定？河长主导流域水污染防治和水环境治理，是否已经形成对监督部门法定职责事实上的改变？[②]上述问题对于程序性协同机制的建构而言是一个极大的挑战。

3. 技术赋能与技术缚能

信息技术在 S 市水环境治理中的广泛应用，如建立 S 市河长管理信息

---

① 戚建刚. 河长制四题——以行政法教义学为视角 [J]. 中国地质大学学报（社会科学版），2017，17（6）：67-81.

② 史玉成. 流域水环境治理"河长制"模式的规范建构——基于法律和政治系统的双重视角 [J]. 现代法学，2018（6）：95-108.

系统、网格化管理平台等，串联起了"横向到边，纵向到底"的数据采集模式，让层级数据与部门数据实现互联互通，进一步打破部门间信息壁垒。同时"问题导向"是技术理性在水环境治理中得以赋能跨部门协同的关键环节，亦即让数据在纵向层级与横向部门间快速流转，挖掘出水环境治理中存在的问题，引导治水权威对准水环境问题。但是在推动技术赋能水环境跨部门协同治理过程中，需要警惕的是数据背后的伦理和价值问题可能会被忽视。一方面，新时代水环境治理是要以人民满意为基础的，当技术层层"过滤"和"净化"治理需求以后，如何构建政府内部的水环境跨部门协同治理模式才能实现政治、经济、社会等方面效益的最大化？另一方面，要真正实现数据赋能公共问题治理，就要实现问题的决策机制从"单一"向"多元"、从"科层驱动"向"信息驱动"转变，① 技术作为独立于组织与制度之外的新生主体，其在面对着已有的"科层驱动"水环境治理模式时难免会有不适应的地方，可能会引起几者之间的冲突，如组织机构、体制机制、资源配置等基本治理要素不能适应数据治理的要求、数据共享与数据安全间存在矛盾等，甚至引起数据"赋能"转向数据"缚能"。

---

① 姚茂华，舒晓虎. 技术理性与治理逻辑：社区治理技术运用反思及其跨越 [J]. 吉首大学学报（社会科学版），2019，40（6）：108－116.

第4章　实证检验：河长制下的跨部门协同治水网络[*]

4.1　河长制：跨部门协同治理机制创新的"第三条道路"

河长制的制度创新虽有不少局限，但近年来肉眼可见的治水效能、水清河绿的直观面貌以及社会各界的广泛好评等，说明跨部门协同创新模式在实践中得到了有效验证。如果说传统科层的改革路径聚焦条块分割、权责匹配、资源分配等问题，打破原有分配格局做法阻力大、收效微，那河长制下的跨部门协同网络机制，则是巧妙运用科层结构，突破了传统改革打碎、推倒、重建的逻辑。而这种制度创建，是以解决实际问题为导向的，让参与治水的行动方捆绑在一张利益（权责、绩效）网上，同进退、共荣辱，最终实现政策目标。那么，在多元主体形成协作网络的环境治理格局中，河长制跨部门协同治理机制的创新实践到底走出了一条怎样的"新路"？

我国河长制是以权威为依托的等级制跨部门协同模式，这种纵横条块的跨部门协调机制通过组织间网络联结的方式，建立信息通报制度和特定协作机制，加强部门合作。而这种合作常被界定为"典型的弱关系"联盟，这种"弱关系"是官僚组织领域的特性，[①] 亦被认为是我国水环境治理碎片化问题的原因，不少观点认为只有强化关系网络才能打通堵点。然而，不少研究也论证了河长制的协同模式有效突破了部门之间的分散化、碎片化和相

---

[*]　本章部分内容曾以《治水"最后一公里"何以难通》为题发表在《华南师范大学学报》（社会科学版）2020年第5期，以《跨部门协同治理的"第三条道路"何以可能——基于300个治水案例的社会网络分析》为题发表在《学术研究》2021年第10期（《新华文摘》2022年第3期转摘），收入本章时进行了扩充与删改。

[①]　在唐斯看来，"弱关系"是官僚组织领域的特性，大多数官僚组织对于内部领域的"入侵"、"无人地带"和"外部领域"的事务表现得特别敏感，会从自身官僚组织的立场出发对部门保护主义做出解释。

互封锁等官僚制的传统束缚和困境：河长制这种跨部门协同的模式不同于一般的依托职务和依托组织权威的等级制模式，它属于混合型权威依托的等级制协同模式①；河长制并没有着眼于改变治理体系的条块结构及其关系，更没有上来就大规模地裁撤行政机构，而是在整合现有行政机构和治理资源的基础上，建立了相对集中化的行动网络，发挥多元协同治理效能，在很大程度上摆脱了跨部门协同的困境等②。那么，河长制又是如何在不动"科层蛋糕"的前提下使"弱关系部门"之间增强信息交互的呢？

当前，环境治理体系包含各种形式的合作伙伴关系和网络，涉及广泛的各种规模的公私主体，但"等级"和"市场"的观点都不能充分解答多元主体参与的协同问题。③ 大量的政策与资源投入使得垄断、寻租、道德、边际效益等各类风险和隐患抬头；市场机制无法打通长期以来"环保不下水，水利不上岸"的部门条块壁垒，更是难以解决治水公共危机。④ 作为在部门改革与市场手段之外的"第三条道路"，河长制铺设的跨部门协同网是如何为治水赋能的？实现各级河长办、不同部门"同台唱戏"又何以可能？

4.2　跨部门协同治水的社会网络分析

4.2.1　理论工具的选择：社会网络分析

格兰诺维特等人在发展威廉姆森"中间型组织"理论的过程中找到了具有解释力的理论框架——社会网络理论。其认为"社会网络"是在科层和市场之外第三种解释路径，在宏观制度解释与微观行为分析之间架起了"桥梁"。"弱关系连带"理论⑤和"结构洞"理论⑥更是从行动者关系的角

① 任敏. 河长制. 一个中国政府流域治理跨部门协同的样本研究 [J]. 北京行政学院学报，2015 (3)：25 - 31.
② 韩志明，李春生. 治理界面的集中化及其建构逻辑——以河长制、街长制和路长制为中心的分析 [J]. 理论探索，2021 (2)：61 - 67.
③ Woodhouse, P., and M. Muller. Water Governance—An Historical Perspective on Current Debates [J]. World Development, 2014, 92 (1)：225 - 241.
④ Bakker, K. The "Commons" Versus the "Commodity"：Alter-globalization, Anti-privatization and the Human Right to Water in the Global South [J]. Antipode, 39 (3), 2007：430 - 455.
⑤ Granovetter, Mark. The Strength of Weak Ties [J]. American Journal of Sociology, 1973, 78 (6)：1360 - 1380.
⑥ Burt, R. S. Structure Holes：The Social Structure of Competition [M]. Cambridge：Harvard University Press, 1992.

度论述了"整合第三方"或"中间人"在组织间或人与人之间的相当长时间内如何保持他们的权力①。基于此，河长制下政府部门、社会团体、企业等组织/部门共同参与治水，各方的行动逻辑与关系即表现为一种跨部门协同治理的"网络构型"。而在当前中国的大多数水环境治理研究中，跨部门协同网络的结构和网络组织成员的角色都没有得到很好的描述和解释。已有研究从组织和技术等角度探讨了河长制如何通过信息技术平台、压缩组织运行层次去有效破解跨部门协同治理碎片化的问题，然而却忽略了对跨部门协同行动网络的结构特性进行更深入的描述与解释，因而难以挖掘部门管理和协调网络中发生的活动的治理逻辑。因此，本章引入社会网络分析（SNA）的理论工具与分析方法，深入解析我国现有或正在形成的协同治理模式，呈现河长制政策工具下水环境治理过程中组织之间的关系以及跨部门信息协作网络的结构和质量，检视是否存在某种网络结构特征使得跨部门协同治水网络发挥出跨越"条块"的协同整合作用，进而探索出一条治水成果共享、责任共担的新路，构建顺应共治、共建、共享、共担等"多共"一体的新模式。对这一关键问题的研究，将有助于我们了解跨部门协同治理网络及运作逻辑，讲好中国治水故事乃至中国治理之道。

在政治学领域，社会网络分析早期被广泛应用于等级制的可视化分析。20 世纪 80 年代，实证导向的社会网络分析已脱离了传统社会学的发展轨道，学者们将特定的关系模式视作社会结构的基础，将整体网络图的关键特征描述作为其主要分析工具，并广泛应用于社会过程的主题分析，如合作②、协同③、员工之间的社会联系④等议题。20 世纪 90 年代，一些政治学家开始将网络的概念运用到研究中，将网络应用于政策研究并进行详细阐述。⑤ 社会网络分析主要用于分析人际、部门间或组织之间的关系，

---

① 怀特、格兰诺维特、林南等人的社会网络理论把人与人、组织与组织、部门与部门之间的关系看成一种客观存在的社会结构。

② Eguíluz, Víctor M., Martín G. Zimmermann, Camilo J. Cela-Conde, and Maxi San Miguel. Cooperation, and the Emergence of Role Differentiation in the Dynamics of Social Networks [J]. American Journal of Sociology, 2005, 110 (4): 977 – 1008.

③ Uzzi, B., J. Spiro, Collaboration and Creativity: The Small World Problem [J]. American Journal of Sociology, 2005, 111 (2): 447 – 504.

④ Castilla, E. J. Social Networks and Employee Performance in a Call Center [J]. American Journal of Sociology, 2007, 110 (5): 1243 – 1283.

⑤ Laumann, E. O., and F. U. Pappi. Networks of Collective Action: A Perspective on Community Influence Systems [M]. New York: Academic, 1976.

可定量和可视化人际或组织之间的关系以及沟通、协作的网络推动形式。①为深入探讨与解释数据赋能河长制中的跨部门协同治理网络的形成及其运作逻辑，本章将通过 S 市河长管理信息系统对全市各级河长办及参与治水的部门协同治水的实践案例进行采集，以该系统作为数据中台，采集 300个协同治水案例作为构建协同网络的边界，进而观察整体网络特征、节点部门的网络位置与结构、凝聚子群状况，由此分析水环境治理过程中跨部门信息协作网络的结构和质量。

4.2.2　数据样本与网络构型

档案资料收集法是整体网数据收集的方法之一。S 市的河长管理信息系统由河长管理信息系统 PC 端、河长管理专题网站、河长 App、"治水投诉"微信公众号、电话五大部分组成，主要用于各级河长办、各职能部门和河长社会监督体系进行各类河湖污染问题的上报、转办、受理、办结等过程流转。各级河长办、各职能部门围绕所上报的污染问题进行信息流转的过程"被留痕"，本研究以 S 市河长管理信息系统中的"问题上报"数据库（共 134503 个）为抽样框，采用档案资料收集法，从河长管理信息系统数据库中连续抽取 36 个月（2017 年 8 月至 2020 年 7 月）的案例数据，通过手动编码形成具有 300 个有效案例样本及 20 个变量的数据库。把每个案例中通过河长 App 进行流转处理所涉及的部门作为节点（共 229个），将处理同一个案例问题作为联系，构建 S 市水环境治理跨部门协同治理网络。网络中的节点（即行动者）是参与水环境治理的政府部门、非政府组织部门（如企业部门、社会组织部门等），网络中的"边"表示节点（行动者）之间的各种联系或关系（如信息沟通等），网络距离则是两个节点之间最短的距离。在该网络中，部门之间的互动关系主要表现为是否参与同一个上报案例，有共同参与的两个部门的联系为 1，否则为 0，由此整理出 229 × 229 互动关系矩阵作为样本数据。

该网络包含 229 个节点（部门），字母代表该部门所在的行政区，同一字母的不同数字代表同一行政区的不同部门。在图 4-1 中，方形节点表示各级河长办，而圆形节点代表非河长办部门；节点的大小表示中介中心

---

① Wasserman, S., and K. Faust. Social Network Analysis: Methods and Applications [M]. Cambridge: Cambridge University Press, 1994.

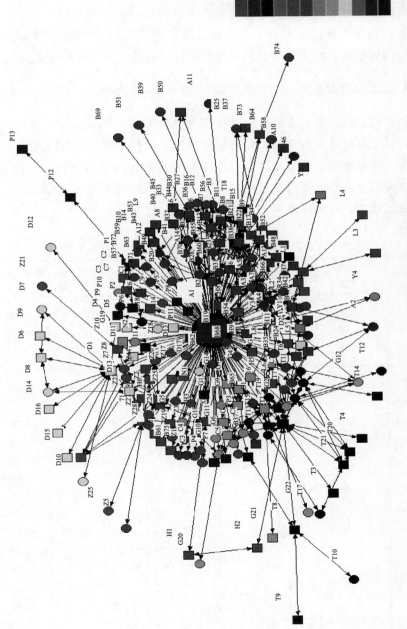

图 4 - 1　S市水环境治理跨部门协同网络

度的大小；不同行政区域用不同的颜色表示，该网络密度为 0.0472，平均每个节点产生 3.8 条联系（ties），属于低密度网络。从整体结构来看，实际呈现的是一种类同心圆式的多中心散点蛛网结构。从核心政策原点（市河长办）出发，传递至次级中心（各区河长办），以此类推形成各层级的多中心治理模式，加之同级部门间的横向协同行动，网络结构形成。

4.2.3 跨部门协同治水网络的结构特征分析

运用社会网络分析方法，通过收集 S 市利用河长 App 流转处理所上报的水环境问题所涉及的部门构建协同效能网，从网络规模、联结数量、网络密度、网络距离、度中心性、网络中心势等整体网络特征指标，测量 S 市各级河长办及职能部门在利用河长 App 流转处理所上报的水环境问题的整体协同效能，结果如表 4-1 所示。

表 4-1 S 市及其各区跨部门协同效能网的整体网络特征

网络类型	网络规模（节点数量，个）	联结数量（个）	网络密度（标准差）	网络距离	凝聚力指数	平均点度中心度	网络中心势（%）
S 市	229	872	0.0472（1.0306）	2.4	0.445	10.769	3.03
BY 区	104	420	0.1432（2.0376）	2.141	0.490	14.750	4.86
PY 区	16	36	0.2333（0.7717）	2.158	0.529	3.500	20.14
LW 区	21	56	0.1381（0.3585）	2.181	0.514	2.762	28.29
HZ 区	27	108	0.2650（0.8446）	2.003	0.551	6.889	21.87
YX 区	15	36	0.2095（0.4917）	2.476	0.494	2.933	25.00
TH 区	26	82	0.1415（0.4132）	2.375	0.485	3.538	15.67
HP 区	26	46	0.1667（0.5655）	2.333	0.487	3.333	21.74
HD 区	22	52	0.1558（0.5520）	2.277	0.491	3.273	16.48
ZC 区	37	118	0.2282（1.3740）	2.027	0.525	8.000	11.30

续表

网络类型	网络规模 （节点数量，个）	联结数量 （个）	网络密度 （标准差）	网络距离	凝聚力 指数	平均点度 中心度	网络中心势 （%）
CH 区	13	24	0.3077 （0.8213）	1.846	0.577	3.692	50.00
NS 区	6	10	0.3333	1.667	0.667	1.667	100.00

1. 网络密度

整体网的密度是指各个节点之间联络的紧密程度，反映节点之间连接的紧密程度和信息传播的互动程度，Mayhew 和 Levinger 利用随机选择模型分析指出，网络图最大密度值是 0.5。[1] S 市的网络密度为 0.0472（标准差为 1.0306），S 市的整体网络密度较低，但标准差较大，说明 S 市各部门整体的联系分布不均匀，结合图 4-1 可知，围绕 S 市河长办的部门联系较为集中和紧密。而 S 市各区的网络密度大都在 0.1~0.3，说明各区各部门在处理上报问题过程中的联系较为紧密，大部分的部门节点之间存在直接联系。

2. 网络距离和基于距离的凝聚力指数

网络距离（平均路径长度）是一个网络中任何两点之间最短路径的平均值，距离越短，信息所通过的节点就越少，传播速度就越快。S 市整个网络的平均路径长度为 2.4，各区的网络距离平均在 1.5~2.5，表明 S 市利用河长 App 处理水环境问题信息过程中需要平均流转 2 个部门左右，信息传递较为便捷。而基于距离的凝聚力指数则反映网络的凝聚力。S 市和各区的凝聚力指数大都在 0.4~0.6，凝聚力指数较高，表明 S 市各部门的联系比较紧密。

3. 网络中心性

点度中心度、中介中心度和网络中心势是测量网络中心性的重要指标。点度中心度是指节点与其他节点之间的联系程度，点度中心度越高，

---

[1]　Mayhew, B. H., and R. L. Levinger. Size and the Density of Interaction in Human Aggregates [J]. American Journal of Sociology, 1976, 82 (1): 86-110.

越处于中心位置，拥有的信息就越多或权力就越大。中介中心度侧重网络中节点作为媒介者的能力，节点成员拒绝做媒介，可能导致二者无法沟通，而成员占据关系通路的中介位置越多，代表其中介性越强。网络中心势是用来描述整体网络中任何一点在网络中的核心度。点度中心度和中介中心度都反映节点在整体网络的中心性，而由于研究所收集的案例数量并非均匀分布在各区，存在有些行政区的案例较多，有些行政区所收集的案例较少，故节点所在网络的点度中心度不一定能准确反映网络节点中心性。因此，本研究同时测量了 S 市及各区的平均点度中心度、网络中心势（见表 4-1）以及整体网络每个节点的点度中心度和中介中心度（见表 4-2）。

表 4-2 S 市跨部门协同效能网的节点点度中心度及中介中心度

部门（节点）名称	点度中心度	中介中心度
S 市河长办（A1）	78.51	90.45
BY 区河长办（B1）	24.12	8.77
HZ 区河长办（G1）	9.21	2.46
TH 区河长办（T1）	7.02	4.98
ZC 区河长办（Z1）	6.14	2.04
BY 区 TH 镇河长办（B7）	6.14	1.43
LW 区河长办（L2）	5.26	1.01
HD 区河长办（D1）	5.26	6.49
BY 区水务局（B3）	5.26	0.08
S 市水投集团（A5）	4.82	0.28

注：由于数据量巨大，仅选取点度中心度排名前十的数据。

网络平均点度中心度越高，说明网络中各点平均联系的部门数量越多，中心势数值越大，网络各点占据核心位置的概率越高，网络分布越均匀。表 4-1 的数据显示，一是 S 市的平均点度中心度为 10.769，表明整体网中的任一个节点部门平均与 10 个部门相连，部门协同的对象分布广、联系多；二是网络中心势仅为 3.03%，即协同网络中的大部分节点部门占据核心位置的概率不高，占据核心位置的节点部门数量少，网络中各层级的治水力量呈现"核心—边缘"的网状扩散趋势，体现河长办牵头治水的核心枢纽作用以及多部门协同治水的关系特征；三是 S 市大部分区的平均点度中心度和网络中心势相对 S 市整体网络较高，表明区一级在处理水环境问题过程中涉及的部门数量更多，部门间信息共享程度高、分布较均匀，体现了区一级治水部门作为条块"交汇点"的重要地位与作用，符合市级河长办统筹下各区河长办和区级部门承上启下，负责具体协调与开展治水工作的现实特征（表 4 - 1 数据与图 4 - 1 整体协同网络可视化特征相互印证）。

表 4 - 2 显示，S 市河长办（A1）在协同效能网的点度中心度和中介中心度都是最高的，占据核心位置，其次是各区的河长办，这说明市河长办以及各区河长办在协同治理过程中的信息沟通中占据核心位置，符合河长制机制创新下的组织结构与关系特征。

4.3　跨部门协同治水网络何以可行

网络结构是在社会行动者之间实存或潜在的关系模式。其中，发现关键节点（如桥和结构洞）和分析网络中存在的子结构（sub-structure）是网络结构分析的重要内容。本研究一方面通过结构洞的测量，识别协同部门网络中的关键部门节点；另一方面通过对无向网络的"派系"分析，探究网络的整体结构如何由小群体结构（n - 派系）组成。

4.3.1　关键部门节点：协同网络中的结构洞

根据格兰诺维特的弱连带理论，占据桥（bridge）位置的节点通常是弱关系且比从强关系中获取的信息更丰富，而 Burt 则提出"结构洞理论"，认为"非冗余的联系人被结构洞所连接"，结构中的中介者具有信息协同优势。① 这两者都强调中介位置的信息优势，所不同的是，格兰诺维特的桥是一种关系，而结构洞则是一种至少由三个节点组成的关系结构。② 通过测量网络的结构洞指数和节点的中介中心度，可发现网络中每个节点的结构洞情况以及具体哪个节点部门掌握信息优势。本研究运用 UCINET 的相关运算方法得出 S 市协同效能整体网的限制度矩阵（略），以及整体网

---

① Granovetter, M. S. The Strength of Weak Ties [J]. American Journal of Sociology, 1973, 78 (6), 1360 - 1380; Burt, R. S. Structural Holes: The Social Structure of Competition [M]. Cambridge: Harvard University Press, 1992.

② 刘军. 整体网分析：UCINET 软件实用指南：2 版 [M]. 上海：格致出版社，上海人民出版社，2014.

每个节点的结构洞指数（见表 4 - 3）。

表 4 - 3　S 市协同效能整体网的结构洞指数（部分信息）

部门（节点）名称	有效规模	效率	限制度	等级度
HP 区 HP 街道（H1）	2.000	1.000	0.500	0.000
HP 区 YZ 街道（H2）	2.000	1.000	0.500	0.000
HP 区河长办（H3）	5.469	0.608	0.544	0.769
S 市河长办（A1）	173.677	0.970	0.081	0.683
TH 区河长办（T1）	12.497	0.781	0.265	0.681
TH 区 XT 镇（T2）	1.000	1.000	1.000	1.000
HP 区 LX 街道（H4）	1.000	1.000	1.000	1.000
HP 区 LL 街道（H5）	1.000	1.000	1.000	1.000
ZC 区河长办（Z1）	7.872	0.562	0.577	0.827
ZC 区 XT 镇（Z2）	6.731	0.673	0.540	0.672

限制度（constraint）、有效规模（effective size）、效率（efficiency）、等级度（hierarchy）是结构洞指数的主要测量指标。整体网的限制度矩阵主要解释的是某节点对（或者"受"）其他节点的限制度情况。如节点 A1（S 市河长办）对 B1（BY 区河长办）的限制度为 0.53，表明在处理水环境问题信息流转过程中，S 市河长办（A1）可以有效控制 BY 区河长办（B1）53% 的信息传递效能。而节点 A1（S 市河长办）受 B1（BY 区河长办）的限制度为 0.05，表明 S 市河长办有 5% 的信息协同效能受 B1 影响。事实上，一个节点对其他节点的限制度较大，表明其是网络中更加关键的节点，是能掌控信息流转的结构洞和关键桥，即统筹协同能力较强。因此，根据 S 市治水部门的矩阵限制值的计算结果，从纵向层级看，各区各级河长办及治水部门的信息获取主要受 S 市河长办（A1）的控制，S 市河长办的信息传播主要通过各区级河长办传递。从横向看，区级职能部门除了受市河长办的限制，还受区级河长办及上级职能部门的限制，例如 Z3 为 ZC 区 XT 镇的一个职能部门，它与同辖区内其他同级职能部门（如 Z6）之间的限制度为 0（传递顺畅），但其协同信息效能受 S 市河长办（0.74）、ZC 区河长办（0.03）、XT 镇（0.03）的限制和影响。可见在数据信息平台赋能治水实践中，横向上信息的流转与传递可在一定程度上打破同级跨部门之间的壁垒，提升协同效能；但纵向上各级河长办和职能部门仍存在

一定的信息"条块分割"状况，信息获取限制呈现自下而上逐级递减的态势。这表明数据赋能协同治水对协同网络的形成能产生一定的打通效应，但仍不能突破层级节制的科层。

有效规模越大，节点越是处于网络的核心位置。表 4 - 3 显示，S 市河长办在 S 市的协同效能整体网中的有效规模最大（173.677），限制度最小（0.081），说明 S 市河长办与各部门的联系最多，获取信息的能力也最强，能有效发挥其核心位置的作用。而各区的镇街级河长办的总限制度大部分为最大值 1.000，说明其信息获取能力主要依赖其他部门或受上级河长办的控制。

4.3.2　协同治水网络的凝聚子群分析情况

整体网络结构中具有相对较强、较直接、较紧密关系或经常联系的行动者关系子集被合称为凝聚子群，在社会网络中，凝聚子群可通过基于网络可达性（网络距离）计算的 n - 派系（n-cliques）以及基于网络节点度计算的 k - 核（k-core）进行量化分析。在无向网络中，一个派系的任何两个成员之间都存在关系或连接。n - 派系是基于网络距离计算的凝聚子群，即网络图中任何两点之间的捷径距离最大不超过 n 的凝聚子群，n 代表派系成员之间距离的最大值，n 越大代表派系成员所受限制越小，凝聚子群越松散。

在派系分析中，为识别整体网络中信息传递效率较高和较低的凝聚子群，根据上文的分析结果，S 市协同效能整体网的平均距离为 2.4，为此，本研究首先将 n 设置为 2，代表要计算"任何两点之间只通过一个共同邻点间接相邻（即捷径距离为 2）"的 2 - 派系凝聚子群，发现 S 市协同效能网络中存在 34 个 2 - 派系凝聚子群，表明这些节点之间联系最短只需经过 1 个部门，即捷径距离都不超过 2，传递效率较高。其中，A1（S 市河长办）存在于 31 个 2 - 派系凝聚子群中，Y1（YX 区河长办）存在于 10 个 2 - 派系凝聚子群中，是联系各 2 - 派凝聚子群最多的区级河长办，表明这些节点与其他节点密切连接，发挥重要的信息中转与传递作用，进而可以充分发挥河长办统筹协调的作用，跨部门协同网络由此得以实际运行。

若将 n 设置为 4，代表要计算"任何两点之间需要至少通过 3 个部门（捷径距离为 4）"的 4 - 派系凝聚子群。如表 4 - 4 所示，共发现 4 个 4 - 派系凝聚子群，且都包含 S 市 11 个区的节点，说明这 4 个凝聚子群里的派系成员之间的信息传递效率较低。其中，A3 至 A9（市级相关职能部门）、A1（S 市河长办）及各区级河长办（B1，C1，D1，G1，H3，L2，N1，P1，Z1）均存在于这 4 个 4 - 派系凝聚子群中，即市级相关职能部门以及市、区级河长办是这 4 个凝聚子群的联系桥，说明在这些较为松散的凝聚子群中，市和区河长办起到重要的统筹协调作用，而市级职能部门也能在"条块分割"的松散结构中起到重要的协调与执行作用，进而在机制设计与平台构建上为过往"九龙治水"的多头治理困境找到了出路，同时也在一定程度上突破了"条条"与"块块"之间的信息壁垒或协同障碍，进而治水效能得以凸显（见表 4 - 4）。

表 4 - 4　S 市协同效能整体网的 4 - 派系凝聚子群分析结果

派系类型	派系	派系成员
4 - 派系凝聚子群	1	A1……A14，B1……B75，C1……C9，D1……D18，G1……G22，H1……H11，L1……L9，N1，N2，P1……P14，T1……T21，Y1……Y4，Z1……Z29
	2	A1……A9，A12……A14，B1……B36，B38，B40……B45，B47，B49，B52……B63，B65……B68，B70……B72，B75，C1……C9，D1……D5，D11，D13，D17，D18，G1……G22，H1……H11，L1，L2，L5……L9，N1，N2，P1……P14，T1……T21，Y1……Y4，Z1……Z29
	3	A1……A14，B1……B75，C1……C9，D1……D5，D11，D13，D17，D18，G1……G19，H3……H11，L1，L2，L5，L6……L9，N1，N2，P1……P11，P14，T1，T2，T5，T6，T7，T11，T13，T15，T16，T18，T19，Y1……Y4，Z1……Z29
	4	A1，A3……A9，A12，A13，A14，B1……B36，B38，B40……B49，B52……B63，B65……B68，B70，B71，B72，B75，C1……C9，D1……D5，D11，D13，D17，D18，G1……G11，G13……G19，H3……H11，L1，L2，L5……L9，N1，N2，P1……P14，T1，T2，T5，T6，T7，T11，T13，T15，T16，T18，T19，Y1，Y3，Z1……Z29

注：……代表连续排序的节点。

4.4　结论与讨论

关于组织局限性的讨论已有很多，从科斯的交易成本经济学发问开始，研究者就发现了权威一统的高成本性；加之西蒙有限理性对官僚制的批判也揭示了组织行为的选择明显存在自利性倾向。然而管理行为又难以脱离组织及其成员的参与，故而只能在不断的探索与研究中去发现新的平衡机制。传统的视角多聚焦于科层结构、权责关系、资源调配等问题，在政策一盘棋和治理灵活性之间拉锯，学者们各持己见。以上研究所探讨的"跨部门"，虽仍像官僚组织的"条条"与"块块"，然而研究发现，作为一项创新举措，河长制的探索与创建正在逐渐重构治水的权力、资源和行动能力等诸多要素。在社会网络视角下，协同治水的参与主体被看成了"链接点"，区别于传统视角研究参与者（组织）的"高矮、大小、胖瘦"等问题，聚焦"点"与"点"之间的连接程度与情况（线）、所处的结构位置（结构洞）、四通八达的网络结构（面）等，极大地淡化了讨论科层内和外、权力大或小、政府还是企业、上游或是下游等争论，河长制对网络结构的重塑，实际上可以跨越"条"和"块"的掣肘关系，以问题导向，发挥网络结构与互动关系的作用，为跨部门协同关系网络"如何可行"及"何以可能"提供了"第三条道路"。

4.4.1 跨部门协同治理网络如何可行："结构洞"的识别与"关键部门"的建构

这里讨论跨部门协同网络的构建如何可行，最大的挑战是回答如何跨越条块分割的壁垒。综上研究可知，既往"九龙治水"难的问题是由部门自利性和权属管辖的多重掣肘导致的，这与格兰诺维特关注的弱关系力量假设相呼应，"弱关系中的双方由于某种客观或者主观的原因存在着隔阂"，这也是结构洞理论的基础。结构洞理论关注网络中的空隙，即社会网络中某些成员之间没有直接联系（即无直接关系或关系间断），从网络整体看就如结构中出现了洞穴。因此，识别结构洞的位置并予以"填补"，是打通条块隔阂的有效方式。

本研究试图解释的S市跨部门协同治水网络何以可能这一问题，就是对这种"弱关系部门"之间实现顺畅信息交换的一种检验。首先，河长制的创建在原有的科层治水架构上增设了一重凌驾于所有治水部门之上的权威体系，那么，如数据显示，河长办成了各层级中当然的核心节点，即"关键部门"。从市级河长办出发，可把与之直接联系的各区级河长办称为"初级关系部门"，通过它们间接联系的区级职能部门与下一级河长办则被称为"次级关系部门"，由此各级"河长办"成为统筹协调所有治水部门信息的"结构洞"，是跨部门协同治水网络得以成功的关键要素；其次，在建立的协同网络中，由于成本问题，不可能将每一个部门都摆到初级关系的关键位置，因此在各级设立河长办分而治之，网络中"分层级—多中心"的结构出现，而这些中心点亦是"关键部门"所在，更是信息交互的枢纽；再次，"河长办"是一种"联合国"式的临时性跨部门协同的场域，这种屡遭诟病的"临时机构"，恰恰可以回避"固定机构"所具有的组织自利性等问题，保持客观性与中立性，成为更为纯粹的"结构洞"。因此，在水环境的治理实践中，河长制正是识别了跨部门协同治水网络中的信息"结构洞"，建构"关键部门"（河长办）桥接了多维互动的节点，故而协同治水网络得以施行且行之有效。而在未来社会治理的实践中，识别与把控好"关键部门"，将是构建治理网络实现跨部门协同治理的关键前提。

4.4.2 跨部门信息流转何以可能：协同网络平台助力减少信息的歪曲

自塔洛克提出官僚组织信息沟通系统存在等级歪曲模式的问题后，关于科层信息流转的层层筛选、加码、走样等问题的研究层出不穷。而河长制下的跨部门协同仍是科层结构的形变，亦会存在信息歪曲的可能，而综上研究发现，跨部门协同治水网络的构建，很大程度上也得益于信息技术的发展。当虚拟的跨部门联系网络找到了信息系统与数据平台载体，治水信息的流转便找到了反歪曲的一套机制。

一方面，河长办对关键节点的结构嵌套，减少了信息传递的中间人，这是控制信息歪曲的有效路径。从 S 市治水信息系统采集的 300 个治水交互案例样本可知，其不仅信息流巨大，涉及的层级与部门亦是众多。然而，借助于信息系统，各层级不同部门将信息汇总于同级河长办及其信息平台，实现了同层级的信息流转与共享，相比传统的科层条块传递模式，这种信息流转方式实际减少了信息上、下、左、右流转的中间人，从而减少了传递过程中对信息加工和筛选的可能和机会。另一方面，信息系统与管理平台的应用给跨部门协同网络关系提供了一个载体，将跨部门协同的网络路径关系与节点嵌入了信息系统与应用软件中，让治水信息在数据平台上得到"高保真"的共享与流转。而通过社会网络分析可知，S 市协同治水网络中的参与者都是具备一定的信息共享与调用权限的，各级河长办更是掌握了极为有力的信息控制权，使河长制跨部门协同治水的理念与设计得到数据的赋能与切实的落地，推动了治水行动统筹与治水效能的发挥。此外，数据信息平台实质也是跨越不同治水参与者信息沟通的"迂回机制"①，使得网络中的某个部门或者个人可以打破单向的信息传递链条，为"越级式"的上传下达提供了可能，为跨部门协同提供了更加专业化、扁平化和开放式的"舞台"，将协同治理的过程和效能置于"阳光"之下，有效减少信息不对称带来的理解歪曲与合作误解。

4.4.3　第三条道路：化解权力"垂直化"与治理"扁平化"矛盾

作为现代治理体系制度创新的河长制，其引入了跨部门协同治理的理念，以期通过成立河长办综合协调机构的形式打破原有的治水组织体系，将治水的"九龙"部门行动协同起来，形成河长领治、上下同治、部门联治、全民群治、水陆共治的治水新格局。这种跨部门协同的确也在科层权力的"垂直化"冲动与实际治理的"扁平化"要求的平衡方面进行了新的探索。而从社会网络的分析视角来看，这种协同网络为跨越权力控制的"垂直（集权）冲动"与实际治理的"扁平（分权）需求"的讨论提供了一条新的道路：既不动科层结构根基，又满足信息跨部门共享的治理需求。

以 S 市的跨部门治水实践为例，一方面，设立的河长办在层级上仍保留科层结构的市—区—镇街—村居四等级布局，政令信息仍是自上而下的官僚组织化传导，职能部门要实现跨业跨域的关系协调，仍是需要上一级甚至上几级的垂直权威介入，下放的治理权力往往又将向上转移，表现出对"垂直化"关系的强力依赖。另一方面，政府又意识到治水是浩大工程，具体的治理行为需要不同的职能部门发挥各自的优势与能动性，治水需靠"扁平化"的赋权安排来实现有效治理。传统意义上的集权冲动与有效治理之间的矛盾虽然看似依旧存在，但在河长办占据了结构洞位置后得到一定化解。一是从制度设计上看，河长办是河长制下依靠行政强力设置的统筹协调部门，各级河长办由一把手"挂帅"，以威权确保治理信息的全面性与共享性。二是从具体实践出发，基于 229 个跨部门治水实践的案

---

① 〔美〕安东尼·唐斯. 官僚制内幕［M］. 郭小聪等，译. 北京：中国人民大学出版社，2017：125.

例数据，无论对结构洞的测量与检验，还是凝聚子群分析，都可以验证河长办在跨部门协同关系中对信息流的掌控能力以及其在网络中的绝对枢纽地位，促使跨部门协同治水绩效显著，从而进一步验证和解释跨部门条块协同网络何以行之有效。三是从整体网络结构观察，一方面各级河长办体系的设置延续了科层组织架构，符合权力管控的要求；另一方面赋予河长办统筹协调的权力，使其成为可以填补结构洞的重要枢纽，将各层级的条条块块分而统之，形成了多中心散点蛛网架构，由此跨专业、跨职能、跨区域的条块之间有了联系的平台，信息流转与共享成为可能，跨部门协同关系网络自然形成。

事实上，从社会网络分析的角度去探讨跨部门协同网络的构建，并不是研究通过某种制度设计或力量寻求打破弱关系部门之间固有壁垒，而是研究和探讨如何巧妙地绕过条块阻隔，促使弱关系子集之间形成联系，这也是网络中结构洞理论最初创建的作用。虽然不少研究仍在论证河长制这种模式创建的不足与反思，也关注着数据赋能所带来的新机遇和新挑战，但河长制对跨部门协同治理实践和发展的效果却很是值得肯定的，社会反响也很热烈。事实上，这种治理政策"第三条道路"的模式经验正在不断向外扩散，湾长制、林长制乃至楼长制等一系列治理措施相继涌现。不管这种学习、移植和复制，是沃勒维茨（Dolowitz）和马什（Marsh）总结的三种原因，还是西蒙斯（Simmons）等人强调的四种机制，政策能得到扩散，是其在一定的范围或领域得到较好的验证、收到良好的反馈所致。因此，从政策扩散的角度来看，河长制下的跨部门协同治理网络机制确实走出了一条与传统科层改革和引入市场 PPP 等模式不同的新道路。未来，在国家治理体系和治理能力现代化进程中此类创新性探索将会不断涌现。

本篇小结

1. "上下同治"的"中国之治"经验

河长制作为一项水环境现代治理体系制度的创新，这一制度设计的目的是要形成以"主体责任"为核心，以"分级定责"和"分段定责"为主要形式的纵向水环境治理责任体系，[①] 其通过强化垂直首长的主体责任发挥了单一体制的优势，也厘清了各层级政府的职责分工，实现了水环境治理区域和政府层级的相对应，明确了水环境治理主体责任，打破了长期以来"九龙治水"的僵局。虽然河长制并没有从本质上突破科层治理的逻辑，但是河长制所取得的显著成绩足以说明在面对复杂多元的治理问题时，只有立足于国情，充分发挥体制优势，才能推动治理水平不断提升，解决各种复杂问题，为中国特色社会主义制度释放强大的治理效能提供体制保障。同时，河长制也反映了我国在面对复杂治理情形时，"上下同治"的两个基本特征：坚持全国一盘棋以及坚持问题导向。

第一，坚持全国一盘棋，集中力量办大事。一项政策制度得以在全国范围内有效推行，离不开我们国家单一体制的优势，也正是由于党政同构，政策制度的执行效率以及有效性才得到有力保障。特别是在水环境治理中，河长制从最开始的一项地方性的水环境治理创新举措，上升为在国家层面进行全国推广的一项经验性制度，其遵循了垂直吸纳和高位推动的政府行政逻辑，[②] 使得上下贯通，地方政府对上能够较为顺畅地请示和汇报河长制实施细节，对下能够较为及时地提供工作指导，确保政策的有效执行。如 2016 年 11 月，中共中央办公厅、国务院办公厅印发了《关于全

---

① 郝亚光. "河长制"设立背景下地方主官水治理的责任定位 [J]. 河南师范大学学报（哲学社会科学版），2017（5）：13 – 18.
② 王洛忠，庞锐. 中国公共政策时空演进机理及扩散路径：以河长制的落地与变迁为例 [J]. 中国行政管理，2018（5）：63 – 69.

面推行河长制的意见》，要求全国各地全面推行河长制。同年 12 月，水利部和环境保护部也印发了《贯彻落实〈关于全面推行河长制的意见〉实施方案》，进一步解释了各地落实河长制工作的要求。地方开始推行河长制，2017 年 1 月湖北省发布了《关于全面推行河湖长制的实施意见》，成为中央出台政策后第一个推行河长制的省份，同年全国 24 个省、直辖市及新疆生产建设兵团也出台了相关政策。特别是在地方落实河长制工作时，单一体制为地方主动向政策制度先行地区学习、借鉴经验，将制度优势转化为治理效能提供了制度保障，全国各地对于政策制度的有效执行路径充分证实了全国一盘棋，集中力量办大事的体制优势。

第二，坚持问题导向，精准解决治理难题。坚持问题导向是新的历史条件下我们党治国理政新理念、新思想、新战略的鲜明特点，当前中国国家治理体系一个重要的特点就是坚持问题导向，特别是在面对复杂治理难题时，精准把握问题的根源是采取系列治理方法的基础，进而才能找到适合当前国情的解决问题的办法，走出科学管用的"中国道路"。特别是在水环境这个复杂的治理领域当中，为应对传统的水环境治理失灵状况，河长制通过自上而下的层级压力，精准对焦水环境治理中的每一个问题。如在 S 市个案中，在面对"治水最后一公里难以打通""最后三百米进不去"等治水难题时，S 市通过强化垂直首长责任制，形成纵向水环境治理责任体系；以三级河长办为组织载体，形成完整的协调沟通体系；建立立体督导机制，形成强大的监督问责体系等方式，强化"上下同治"的组织结构与治理手段，破解水环境治理"碎片化""最后一公里难以打通"等治理"失灵"难题。这也证明了，在面对治理难题时，党始终坚持问题导向，通过不断探索与实践创新，推动水环境治理水平的不断提升，将河长制的制度优势充分转化为强大的治理效能，提升治理能力。

2. "部门联治"的"中国之治"经验

河长制作为一项水环境治理的创新举措，其不仅是政府为了应对长期存在的"碎片化治理"、跨部门协同治理失灵等痼疾而进行的"科学管用"的实践，更是立足祖国大地去探索国家治理能力与治理体系现代化实现路径的一次"中国经验"的总结，充分体现了"全国一盘棋，集中力量办大事""党政一体统筹解决复杂治理难题"的制度优势。第三章基于"结构性协同机制"与"程序性协同机制"构建了一个整合性的跨部门协同治理分析框架，系统审视和评估了河长制实施以来水环境跨部门协同治理绩效。在复杂治理时代，要对所有水环境治理部门的职责边界进行清晰界定是不大可能的，部门边界的模糊性以及水环境治理的特性决定了协同治理是未来水环境跨部门治理的必然发展趋势，而河长制这一制度为水环境协同治理机制的实践探索提供了一个很好的中国样本。不可否认的是，河长制的实施促使河长办得以依托足够的组织权威去突破治水"碎片化"困局，走出一条中国特色治水的道路，从而展现出较高的治理效能。

河长制作为一种新型的以混合型权威为依托的等级制协同模式，[①] 当前主要是强化了纵向机制，推动河流治理模式从"弱治理模式"向"权威依赖治理模式"的转型，[②] 但就横向的水环境跨部门协同治理机制而言，河长制也是一种以组织权威为依托的横向跨部门协同治理模式。这种模式体现出国家治理中跨部门协同"中国之治"的三个特点：坚持党的集中统一领导、坚持治理改革创新及加强组织文化建设。

第一，坚持党的集中统一领导，统筹解决复杂治理难题。中国的国家治理特征之一在于党政主导，制度优势得以充分转化为治理效能的关键在于政治制度优势的充分发挥。以 S 市水环境跨部门协同治理为例。水环境治理"碎片化"长期以来都是一个大难题，其根本在于水环境治理涉及的职能部门数量众多，部门间利益发生冲突。而河长制的推行，建立了以党政为主导的高规格议事协调机构，即河长办。河长办的诞生，为各职能部门"一把手"提供了议事平台，通过组织结构的创新整合了有限的水环境治理资源，对河长制工作的落实及推进"九龙治水"向"一龙治水"转变起到重要作用，形成了以组织权威为依托的跨部门协同治理模式。在这样的背景之下，水环境跨部门协同治理机制在组织结构建设、人员职责分工、跨部门协同制度建设、构建共同的治理目标、技术的应用和信息共享等方面积累了大量的实践经验，在一定程度上弥补了传统的水环境治理"碎片化"的缺陷。

第二，坚持治理改革创新，推动政策发展与时俱进。改革开放以来，我国制定的与环保、资源保护等生态领域相关的法律法规多达数十部，国

---

① 任敏 . "河长制"：一个中国政府流域治理跨部门协同的样本研究 [J]. 北京行政学院学报，2015（3）：25 - 31.

② 熊烨 . 跨域环境治理：一个"纵向—横向"机制的分析框架——以"河长制"为分析样本 [J]. 北京社会科学，2017（5）：108 - 116.

务院及国务院有关部委更是发布了与环境治理相关的规范性文件和规章制度多达数百份。与此相关的信息公开制度、环保督察制度、资源审计制度、责任终身制度、部门联合执法制度等制度在实施过程中不断完善优化。河长制作为一项全国性的水环境治理创新制度，在 S 市的全面推行，充分体现了其强大的生命力与可塑性。如水环境跨部门协同治理的程序性机制具有动态性，是保障结构性机制得以良好运行的基础，河长制在面对跨部门协同制度的缺失、传统的"手工式"治水模式、部门信息壁垒等问题时，运用组织权威在很大程度上完善和创新了水环境跨部门协同治理的程序性协调机制，保障了结构性协同机制的与时俱进。

第三，加强组织文化建设，强化制度执行力。在水环境治理中，由于治理边界模糊，部门职责难以得到明确，所以河长制背景下的水环境跨部门协同治理在一定程度上是将各职能部门"拧成一块"，成为一种治理水污染问题的组织，同时通过程序性机制正确引导这个组织内产生非正式制度，将河长制充分转化为水环境跨部门协同治理的效能。如在水环境跨部门协同治理的组织文化建设中，S 市通过完善考核问责、环保督导、信息共享等程序性协同细节倒逼非正式制度得以建立并且良性运转。在这种以组织权威为依托的横向跨部门协同治理模式中，各职能部门在河长办的统筹协调之下增强协同治理意识，推动河长制工作的落实。

社会吸纳：水环境"中国之治"的助力

第 5 章　社会组织治水参与：政社协同治水机制创新

为解决环境治理问题，党的十九大报告提出，要构建政府为主导、企业为主体、社会组织和公众共同参与的环境治理体系。2020 年 3 月，中共中央办公厅、国务院办公厅印发《关于构建现代环境治理体系的指导意见》，明确环境治理体系建设的基本原则之一为坚持多方共治，即明晰政府、企业、公众等各类主体权责，畅通参与渠道，形成全社会共同推进环境治理的良好格局。因水环境治理工作天然存在的长期性与反复性，社会组织这一第三方力量在水环境治理中的作用具有不可替代性。社会组织参与的多元主体的协同治理模式，也体现着治水领域的"共治共享"发展趋势。

水环境治理作为社会组织功能发挥的重要领域，不同地域、不同性质社会组织采取的治水行动与策略亦各不相同，分别形成了不同的治水模式。本研究通过对当前国内各地区参与治水的环保社会组织的行动方式、治水成果的分析，试图回答以下几个问题：治水社会组织为何能参与水环境治理？社会组织参与治水的现状如何？社会组织在水环境治理的实践中分别形成了何种治水模式？即社会组织水环境治理参与何以可能、何以可为。本章希望通过对多个社会组织的分析，探究当前社会组织参与水环境治理的实践，以探讨其在水环境治理中得以发挥作用的现实原因并归纳出社会组织不同的治水模式，积极回应共建共治共享的新型社会治理模式的政府号召。

5.1　社会组织治水参与：何以可能

5.1.1　体制吸纳：政府职能转变释放合作空间

新中国成立之初，我国便建立起了一套国家权力统摄一切的"全能主义"政治结构。在这一管理模式中，政府处于绝对的主导地位。面对水环境污染等环境问题，政府主要通过行政控制与经济手段介入，[1] 社会组织与企业则处于一种被动的地位，他们大多基于政府的压力与需要开展补充工作，在环境保护与环境治理中发挥作用的空间十分有限。可以说，这一政府主导型的环境管理模式具有典型的"政府直控型"特征。[2]

而在当代中国社会，水环境治理问题正日益成为具有普遍性和迫切性的社会性问题。政府开始有意识地成为水环境治理的倡导者与水环境治理多元化参与的协调者、监督者，倡导企业、社会组织和公众共同采取水环境保护的有效措施，团结协作，在水环境治理方面建立协同治理合作关系。当前，在政府主导的基础上引入社会组织力量，形成多元主体的协同治理模式，已成为治水行动转向的必由之路，为社会组织参与水环境治理释放了合作空间。

5.1.2 社会内生：社会组织角色转变与资本积累

改革开放以来，中国逐渐由传统社会向现代社会转变，其内容涉及经济、政治、生态、社会领域的各个方面，其中一个重要内容就是国家权力的下放与转移。[3] 随着有限政府建设职能的转变，政府将在越来越多的社会管理领域向社会放权。同样的，社会组织的社会属性使得社会组织作为中介来接管一部分原来由政府承担的在水环境治理领域内的社会管理职能有着天然优势。[4] 社会组织在水环境治理中的参与在有利于降低政府运作成本、增加社会效益的同时，也有利于其自身进行角色的转变与社会资本的积累。

1. 与政府关系的重构

为解决"市场失灵"与"政府失灵"的问题，社会组织作为新生力量加入水环境治理领域中来，其灵活的服务方式能够弥补政府在公共服务提

---

① 王芳. 结构转向：环境治理中的制度困境与体制创新 [J]. 广西民族大学学报（哲学社会科学版），2009，31（4）：8 - 13.
② 国家环境保护总局. 第二届环境保护市场化暨资本运营与环保产业发展高级研讨会论文汇编 [C]. 北京：国家环境保护总局，2001：379 - 384.
③ 高尚全. 充分发挥社会中介组织在市场经济中的作用 [N]. 中国工商报，2003 - 03 - 04.
④ 吴文延. 中介组织的崛起与发展、问题与对策 [J]. 社会科学战线，1999（1）：262 - 268.

供中的不足并提高公共产品的供给率，社会组织日益受到政府的重视，成为环保部门的同盟。除此之外，社会组织是政府水环境治理行为的监督者。社会组织作为公众环境利益的代言人，也起到监督政府水环境保护政策制定与实施的作用。在必要时，社会组织还会发挥其具有的专业性、社会性优势参与到政府的相关决策中，为政府提供相应的建议与意见，成为政府的治水政策咨询提供方。

2. 公众信任与社会声誉的获得

目前，由于我国社会组织大部分仍处于政府主管与市场运营相结合的状态，主要承担的是政府在改革过程中逐步分离出的一部分社会管理和公共服务职能，在水环境治理中突出体现着服务性，为不断发展的社会提供个性化、人性化和多元化的公共产品与服务。作为水环境保护知识的宣传教育者，社会组织有着深入社区的天然优势，凭借着专业性、自愿性、公益性等充分融入社会大众，于服务中提升社会影响力。目前社会组织的社会公信力与生存制度环境呈向好发展趋势，二者双向促进。社会组织在水环境治理中的社会角色逐渐由政府公共服务的补充者、环境政策的执行者转变为政策倡导者、社会协调者，平等参与环境治理过程的话语权有所增强。

3. 策略聚焦：公众诉求和利益的整合与传达

社会组织在水环境治理领域上的参与往往与政策倡导、科普宣传、志愿者培育等工作相联系，体现出多样性的特点，在满足社会大众的多种需要的同时也担负起整合和传达公众诉求的责任。首先，当前公众的环保意识正不断增强，但由于我国相关法律法规尚不健全，公众利益诉求表达机制尚不完善等，需要除政府与市场外的第三方力量部分承担起社会利益的整合与传达工作。其次，社会组织的社会属性决定了它既不是凌驾于社会之上统治公民的权力体，也不是存于市场之中追求利润最大化的经济体，它体现着公民基本权利的行使，代表着社会群体利益，是公民以自组织的方式表达意愿和诉求、参与各种社会事务的最基本途径之一，以集中力量的方式构建公民自主的公共空间。

5.2 社会组织治水参与：何以可为

构建政府、市场、社会多元共治格局，是当前我国水环境治理的重要战略方向。社会组织与政府作为公共服务和公共产品供给领域中的重要载体，各自具有优势和局限。一方面，社会组织刚好可以弥补政府的不足；另一方面，社会组织也因政府所营造的良好政策与制度环境而蓬勃发展。

面对如今的社会组织发展热潮，对其进行理论解释尤显必要。而政社双方在实践中结成了什么样的关系也成为首先要讨论的问题，具体而言，学界对其展开的研究涵盖了宏观、中观与微观层面。

宏观研究从国家与社会的关系出发，以市民社会理论和法团主义理论为主要代表。关于这两种理论模式，学者也进行过相当多的述评，认为这两种模式并没有准确概括改革开放以来国家与社会关系的新变化，在研究方法上也过于宏大和西化，不利于观察中国特色政社关系的动态形成过程。① 中观研究主要从组织理论的角度，即从组织与环境的互动出发，探究社会组织的生存机制、运作机制及与其他组织之间的关系，代表性工具是资源依赖理论。② 资源依赖理论认为，生存对组织来说是最重要的。社会组织与政府和企业不同，无法实现生存资源的自给自足，因此需要通过与外部组织互动来获取生存资源。尽管现有宏观政策支持社会组织参与水污染治理，但实际上许多非制度因素限制了社会组织的行动能力，并只能通过依赖外部资源维持生存。

由此可见，中观研究进一步细化了宏观研究的具体模式，从资源和合法性等方面探讨组织结构与组织运作，但同时也缺乏对社会组织运行的微观动态分析。微观研究主要从行动实践出发，把关系双方作为行动者，在微观层次上研究社会组织和政府的运作逻辑、行动策略和与双方关系的相互形塑过程，从动态角度细致分析行动主体间关系建构的过程。在此基础上，不少研究者尝试提出一些本土化概念来阐释政社关系，如分类控制、行政吸纳社会、利益契合、监护型控制、依附式自主等。这提示我们：一

---

① 刘安. 市民社会? 法团主义? ——海外中国学关于改革后中国国家与社会关系研究述评 [J]. 文史哲, 2009 (5): 162 - 168.

② 吕纳, 张佩国. 公共服务购买中政社关系的策略性建构 [J]. 社会科学家, 2012 (6): 65 - 68.

方面，长期以来中国政社关系的主导模式是政府控制社会组织，形成了
"政强社弱"的基本格局；另一方面，当前的政社关系具有多样性和复合
性，需要从具体的本土文化与制度环境中认识其实际意义。① 如一项上海
市的抽样调查发现，② 社会组织与政府存在三种关系类型：第一类是"依
附式合作"型，大量社会组织通过参与政府购买服务获得政府资源，但方
方面面也受到行政部门的干预或控制，是以牺牲独立性和自主性为代价的
合作形式；第二类是"独立式合作"型；第三类是"独立不合作"型，一
些社会组织不参与政府购买服务，不受政府的直接干预或控制，保持较强
的独立性和自主性。调查数据显示目前政府与社会组织建立的关系大多是
"依附式合作"型，即社会组织为了获取有限的制度空间或发展资源，不
得不牺牲很大一部分自主性，在政府的管辖或庇护之下寻求生存与发展。

　　但进一步观察我国社会组织的动态发展过程，亦可以发现我国社会组
织与政府的关系正处于由依附、相对独立到共同合作、协作互动的转变趋
势中，出现了政府与社会组织双向互动嵌入的实践。政府与社会组织的互
动嵌入，一方面指社会组织嵌入由政府主导的公共服务供给体制中；另一
方面，政府也以其特有的方式嵌入社会组织中。在此，政府与社会组织在
嵌入方向上是双向的，在嵌入的主体和客体上是多元的。这种"互动嵌
入"既有"协作"的意蕴，同时又能激发社会组织的"自主性"，强调
"双向互动"。③

　　本章将通过对中观层次上社会组织对政府的资源依赖性和微观层次上
政社关系形塑类型这两个变量的分析构建出一个社会组织在水环境治理中
的行动模型。这两个变量的不同组合，构成了社会组织治水行动的四种模
式，分别是高资源依赖性与依附式发展的社会服务型、低资源依赖性与依
附式发展的社会动员型、高资源依赖性与自主性互动式发展的社会协调型
和低资源依赖性与自主性互动式发展的政策倡导型治水模式。

　　在社会组织的社会服务型治水模式中，由于社会组织从政府处获得了

---

① 彭少峰. 依附式合作：政府与社会组织关系转型的新特征 [J]. 社会主义研究，2017
　　(5)：112 – 118.

② 数据来源于华东理工大学中国社会工作研究中心，收集于 2014 年秋至 2015 年春，涵盖上
　　海市 16 个辖区。抽样调查以社会服务机构法人代表和负责人为对象，并非随机抽样。问
　　卷样本量为 312 份，回收率为 97.5%。

③ 王玉良，沈亚平. 公共服务领域互动嵌入型政社关系：现实困境与建构路向 [J]. 学习与
　　实践，2015 (11)：103 – 111.

较为充足、稳定的初始资源，政府以一种更加直接、强制的方式来控制社会组织，这实质上就是政府通过设定社会服务的职责与目标，保留对目标实现的检查验收权，来维系其在合作中的主导地位。社会组织在制度和组织上高度依附于政府，形成了一种基于"管家关系"① 的合作秩序，而政府意志则强制性地维系了这种秩序的稳定性。与此相比，社会动员型的治水模式由于对政府资源的依赖性降低，虽在体制上仍处于依附状态，但其治水行动更具开放性，因此该模式多出现于草根社会组织中。社会协调型治水模式是指政府与社会组织建立一种合作共治关系，社会组织在其中主要起着平台搭建的作用，促进政、社、企三方的协调发展。从资源层面来看，与其说是二者对公共利益的维护，不如说是彼此在"垂涎"对方的资源，希望能在合作中各取所需。为此，政府在从制度资源与物质资源两方面满足社会组织需要的同时，要给予社会组织一定的空间，以促成双方的互动式合作。最后，政策倡导型治水模式强调的是社会组织的"自主性"发展，就是社会组织能"按照自己的意愿和目标来行事"，主要是通过社会调研、报告传递、媒体发声等方式向上进行政策倡导，并在此过程中树立和维持自身的权威。该模式强调社会组织的能动性、自觉性，甚至政府也因自身局限性而信任并依赖社会组织，主动为社会组织的有序发展营造良好的空间和环境（见表 5 - 1）。

表 5 - 1 社会组织治水行动模式类型

资源依赖性	政社关系	
	依附	自主性互动
高	社会服务型	社会协调型
低	社会动员型	政策倡导型

5.2.1 社会组织治水参与的模式梳理

1. 社会服务型

在社会服务型的治水模式中，政府处于绝对主导地位，社会组织是作

① 敬乂嘉. 社会服务中的公共非营利合作关系研究——一个基于地方改革实践的分析 [J]. 公共行政评论，2011，4（5）：5 - 25 + 177.

为行政权力的依附者、公共服务的补充者而存在的，遵循一种"政府授权—体制内吸—规则强制"的逻辑，政府倾向于从制度层面掌握对社会组织的直接控制权，产生了制度性依附，由于政府受到环境高度不确定性的约束，为了降低风险而选择定向购买、体制化吸纳社会组织的策略，并给予社会组织较为充足、稳定的发展资源作为补偿。一般而言，该治水模式中的社会组织力量较为弱小，但同时又具备一定的专业性。其在治水活动中的参与虽也属于政社合作的一种，但由于对政府的高依赖度与低参与度而处于从属被动地位，往往需要通过参与政府购买服务，以项目化的形式获得政府的资金支持。

一是"政府部门—事业单位—NGO"间接购买模式。这一模式的特点是环保部门通过其附属的事业单位向 NGO 购买环境服务，以解决政府与社会组织之间的信任问题。如江苏省环保厅委托江苏省环境保护公共关系协调研究中心，选出 6 条公众关注度较高的河流，公开遴选出 6 家环保社会组织对河道环境综合整治工作进行全过程监督，每年给予每家社会组织 3 万元的工作经费。这是政府向环保社会组织购买服务的典型案例。这是因为这些组织长期从事环保宣传工作，相比普通市民，组织成员具有一定的专业环保知识，由社会组织来评价政府工作更客观，评价结果更容易被公众接受。①

二是"政府部门—群团组织—NGO"购买模式。这一模式的特点是共青团这一群团组织推动促成政府部门向非政府组织购买环境服务。宁波市的"守望家园，环境服务中心"采用了项目化的服务方式，项目组协同区环保局公众督察团、民间观察员，在规定时间内对全区 260 条河流开展巡涌、社区治水公众满意度调查等活动，在为政府提供有效河流信息的同时初步建立起与公众的互动关系。②

三是"政府部门—NGO"直接购买模式。这一模式的特点是由政府部门直接向非政府组织购买服务。2013 年 12 月 31 日，贵州省清镇市政府与环保组织签订的《公众参与环保第三方监督委托协议》，以购买社会服务的形式，委托贵阳公众环境教育中心，由 NGO 对政府和企业同步开展监

---

① 江瑜. 南京民间环保组织首次监督黑臭河道整治　实地调查征民意 ［EB/OL］. https：//wm. jschina. com. cn/9653/201411/t1874232. shtml.

② 宁波市财政局. 聚焦民生开新局 购买服务增活力——宁波市向社会组织购买服务改革成效明显 ［EB/OL］. http：//czj. ningbo. gov. cn/art/2022/4/7/art_1229052630_58883791. html.

督，既监督政府相关环保职能部门依法履行职责的情况，也监督企业安全环保生产与履行环保义务的情况。①

社会服务模式中的政府购买服务可视为水环境治理中资源再分配的又一种形式。通过接受政府委托、参与政府采购等方式，社会组织吸纳一定的公共资金用于社会服务。在此过程中，社会组织可通过项目化的形式，向社会公众提供各种社会服务，同时加入政府公共服务体系，拓展公共服务的空间并提高服务效率。

2. 社会动员型

社会动员型治水模式往往出现于草根社会组织或社会组织发展的初级阶段。一方面，社会组织由于其自身能力有限往往难以获得政府在注意力上的关注与资金上的支持；另一方面，这种类型的社会组织往往为新生社会组织或地域性较强，难以完成专业性强、社会影响力大的治水工作，从而无法对政府的决策产生直接影响。社会动员型治水模式最普遍采用的组织行动为联合政府或环保部门发起河流治理相关主题的公益行动，吸引公众参与，培育志愿团体。这种以公益行动为载体的政社合作，发起迅速、信息传播面广且有针对性，但对政府的依赖程度较强，且通常在一定时间段内进行，缺乏长效机制。②

连云港市清洁海岸志愿服务中心是目前全国唯一一家由媒体创立的环保社会组织，充分发挥了媒体优势，以带动更多的人成为守护环境的行动者为宗旨，开展的活动内容丰富、形式多样。同时，公众参与的门槛低，带动了更多的市民尤其是渔民、沿河居民等利益相关方加入环保志愿服务活动。同时，连云港市清洁海岸志愿服务中心高度重视党建工作，推出"党建+志愿服务"的模式，发挥组织策划志愿服务活动与社会资源动员的优势，联合江苏海洋大学、连云港市建工建设集团、连云港市公路管理处等单位的党组织，开展了多场清洁海岸线活动。相比于专业性极强的治水模式，该种水环境治理模式更侧重于在社会层面上调动公众参与的积极性，通过活动过程中的科普宣传，提升公众的环保、护水等意识，从而营造

① 清镇市政府公众参与环保第三方监督项目［EB/OL］. http://www.gyepchina.com/574/557/176.
② 田家华，吴铱达，曾伟. 河流环境治理中地方政府与社会组织合作模式探析［J］. 中国行政管理，2018（11）：62-67.

良好的水环境治理社会氛围。①

3. 社会协调型

社会协调型治水模式的特点在于社会组织可以借助政府让渡的制度空间，构建社会组织与政府合作的制度化框架，引导企业、公众等充分参与河流环境治理全过程。采用该模式的前提是在获得政府资源的同时，政府与社会组织的关系由管制走向互动，社会组织自主性得到增强。社会组织在社会协调型治水模式的作用下，其内在的专业性、社会性、公益性等组织特性得以充分体现，并基于专业的工作方式、客观中立的工作态度、公益的价值理念，在不同的群体及利益集团之间搭建理解、对话、互动的平台，化解水环境治理中的种种冲突与利益矛盾。

南京绿石环境保护中心曾是一个关注青年发展的平台型组织。随着民间环境保护事业的发展，其逐渐向社会化转型，探索新的工作领域。现阶段其是一个致力于推动多方协作，有效助力环境治理及可持续发展的民间环保组织。绿邻共建计划是南京绿石环境保护中心的主要项目，致力于为江苏省工业企业（园区）提供个性化环境治理方案，协助搭建政府、企业、社区、NGO 多方参与的共治平台，使企业合规排放、信息透明，推动企业在社会监督下进行环境整治，最终实现环境友好。

社会组织"淮河卫士"所经手的一次企业谈判成了 NGO 与企业对接，推动企业社会责任（Corporate Social Responsibility，CSR）② 落实的经典案例。河南省莲花味精集团有限公司（中日合资）8 个排污口曾每天向淮河排放 120000 吨污水，"淮河卫士"也对其进行了长期的跟踪调查和排污情况监督。在双方的对峙中，淮河的生态状况并没有好转，该企业生产也几乎停滞。2005 年春，双方通过谈判寻找突破环保困局的方案，日本投资方不想承担环保责任，而中国投资方同意承担环保责任，与"淮河卫士"合作开展"保护生态环境，共建绿色家园"项目。企业通过转变发展观念，重建绿色诚信，发展循环经济，做到"达标排放"，污水排放量降低为 1万 ~ 2 万吨/日，企业实现了绝处逢生，淮河水质也明显变好，这个结果被

① 黄威. 清洁海岸志愿服务中心获评江苏省优秀志愿服务组织［EB/OL］. https：//baijiahao. baidu. com/s？ id = 1681853995538286201&wfr = spider&for = pc.

② CSR（Corporate Social Responsibility）即企业社会责任，指企业在创造利润、对股东负责的同时，还应对劳动者、消费者、环境、社区等利益相关方负责。

主流媒体称为"莲花模式"。①

4. 政策倡导型

尽管大多数环保组织很少介入环境冲突问题，但是作为以"倡导"为主旨的社会组织，其面向政府、企业与公众开展政策倡导工作。环保组织的政策倡导主要体现为影响环境决策和参与政策制定。环保组织作为公众参与公共政策的组织化载体之一，可以从制度化参与渠道入手，发挥其在协调环境利益冲突中的积极作用。② 通常而言，以政策倡导模式为主的社会组织在组织内部已完成了较为充足的内生资本积累，同时还具备了合作的意识，在向上进行社会倡导及与政府进行良性互动的过程中继续完成社会资本的积累。

S市新生活环保促进会在水环境治理中所采取的政策倡导模式则更为平和。环保组织的倡导主要通过"发声"来拓展社会空间。在水环境保护中，S市新生活环保促进会早期通过媒体发声、投诉、递交报告等方式打开了与政府互动的通道，同时组织内部也充分利用其在治水活动中与政府各部门的非正式联系，逐渐建立起了完整的政社对话平台，在9年的时间里提交关于水源保护的建议10次、关于饮用水水源地的建议5次、关于治水的建议19次，回应意见征询30次，参与听证会3次，等等。③

政策倡导型模式反映了社会组织对于水环境治理中公共决策过程的影响。社会组织生成于社会的公共空间，通过动员社会资源、提供治水公益服务、推动社会治水并参与社会治理而形成一定程度的公权力，从而对立法和公共政策过程施加一定的影响。社会组织的政策倡导和影响功能对现代公共管理提出了挑战，要求政府必须和社会组织之间建立互动式的合作伙伴关系，以实现社会的共同目标。④

5.2.2　社会组织治水参与的经验总结

通过对国内现有在参与水环境治理中取得突出效果的社会组织治水模

---

① 阿拉善 SEE 生态协会. P036. 合作共建催生"莲花模式"（2）［EB/OL］. https：//gongyi. sina. com. cn/gyzx/2009 – 02 – 18/18176535. html.

② 郑琦. 中国环保 NGO 的公共政策参与［J］. 社团管理研究，2012（8）：20 – 22.

③ 数据来源于"GEP 新生活环保"微信公众号。

④ 王名. 非营利组织的社会功能及其分类［J］. 学术月刊，2006（9）：8 – 11.

式的归纳，我们发现政社关系与社会组织对政府的资源依赖决定着社会组织将采取何种行动策略，从而在治水中发挥出不同的作用。在资源依赖度方面，政府主要通过向社会组织提供资金与政策支持来实现社会组织对其的依附，从而使社会组织更好地参与治水工作。在政社关系方面，采取依附式与自主性互动式策略的社会组织分别呈现不同的行动倾向。因此，将资源依赖度与政社关系这两个变量相结合，便得出较为直观的四种社会组织参与治水的模式。四种不同的社会组织治水模式各具特点，但亦有共同经验。

1. 以社会需要为导向，实现治水模式的多元化应用

水环境治理是一项综合且长期的系统工程。受地理环境、政治环境、经济环境、文化环境等多种因素的影响，水环境相应呈现出复杂性的特点，社会组织在治理过程中需要从社会现实需要出发，因地制宜地选择合适的治水模式，并在实践中不断归纳、总结、更新治水经验。根据上文所进行的归纳，目前在我国水环境治理领域，社会组织主要有四种类型，分别为社会服务型、社会动员型、社会协调型与政策倡导型，不同的类型有着不同的社会行动性质。从实践来看，社会组织参与水环境治理处于初步探索阶段，社会组织对政府的资源依赖度较高，且多以政府行政为主导，但其在治理过程中的行动策略选择、服务目标建立、与政府合作的方式等方面都进行着多元化的模式创新。

2. 以志愿服务为依托，夯实群众基础

S 市乐行 SM 涌小队的成功之处便在于其能在组织成立初期快速建立起一支稳定、高效的巡河志愿队伍，其作为草根志愿组织的成长历程，本身便说明了社会自组织力量扩张的可行性与社会自治空间扩展的可能性。除了在制度框架下的合法性身份外，政府很难为所有的社会组织提供物质、人力等方面的资源。其中，人力资源是社会组织生存发展所依赖的最重要的资源。在水环境治理的过程中，不管是日常的巡河工作，还是实地调研的开展，都需要人力资源的投入。因此，对社会组织而言，最佳做法是进行"资源转换"，尽可能地将社会上的人力资源吸纳进组织，同时增强自身造血能力，将社会资源变成内部资源，从而减少对外部资源的依赖，为组织的自主性奠定坚实的基础。社会组织在成立初期，资金筹集、人事管理、服务项目的选择等，大都遵循着内部解决的原则，由此，以志愿服务为依托，夯实群众基础便成了一条可为之径。

3. 突破制度困境，为社会组织创造足够的发展空间和制度环境

当前我国制约社会组织健康发展的主要制度因素是国家层面的制度环境。俞可平指出，中国社会组织面临着制度剩余与制度匮乏并存的局面，① 严重影响社会组织的生存空间和行动权利。因此，要积极推动制定规范统一的社会组织基本法律，根据不同类型的社会组织制定专门法规体系，形成一个有力推动政府与社会组织形成互动嵌入型协作关系的制度框架。这包括改革现存不能发挥实质性作用的法规政策和完善有关监督约束条件及支持性制度，做到既保证法律的严肃性、指导性和可操作性，又能调动社会组织的积极性，激发社会组织活力，还可以对社会组织进行有效的监督与评估，促进社会组织的发育。② 具体措施包括鼓励社会组织展开竞争、建立社会组织第三方评估制度、修订关于社会组织登记管理条例、降低登记审批门槛等。此外，应继续完善《中华人民共和国慈善法》，制定《中华人民共和国志愿服务条例》等支持性法律条例等，为推动双方的互动协作创造条件。

4. 加强政府、企业、社会组织基于制度信任的互动式合作

"正确处理政府和社会关系，加快实施政社分开，推进社会组织明确权责、依法自治、发挥作用。适合由社会组织提供的公共服务和解决的事项，交由社会组织承担。"③ 这是党的十八大以来中央政府明确指出的政府与社会组织合作的总体思路。党的十九大报告针对生态文明建设提出了"构建政府为主导、企业为主体、社会组织和公众共同参与的环境治理体系"的指导思想，倡导在环境保护与环境治理领域引入共建共治共享的理

---

① 俞可平. 中国公民社会：概念、分类与制度环境 [J]. 中国社会科学, 2006 (1): 109 - 122 + 207 - 208.
② 王玉良, 沈亚平. 公共服务领域互动嵌入型政社关系：现实困境与建构路向 [J]. 学习与实践, 2015 (11): 103 - 111.
③ 中共中央文献研究室. 十八大以来重要文献选编 (上) [M]. 北京：中央文献出版社, 2014: 539 - 540.

念，打造基于多元主体共同参与的新型环境治理模式，这为解决日益复杂化和动态化的环境治理问题提供了新思路。环境治理多元共治模式要求强调政府监管的作用，落实企业在环境治理中的主体责任，激发社会组织与公众的参与热情。① 在水环境治理议题中，环保社会组织作为政府与市场外的第三方力量，为企业与政府的合作搭建起了桥梁，成为不可或缺的中坚力量。在此基础上，政府要主动适应当前水环境治理事业中的新形势、新变化，大力培育和发展社会组织，并通过建立政府与社会组织之间的公共承诺机制、平等对话机制，培育相互信任的文化氛围，完善规范、有序、诚信的环境治理体系，提高政社双方的信任度。在实践中，基于上层政策所提供的空间的不同，各地环保组织形成不同的治水模式，不断丰富政府、企业、环保社会组织协同共治的治水体系。

5.3　专业环保组织在治水中的政策倡导： 单案例研究

5.3.1　问题的提出

人们通常认为政府作为公共领域的管理者具有更有效的治理手段，治理效率更高，能够更好地推动环境治理。很多情况下，社会的治理依靠政府颁布行政命令、进行环境执法等单一手段来达成。在过去的水环境治理议题的探讨中，人们也更多的是考虑水环境治理制度、机构职权、流域治理、官员激励等问题。然而，水环境治理作为社会治理的一部分，探索其有效治理的内在逻辑，明确社会治理创新在水环境治理中的功能同样具有重要的现实意义。但现有的研究更多的是从政府管理、技术治理、公众参与等视角出发进行研究，立足于社会组织这一主体，对其政策倡导功能进行研究的则寥寥无几。在 S 市不断形成的"河长领治、上下同治、部门联治、全民群治、水陆共治"治理体系下，作为连接公众与政府的桥梁，环保社会组织也成了水环境治理中的重要主体。而政策倡导功能的发挥彰显着社会组织的能力。那么在具体的治水实践中，社会组织的政策倡导呈现怎样的景象？在水环境治理中，社会组织政策倡导功能发挥的达成路径是

---

① 詹国彬，陈健鹏. 走向环境治理的多元共治模式：现实挑战与路径选择［J］. 政治学研究，2020（2）：65–75 + 127.

什么？本研究旨在应用倡导联盟框架，尝试通过该理论中的关键要素来解读社会组织在水环境治理领域的倡导实践，以 CP 涌治理为例，讨论社会组织为推动停滞的治水工程继续实施进而推动社区水环境治理所采取的行动策略，验证并提升该理论在环境领域的适用性，同时也希望对环保社会组织的政策参与提供经验借鉴。

5.3.2　文献综述

作为区别于政府与市场的第三方力量，社会组织具有独特的优势。伴随国家层面对社会组织的重视，社会组织也发生了重大转型。王飞认为，在环保 NGO 的发展过程中其活动领域逐渐扩大，开始触及深层次议题，影响力也得以扩大。[①] 环保 NGO 的活动从环境教育走向倡议和利益表达，包括进行网络化协调与协作，以及更积极介入政治进程，这些都是环保组织的重大转型。这同样体现出社会组织发挥着政策参与的重要功能。作为社会组织的一项重要功能，政策倡导是指一种能够对政策实施产生影响力的行为。而政策倡导离不开政社互动，社会组织如何与政府进行有机衔接和良性互动至关重要。对此，学界应用的最主要的理论视角为法团主义理论与公民社会理论。法团主义下的国家与社会关系强调国家的最高代表性和重要性，强调稳定、秩序和整合。邓国胜具体分析了政府结构和制度环境对于社会组织生存或运转的影响，认为目前社会组织无法克服自身局限，也不能消弭相互之间的利益冲突，因此需要借助国家的力量来突破局限，缓和矛盾。[②] 法团主义理论主张有序地将社会利益组织集中到国家决策体制中，促进国家和社会团体的制度化合作。而公民社会理论从社会与国家相分离的角度，提出不断增强的社会自主性可制衡国家权力，在公民社会中社会组织基于市场的需要或民众的需求而成立并扮演着重要角色。组织之间是自由竞争的，利益集团和其他社会组织通过说服和资源交换两种方式影响政府政策。

以上两大宏观视角均将对社会组织的探讨置于国家与社会的关系中，过度集中于国家与社会的结构关系，而失于对社会组织与政府、民众互动这一过程本身进行考察，这一过程具有多面向、复杂性的特点。张紧跟在

---

① 王飞. 我国环保民间组织的运作与发展趋势 [J]. 学会，2009（6）：14 - 17.
② 邓国胜. 政府与 NGO 的关系：改革的方向与路径 [J]. 中国行政管理，2010（4）：32 - 35.

其综述性文章中呼吁对社会组织的政策参与从"结构争论"转向"行动研究"。① 据学界研究，环保 NGO 政策倡导的行为模式主要包括两种，即运动和游说。其中争取媒体关注、成为主流舆论焦点是政策倡导过程中社会动员的基础。利用变化中的媒体格局以及权力结构中的空间来进行媒体动员，凝聚民意，构建媒体议程，从而对政府议程形成影响。在社会组织影响政策过程的具体方式上，郑准镐认为包括提出政策方案、参与政策执行、监督政策过程、宣传活动、形成社会舆论和市民教育等方法。② 范旭、刘伟将社会组织参与公共政策活动的方式归纳为利益表达，包括参与政策制定、评估、监督，等等。③

但同时，当前我国社会组织政策参与主要存在政策参与率较低、政策参与内容的非政治化和参与途径的非制度化等问题。首先，Wanxin Li 提出，在中国，特殊利益集团影响政治的现象并不突出，核心信念随着快速的社会转型而不断被重新定义。④ 环境利益相关者并不总是显而易见的，除非直接面对一个有争议的问题，这使得中国社会组织的政策倡导更为艰难。而作为体制外参与力量的民间组织难以与体制内决策机制形成有效互动，这严重阻碍了其积极作用的发挥。⑤ 加之政府部门对社会组织缺失信任，社会组织的合法性受到影响；由于合法性不足，社会组织资金的来源十分有限，社会组织自身的资源、规模都因此受到很大的影响。⑥

以上研究表明了社会组织在政策参与中的重要性，展示了其具体参与方式，也凸显了其参与困境。然而，大多数学者停留在对具体案例的具体论述上，并未用统一的框架更好地进行论证。现有研究在解释社会组织政策参与方面有很大的局限性，采用一种统合性更强的理论框架来对社会组织政策参与这一复杂的现象进行说明尤为必要。

---

① 张紧跟. 从结构论争到行动分析：海外中国 NGO 研究述评 [J]. 社会，2012，32（3）：198 – 223.
② 郑准镐. 非政府组织的政策参与及影响模式 [J]. 中国行政管理，2004（5）：32 – 35.
③ 范旭，刘伟. 论我国非政府组织的公共政策参与 [J]. 科技创业月刊，2006（9）：104 – 106.
④ Li, Wanxin. Advocating Environmental Interests in China [J]. Administration and Society，2012，44（6）：26 – 42.
⑤ 叶大凤. 非政府组织参与公共政策过程：作用、问题与对策 [J]. 福州党校学报，2006（5）：26 – 30.
⑥ 玉苗. 中国草根公益组织发展机制的探析 [D]. 华中师范大学，2013.

5.3.3 研究框架

20世纪80年代，在传统的政策过程分析理论基础上，保罗·A.萨巴蒂尔与詹金斯-史密斯提出了倡导联盟框架，并在随后的几十年里对其进行不断修正。与传统社会组织理论有所不同的是，倡导联盟框架并未将国家与社会的关系处理成静态的对立关系。倡导联盟框架通过将众多的政策行动者统一到联盟之中，打破传统"铁三角"，认为政策制定主体不仅仅局限于政治官员、行政官员以及利益集团。每一个倡导联盟都是由来自政策子系统的不同行动者组成，还可能包括新闻媒体人、专业学者等，他们拥有一套共同的政策信仰，保持稳定的联盟结构。2007年，萨巴蒂尔提出了倡导联盟框架的第四个版本（见图5-1）。

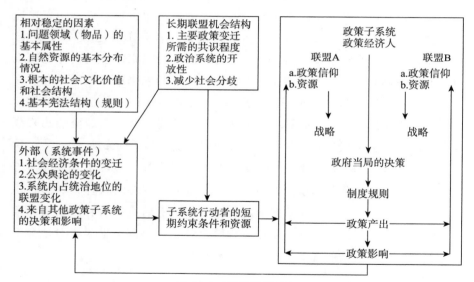

图5-1 倡导联盟框架

我国学者对该框架及其应用也进行了相应的研究。在宏观层面，余章宝立足"逻辑架构"视角，指出政策信念体系是存在于政策共同体内部的稳定性参数，政策学习则是政策共同体互动的动态性参数，两者皆是倡导联盟框架下的重要概念，共同构成公共政策分析的逻辑性要素。[1] 王春城

---

① 余章宝.政策科学中的倡导联盟框架及其哲学基础 [J].马克思主义与现实，2008（4）：136-141.

详细介绍了倡导联盟框架的五个发展阶段，对其核心概念进行了界定，并以中国卫生政策的变迁为例分析了倡导联盟框架的中国适用性。① 更多的学者则是利用了倡导联盟框架这一理论工具对我国的具体政策变迁予以解释，如王洛忠和李奕璇运用倡导联盟框架，以"大爱清尘"为例，从非政府组织角度对其政策倡导行为进行了分析。② 总体来看，目前我国学界不仅在宏观维度上，也在微观层面上，以大量公共政策为依托，追溯教育、房地产、计划生育等领域的政策变迁并考察该理论的适用性，进一步丰富了倡导联盟框架的理论与实践。除上述领域外，环境保护是倡导联盟框架的又一重点应用场景，但目前对于环境治理甚至以社会组织为主体的应用缺失。同时，学界研究大多通过描述整个框架的不同要素展示政策变迁的过程。

在本研究中，我们仅截取了倡导联盟框架中的信念体系这一核心要素进行重点论述。信念体系是推动各种不同的利益群体在共同的政策目标中进行一致行动的关键性因素，在政策参与中，社会组织通常囿于自身资源能力，对具体政策的推行过程只能发挥有限的作用。若要更好地探索社会组织政策倡导的能力及具体倡导过程，我们势必需要聚焦其作用发挥最突出的一个点。故本研究旨在通过倡导联盟框架，尝试借助该理论中的关键要素——信念体系来解读社会组织在水环境治理领域的倡导实践，围绕政策变迁下政策的推行这一关键问题构建阶段性分析框架（见图 5 - 2），解释 CP 涌治水工程推进这一事件的具体过程以及新生活环保促进会在其中的倡导路径。

5.3.4　案例选择及来源

本研究以 S 市水环境治理中表现突出的专业社会组织——新生活环保促进会为研究对象，该组织前身是 2008 年自发组建成立的青年志愿者环保总队，以成为环保的宣传者、践行者为己任，于 2013 年正式在 S 市民政局注册，成为市级环保社团。该组织通过环保理念的社区推广、河流保护的研究与科普、河流治理的公众参与和政策倡导，推动城市的河流治理和水

---

① 王春城. 新公共政策过程理论兴起的背景探析——以倡导联盟框架为例 [J]. 行政论坛，2010，17（6）：39 - 43.
② 王洛忠，李奕璇. 信仰与行动：新媒体时代草根 NGO 的政策倡导分析——基于倡导联盟框架的个案研究 [J]. 中国行政管理，2016（6）：40 - 46.

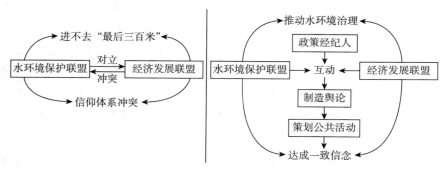

图 5 – 2　阶段性分析框架

源地保护。

　　本研究选取的案例来源为课题组历时一年调查走访所获得的素材，除访谈等一手资料外，由于 CP 涌治理进程取得突出成就，故相应的新闻报道等二手资料也较为翔实，为本研究深入探究水环境治理背景下社会组织政策倡导功能发挥的路径提供了研究基础。

　　而之所以选择研究这一案例，是因为我们在调研中发现，在龙舟文化传承数千年的社区，铺设有利于改善水环境、维护公共利益的工程，却在"最后三百米"处受阻，村民一边在黑臭河涌中艰难传承龙舟文化，一边却又不肯做出改善河涌环境的努力。依附于河涌的龙舟传统文化与如今强调的生态文明价值本应高度契合，却出现分离甚至撕裂现象。这引起了我们的思考，"最后三百米"事件中的僵持关系为何产生？社会组织又是如何发挥政策倡导功能推进政策施行的呢？我们的研究将围绕这些问题展开。

5.3.5　第一阶段：CP 涌事件中的倡导联盟信仰体系冲突

　　CP 村有着近千年的建村史，其龙舟文化也已有 300 年的历史。每年的农历四月廿九，村中都会准时举办龙船会赛龙舟；到了农历五月初三，则是声势浩大的"龙舟景"。然而，这样的"第一景"却长期饱受黑臭河涌的困扰。截污是城市黑臭水体治理的首要措施，CP 涌的截污工程也是改善 CP 涌黑臭状况的重要工程，因为良好的水质无疑是龙舟文化传承最基本的条件。然而，截污工程队进场十多天，工程进度却不到十米。

　　依据倡导联盟框架，信念体系是引发联盟分析、博弈甚至冲突的重要因素之一。通过这一信仰体系，我们可以窥见问题所在。分属不同联盟的行动者拥有截然不同的信念立场，而当需要面对同一政策目标时，信仰体系产生冲撞在所难免。在倡导联盟框架中，信念体系具有三个层面：深层核心信仰、政策核心信仰以及次级信仰（见表 5 - 2）。其中，相对于信念体系中的核心信仰而言，次级信仰更容易改变。[①]

表 5 - 2 信念体系

特征	深层核心信仰	政策核心信仰	次级信仰
概念界定	基本的规范和本体性的原理	关于获得子系统中核心价值的基本策略的根本立场	工具性的决策和搜寻必要的信息以及实现政策核心价值
适用范围	跨越所有政策子系统	贯穿于整个子系统	通常仅为子系统的一部分
对变化的敏感性	非常困难，类似宗教信仰的转变	尽管困难，但如果现实经验揭示了一些严重的反常现象的话，还是能发生的	简单易行，这是绝大多数行政机关甚至立法机关政策制定的主题

基于倡导联盟框架将众多的政策行动者统一到联盟之中的这一理论设定，为更好地进行案例研究，本研究通过对事件相关参与者进行访谈，找出不同利益立场的相关方并将其划分为不同联盟，分别是水环境保护联盟以及经济发展联盟（见表 5 - 3）。

表 5 - 3 不同联盟类型

联盟	联盟成员	深层核心信仰	政策核心信仰	次级信仰
水环境保护联盟	TH 区水务局	对于和谐的生态文明的追求对龙舟传统文化的信仰	环境治理属于善治，推动环境改善是政府的职责，配合政府工作让 CP 涌回归本来模样是居民的义务	快速完成治理目标，工程迅速推进，恢复水清岸美景象
	CP 村村委会			
经济发展联盟	生意人		CP 涌治理好能吸引更多资源进入	不能影响经济利益的获得
	房东			

同一联盟的行动者共享同一套信仰体系，而不同联盟的行动者则拥有不同的政策信仰。如表 5 - 3 所示的水环境保护联盟，在 CP 涌这一事件中

---

① 〔美〕保罗·A. 萨巴蒂尔，汉克·C. 詹金斯 - 史密斯. 政策变迁与学习：一种倡议联盟途径 [M]. 邓征，译. 北京：北京大学出版社，2011.

的联盟成员为 CP 村村委会以及 TH 区水务局，CP 村村委会秉持着推动社区水环境改善及带动社区治理的信念，TH 区水务局则出于完成行政任务的目的，务必在限期内消除黑臭河涌，他们共享了同样一套水环境领域的善治理念，热切希望看到水环境得到改善。在本案例中，截污工程是具有非排他性、非竞争性的公共物品，其供给需要社区居民的共同支持。而经济发展联盟则由当地的生意人以及房东组成，在 CP 涌的治水工程规划中，一部分工厂需要被改造，一部分工厂需要被拆除。这意味着乱接管道的现象不再被允许，排污的费用将会上升，也意味着生产的利润空间将遭到压缩，这对于生意人来说是某种程度上的打击。对截污工程的支持是需要部分居民承担一定成本的，比如生意受影响、房屋受损以及暂时性的出行不便等，而治水管道的铺设会影响居民出行，可能导致的房屋开裂等影响房屋质量的问题则让房屋产权所有者感到不安。他们共有一套经济利益至上的信念，不肯轻易同意开展水环境治理工程，甚至尝试用各种方式阻挠工程进行，更有甚者直接将车子停在工程实施地上以示反对。

政府开展截污工程的根本目的是改善居民的生活环境，本质上是符合公共利益的。但是，应当看到公共价值实现过程中及公共物品供给过程中可能遭遇的困难。村民们由于长期生活在黑臭的河涌边，龙舟文化也日渐衰微，对他们而言，不论是环境的改善还是文化的传承都只是一种模糊的概念，这样的公共价值，其实现过程是长久的，利益分配是分散的，然而，房屋安全、经济收益等关乎个人的利益，其损失是可见的，风险承担是集中的，这使得他们有着很强的动力、决心和意识为维护个人利益而行动。不同价值具有根本不同的特性，正是由于两种价值截然不同的特性，在缺乏激励机制和核心力量统合与领导的情况下，受影响的居民在两者的博弈中站在了维护个人利益的一边。信念体系的不同导致居民与政府双方的僵持，CP 涌范围内的截污管道工程进展缓慢。政府的治水工程卡在了"最后三百米"，无法如期推进。

5.3.6　第二阶段：专业社会组织新生活环保促进会的介入与倡导路径

在 CP 涌"最后三百米"事件中，传统"强拆强建"的执法模式已无法实行，但"考核又在那里"，负责工程的水务局"也很着急"。为解决矛盾，水务部门让长期关注水环境领域的新生活环保促进会介入。当政府难以推动工程的实施，民众不肯配合，第三方力量的介入便显得尤为必要。各个联盟的战略相互冲突，通常需要由第三方即政策经纪人来斡旋，以找到合理的妥协方案，减少激烈冲突。①

　　政府部门作为官方，需要站在宏观的立场上进行深度考量，而村民作为直接的利益相关方，又有独特的个体诉求，他们基于不同的立场，对政策问题抱有不同的态度。若政府部门与村民之间不能展开有效对话，那么治水工程的推进必然出现"上热下冷"的局面。新生活环保促进会长期扎根水环保领域，在领域内具有足够的专业性，能够发挥一定的作用。那么，作为区别于经济发展联盟与水环境保护联盟的社会组织，新生活环保促进会在 CP 涌"最后三百米"事件中是如何发挥其政策倡导作用，推动治水政策的进一步实施，进而推动水环境治理的呢？

1. 加强公共舆论引导，展示信念体系

　　尽管政府与社会组织在事实层面是不平等主体，政府因掌握着更多资源和话语权较社会组织更为"优越"，然而，也由于这种不平等，加上政府行政事务的繁杂，导致政府很多时候无法真正了解民众的想法，也不能够在每一个社会问题上保持其专业性，因此，政府往往需要依赖社会力量来提升政府政策本身的专业性。通过不同方面信息策略的运用，社会组织能够将民众的声音、专业组织的声音传向政府系统。"他们找到我们，那我们就在二月底到现场去看了一次，当时现场居民就说你们不要来了。三月份（我们）写了篇文章，将这个舆情曝光出来。"新生活环保促进会成员全程参与跟进 CP 涌的治理工作，对于 CP 涌治理推不进的"最后三百米"背后的利益问题，他们也将自己的看法发表在 2017 年 3 月的《南方都市报》上，通过诉诸媒体，很多社会问题便快速直观地被呈现。将问题直接曝光在公众的面前，展示不同利益立场所带来的信念体系的冲突，从而引发舆论关注和讨论，也引起相关部门的重视并推动问题的解决。

　　事实上，在 CP 涌的截污工程管道的铺设上，政府确实存在宣传公示不够的问题，"铺什么？怎么铺？铺了后又有什么影响？"民众无法了解。

---

① 〔美〕保罗·A. 萨巴蒂尔，汉克·C. 詹金斯－史密斯. 政策变迁与学习：一种倡议联盟途径 [M]. 邓征，译. 北京：北京大学出版社，2011.

新生活环保促进会所撰写的评论文章指出，这一类治理情况复杂的河流，需要让流域内的各方充分参与其中，进行有效的协调，才能把难点问题逐一落实解决。CP涌不仅要面对偷排泥浆等问题，还要面对地区城市化带来的人口增长和污染增加等问题。CP涌流域广，上下游社区构成复杂，区域内管理的单位部门多，进一步加大了河涌的治理难度。在次级信仰层面，政府部门作为行政部门，忽略了更深层的推动生态文明建设的任务，治水在部分政府工作人员看来仅仅是行政性的工作任务。如新生活环保促进会撰文所指出的，在CP涌"最后三百米"事件中，政府并没有及时进行全面细致的动员与宣传，也没有对受影响居民做出一定的保障性承诺，缺乏制度性的激励机制。在这种情况下，出于利益最大化的考量以及"搭便车"的心态，被截污工程所影响的居民虽明知截污工程管道铺设符合公共利益，但也不愿承担必要的成本。

在环境政治系统中，地方政府角色是政策执行者，负责政策的实施以及将中央政府的政治话语、法律和政策转化为具体实践。① 此次事件中，政府部门在未充分征求意见以及公示的情况下直接进场，面对"突如其来"的政府工程，居民不解乃至反对工程进驻也可以被理解。此外，在经济发展联盟里，生意人与房东们并非无法理解CP涌环境的改善将带来环境效益，只是相较于未知的环境改善，眼前的利益于他们而言更为重要，更何况，其所应领到的工程进驻损失赔偿也迟迟不见踪迹。出于自利心理，居民自然选择易得的利益而不愿为可能的环境改善付出努力。而新生活环保促进会作为两个联盟外的主体，扮演着政策经纪人的角色，通过撰写评论文章制造公共舆论，通过举办交流会开创对话渠道，使公众与政府部门对其信念体系进行重新审视，并及时转变这一易改的次级信仰，新生活环保促进会也由此打开了政策倡导的可能空间，促使相关方在CP涌的长效治理、当地龙舟文化的传承方面达成政策核心信仰。

2. 策划外部事件，达成一致信念

在本案例中，我们发现，政府的价值信仰取向与居民的价值信仰并非毫无重叠之处，事实上，良好的环境与文化传承二者联系密切，且和居民的生活息息相关，而且，截污工程建设的反对者大都是常住居民，而非流

① 冉冉. 中国地方环境政治：政策与执行之间的距离［M］. 北京：中央编译出版社，2015.

动人口，他们作为 CP 涌最重要的治理主体，由于经济社会与历史文化等原因，本应凝聚成一个相对牢固的共同体，并对内形成较强的属地意识与认同意识，以推动其集体愿景的实现，然而，当这些居民个体面对个人利益和集体利益的冲突时，还是表现出了分散的原子化个人的特性。这一问题背后的关键原因，就在于本能发挥纽带作用的传统社会资本并没有发挥应有的作用。而这一社会资本背后所承载的传统文化——龙舟文化，正是位于深层核心信仰层面。然而，由于现代化的冲击而沉寂，龙舟文化长期缺乏被激活的契机和推动力。

在 CP 涌"最后三百米"事件之后，如何长期推动 CP 涌的有效治理成了新生活环保促进会思考的一大问题。在"最后三百米"事件中，不同联盟具有各自的担忧和考虑，次级信仰的不同是导致冲突的重要原因。然而，如何找到触动当地居民，调动其长久配合政府工作的更核心层面的信念因素呢？通过对社区的观察，新生活环保促进会发现了这一社区的精神底色，也顺势抓住了这一社区的政策核心信仰——龙舟文化。然而，若缺乏相应的组织和策略的使用，龙舟文化并无法直接发挥作用。作为专业社会组织，新生活环保促进会擅长活动的策划与举办，其抓住国际龙舟日的契机，积极策划了 S 市首次政府、当地民众共同参与的划龙舟活动。通过这一活动将不同联盟的成员聚集一起，不断挖掘其政策核心信仰乃至深层核心信仰，使不同联盟由一开始的冲突对抗到走向合作，共同推进当地水环境治理进程。在政府部门举行的座谈会上，活动发起人新生活环保促进会秘书长 G 先生直言，"（为了活动的顺利进行）政府应把水质搞得好一点"，"活动前几天，为了宣传效果，官方也在尽量控制污水，尽管效果不咋地。但是这个事情做完后，各方都很高兴啊，包括媒体也很兴奋，都是第一次嘛，很有亮点"。

相比于抽象的具有行政化意味的"治水"，"弘扬龙舟文化"的概念更能令公众理解，并使之在社区中成为一项重要的公共事务。当公众承认治水是一项与每个人有关的公共事务后，龙舟文化便成为一个可以超越经济利益、阶级地位和社会背景的集体信念，进而为形成凝聚力创造条件。实践证明，龙舟文化的丰富内涵表现出了巨大的包容力与扩张性：龙舟赛的举办能吸引各方共同参与，使外来者与本地人齐心协力。龙舟文化作为一个精神内核，被巧妙地用于地方治理。新生活环保促进会能够通过挖掘当地的龙舟文化来唤起大家的治水参与热情，在于龙舟文化作为传统文化，属于深层核心信仰层面的信念，虽然这一信念并不总是挂在人们嘴边或体现在行动上，然而它是深层次的信仰，是联结的纽带，强大到可以重塑治理格局。具有外在形式上的社区，如处于同个地域，拥有相同的语言习俗并不直接构成真正的社区共同体。真正的社区共同体必须具有一致的文化认同和共同的维护公共利益行动，且这一空间中的公共利益是大家可见的且所想要维护的，基于龙舟文化认同的社区意义框架的构建，新生活环保促进会推动民众广泛参与，逐渐塑造起 CP 涌治理的内外部环境，弱化甚至消除各方矛盾，推动着 CP 涌的治理。

当然，事实上村民长期以来都共享并尊崇龙舟文化，然而，如前文分析，社区中的个人作为原子化个体，若缺乏足够的激励，那么再丰厚的社会资源也仅是一种标志，徒有象征意义而无法发挥具体的作用。缺乏足够的激励，同时面对明显的利益冲撞，共同体成员们便难以自觉自发去行动。共同体不仅是利益相关的，更应该是利益共享的。社区的治理很难依赖公众的自觉性、自发性来实现，若居民既无法切身感受到政府所称的与之密切相关的公共利益，彼此间又缺乏建立相应规则和制度的纽带，那么相关利益主体之间就无法进行有效的合作。而随着龙舟文化促进会的成立，龙舟文化的重新兴盛，在唤醒传统文化信念的同时，也给村民带来了实实在在的好处。由于社会的关注度提升，CP 村村民的自豪感也随之提升。有了这一层激励后，集体行动的困境被打破，付出越多，对社区越有益。这种正向可见的激励增强了成员对社区的认同感和归属感，公民的社区生活得到丰富，公共精神得到激活。

5.3.7 小结

与个体分散独立的行动所不同的是，社会组织是聚合特定利益，有着固定的使命和行动愿景的团体，在特定的场域下发挥作用。近年来，随着"绿水青山就是金山银山"的提出，水环境治理成为生态环境治理中一项至关重要的议题。经过几年奋战，目前，S 市被生态环境部评为中国仅有的两座治水先进城市。而在 S 市水环境治理这一过程中，社会组织的作用也越发凸显。

在本研究中，我们看到从一开始治水工程进驻时民众百般阻挠，到民众愿意让步并投身水环境乃至社区治理，CP 涌从黑臭河涌榜上被撤下，仅仅用了一年时间。这期间，信念体系以及专业环保组织新生活环保促进会发挥了重要作用。

　　社会发展带来生活方式的转变，使得个体越来越趋向原子化，以往乡村熟人社会中的公共性慢慢消失，极大地缩小了农村的社会公共空间。人们越来越关注个体利益的获得，相对忽视对公共利益的维护。正如本研究分析所指出的一样，在次级信仰层面，人们更关注自身利益的获得和工具性的政策取向。在 CP 涌这样一个典型的农村社区中，传统行政方式（直接进场铺设工程管道）及号召大家"为公共利益"做出贡献（工程管道铺设有利于当地水环境的改善）均难以直接推进治水工作。在基层逐渐成为一个全新的治理空间的今天，公民的主体意识正不断加强，要求获得相应的话语权，国家原本对基层社会的控制力与有效动员力受到挑战。作为社会治理中生态治理层面的水环境治理，政府部门进入基层社区，工具性的、单一性的行政模式遇阻，而之所以第三方主体挖掘当地的龙舟文化能够点燃大家的参与热情，进而推动工程实施，是因为其借龙舟文化这一纽带，在政策核心信仰层面使不同利益持有者达成一致。社区是比社会更微观的主体，每个社区都有不一样的特质，蕴含着不同的问题和故事。由于特殊的角色和定位，政府无法针对每一个社区都提出具体而微的管理方法和治理模式，而这正给了社会组织可为的空间。如何抓住社区的特点，针对性地解决社区环保问题，需要环保组织着力挖掘社区内涵。社区内涵，即社区精神内核，所涉及的亦是政策的深层核心信仰。新生活环保促进会挖掘出当地传统文化，而当地龙舟文化的兴盛反过来为社区注入了活力，进一步增强各方对这一文化的认同，凝聚起真正的社区共同体。正如本案例中所展示的，社会组织若能利用文化这一核心信仰层面的信念来撬动环境治理，往往可以取得比传统的介入方法更为有效的结果。

第6章 企业的治水参与：从污染者
到河湖守卫者

长期以来，我国对环境治理的认识存在一个误区，将环境治理简单地理解为单一的政府行为。政府是水环境治理的"全能型管理者"及"命令控制者"，拥有绝对权力，凭借命令—控制机制实现中央对地方水环境治理的全方位管控。而企业从事生产经营活动，是生产生活污水排放的重要主体，政府将企业视作水环境破坏的污染源头，企业也必须无条件接受政府的管理。政府与企业之间的管理和被管理的关系、企业的高环境成本，使得双方利益关系紧张，容易产生利益冲突。然而，环境治理的关键便是要处理好经济利益与环境利益之间的关系，实现社会相关主体间的利益均衡。[①] 企业河长制的优势就在于推动实现政府与企业在水环境治理中的利益均衡，发挥各自优势，提高社会总效益。本章从利益均衡这一视角出发，分析企业河长制如何协调政企双方的利益关系，并探讨如何更好地实现政企利益均衡。

6.1 企业治水参与：何以可能

自河长制推行以来，全国各地水环境综合治理成效显著。部分地区探索设置企业河长制，发挥市场主体的作用，构建政企合作伙伴关系。为实现河流治理目标，政府与企业河长之间就河流治理事项缔结协议，以政治契约的形式明确双方责任与权利。企业河长制作为一个协调复杂利益关系的机制，政企双方参与其中的利益动机是什么？双方又各有什么资源优势呢？

---

① 梁甜甜. 多元环境治理体系中政府和企业的主体定位及其功能——以利益均衡为视角 [J]. 当代法学，2018，32（5）：89 - 98.

6.1.1 企业参与环境治理的利益动机及其优势

1. 企业的利益动机

面对激烈的市场竞争，企业的最终目标是通过具体企业行为和决策来实现经济利益最大化，占据更多的市场份额。如果企业不关心收入、成本、利润目标，就很容易被排挤出市场。只有选择利润最大化策略的企业才能生存。随着公众环保意识的日益增强，公众对企业产品的需求从单纯满足个人需求的产品向环境友好型产品转变，消费者更愿意为环境友好型产品支付更高的价格。这就迫使企业为减少消费者选择行为带来的价格弹性对企业经济利益的影响，减少环境污染，树立正面形象，投身于环境治理。另外，企业关注环境治理有利于提升生产效率、降低成本，减少企业生产的外部化影响，增加经济利益。因此，企业要履行环境保护责任，即企业在追逐投资者利益最大化的同时，必须注意兼顾环境保护的社会需要，自觉致力于环境保护事业，促进经济、社会和自然的可持续发展。[1]

2. 企业河长的资源优势

企业有着资金、技术、人力等方面的优势，能够为党委、政府推进河长制工作提供巨大的支持。第一，监管优势。偷排偷放生产污水、生活污水是一些企业违法排污的惯用伎俩，企业河长对污染物的排放比较清楚，由他们出面管理河道，可谓内行监督内行，即使是很隐蔽的违法偷排现象，也很难逃过他们的"法眼"。第二，资金、技术优势。企业自身具有深厚的专业技术基础，生产规模较大、经济实力较强，有能力研发及推广应用清洁生产和绿色技术，在节能减耗和工业污染治理上为其他企业提供借鉴。第三，信息优势。企业河长多是优先招募沿河企业的负责人，他们清楚河道污染物的主要排放源及周边企业的污水处理情况，能够针对河道具体情况向政府提出可行的治水意见和建议。

---

[1] 贾海洋. 企业环境责任担承的正当性分析 [J]. 辽宁大学学报（哲学社会科学版），2018，46（4）：97–102.

6.1.2　政府参与环境治理的利益动机及其优势

1. 政府利益动机

政府作为辖区公共利益的权威机构，是一个政治利益、经济利益、社会利益等多重利益的结合体。公共选择理论认为，政府行为是根据利益最大化原则来选择和进行的。① 政府在环境治理上的利益动机表现在追求管理区域和部门自身双重利益的最大化，一是辖区经济发展的需要和满足；二是政府部门追求政绩的需要和满足。② 经济人假设下的政府之所以参与环境治理，是因为要追求管理区域的利益最大化，政府在促进经济发展的同时注重环境治理，以此向社会公众释放信号，获得更多群众的支持。因此，政府参与环境治理的利益动机具有多样性和复合性的特征，既有对促进经济发展、整治环境等公共利益的追求，也有对政府绩效的追求。

2. 政府的政策工具资源

为进一步激发企业河长治理河道的主观能动性，推进河长制工作，政府提供各类政策工具，促使企业河长将治污成本内部消化，自行发现最低污染控制成本的实现策略，在实现经济利益最大化的同时，提高企业社会责任感，履行环保义务。

一是提供信息管理平台。为保障河长制有序推进，政府组织建设河长制信息管理平台以充分公开信息，减少政府与企业河长的信息不对称。信息管理平台基于河道网格化管理思想，向社会各界公布各级河长名单、河长履职情况、考核信息，接受社会监督。企业河长通过平台获悉最新河长制相关政策，上传治河数据，在信息反馈中与政府及时协调解决治河护河重点难点问题。由此，政企双方密切配合，协调联动，达成河流治理目标共识，共同推进河流水域管理保护工作。

二是提供健全的体制机制。其一，实行定期巡查机制。企业河长建立专门的河道巡逻队伍，轮值企业河长开展每日一次所属流域河流"门前三包"巡查，将巡查情况以文字说明和照片的形式向行政河长汇报，做到边查边改。其二，实行信息公开制度。政府充分利用电视、广播、报刊、网

① 方福前. 公共选择理论——政治的经济学 [M]. 北京：中国人民大学出版社，2000.
② 王志锋. 城市治理多元化及利益均衡机制研究 [J]. 南开学报（哲学社会科学版），2010 (1)：119－126.

络等媒体全方位公开企业河长护河工作动态，多途径、多层次宣传优秀企业河长典型和先进事迹，让广大群众真正了解企业河长制并引导群众主动监督企业治污排污情况，增强群众治水的主人翁意识。其三，实行奖惩机制。把企业河长履职情况作为评先评优、分配政治资源的重要依据，在政策激励、评奖评优中对表现优异的企业河长给予优先考虑，自动淘汰履职不到位、未完成河道治理任务的企业河长。

6.2　企业治水参与：何以可为

近年来，部分地区在广泛深入实施河长制的基础上先行探索企业河长制，一些企业率先响应河长制，担当保护环境责任，担任企业河长，投入资金、人力整治河道，弥补了河道整治任务重、政府财力有限的不足，为河道整治注入有生力量。

6.2.1　各地"企业河长制"模式总结

1. 企业认领模式

部分地区探索制定企业认领治理河道的相关管理办法，以企治水，依企治水。让企业以"河长"之名，参与河流保护，鼓励企业参与河湖治理、水资源保护，发挥企业在河流生态环境保护中的作用，加强河流水域保护管理工作，推进河道共治共享，建立健全河流水域保护管理的良好机制。

湖北省宜昌市远安县于 2018 年底由县河长办牵头，通过"筛选核定＋企业认领"的方式设立企业河长。县河长办根据河流地理环境污染状况、发展规划等不同的河情，为使每个企业河长都能与所管辖的河流有关联性，针对矿山废水排放量大的河段，重点选择河段所在的工矿企业作为责任企业；有旅游开发项目的河段，重点选择旅游公司作为责任企业。全县共筛选核定 19 家县域企业，企业法人代表或负责人被赋予企业河长这一新身份。针对剩余 10 条无影响源河流，通过在远安论坛网站、微信公众号等发布"河长招募帖"，在全县范围内公开征集企业河长，湖北绿特欣生物科技股份有限公司等 10 家企业踊跃报名自愿认领河流。[①]

---

① 宜昌："河湖长制"绘就美丽生态新画卷［EB/OL］. http://slt. hubei. gov. cn/fbjd/jcss/2020 06/t20200609_2386282. shtml.

上海市浦东区航头镇启动招募"企业河长"程序，通过吸收企业志愿者认领河道，助推河道整治，提升河道管理能级。2017年上海老南汇通信设备维护有限公司提交给航头镇政府的《关于推行河道保洁志愿者的方案》提出，公司要求企业里的每一位河长都必须在不索取任何报酬、不给政府增加任何经济负担的工作基础之上，发挥岗位优势，开展全天候保洁服务，坚持每个季度向保洁公司和相关部门汇报工作。在老南汇通信设备维护有限公司的带头示范作用下，越来越多的企业和员工主动加入河道管理的志愿者队伍中，这使企业河长在主动参与河道巡查的同时，发挥出了排查、管制、监督等多种治理作用，更带动了周边其他企业环保投入的相应增加。①

2. "双河长"模式

"双河长"模式即发挥行政河长与企业河长双重配置优势，引入企业河长参与河湖的监督、管理工作，与行政河长共同承担河岸管护、水质监测、违法监督等工作。"行政河长精心履职，企业河长主动工作"有助于实现从完全依靠政府治理河湖转向社会力量共同参与，进而形成多方参与、齐抓共管河湖保护的良好氛围，创建"共治、共管、共护"新模式。

辽宁省新民市实施"双河长"模式，由行政河长和企业河长共同协作开展河道日常管理。企业河长主要负责河道的日常管养，行政河长定期开展河道巡检，同时监督企业河长的护河工作，互相配合，互为制约。企业河长自发组成巡河组，对所负责的河流区域定期进行巡查，并将巡查情况记录在案备查，发现问题及时向相关行政河长反映。政企共治有助于充分发挥企业的资金和技术优势，参与河道治理工作，并配合政府开展河道周边入河排污口及污染源的普查工作，推动治理模式从"政府单驱动"向"政府—企业—社会协调驱动"提档升级，促进河流整治。②

浙江省绍兴市柯桥区为确保"双河长"模式落实到位，建立了三大机制。一是责任机制。柯桥区明确企业河长的工作规则，推动企业河长制落在实处，并建立专门的河道巡逻队伍，轮值企业河长要按值班表对所属流

---

① 杨鑫.【航头青年】《澎湃青春航头梦》企业河长老南汇：河长助力水环境治理 航头水清岸绿景色美［EB/OL］. https://mp. weixin. qq. com/s/AH1wfFLKQD_ZHeTpTcxfLQ.

② 辽宁全面建立五级河长体系 3000多条河流有了"监护人"［EB/OL］. https://www. gov. cn/xinwen/2018-07/10/content_5305422. htm.

域河段展开每日"门前三包"巡查，及时进行问题反馈处置。二是优先机制。柯桥区治水办规定对责任落实到位、工作成效显著、具有示范引领作用的企业河长，在人大代表、政协委员等荣誉推荐中予以优先考虑；在资源匹配、企业（技改）上市中予以优先考虑；在政策激励、评奖评优中予以重点推荐。三是淘汰机制。柯桥区与每位企业河长签订责任书，如果企业河长在轮值期间，被查实自身存在环保违法行为、未完成节能减排任务、治理不积极、整改不及时、履职不到位被举报等情况，不仅轮值河长资格要被取消，还要被通报批评甚至依法处理。

3. 企业众筹融资模式

企业河长自行众筹资金及银行提供绿色融资，搭建政、银、企三方在水环境治理领域的合作平台，有助于弥补河道整治政府财力有限的不足，为河道整治注入有生力量，共同推进水资源保护、水污染防治、水环境改善、水生态修复等重点项目建设，共同助力产业相关企业河长尽职履职，打赢水污染防治攻坚战，努力实现"水清、河畅、岸绿、景美、生态"的目标。

江苏省常州市武进区湖塘镇充分发挥商会和重点企业的示范引领作用，于 2017 年 9 月推选 24 位企业负责人担任企业河长，与政府共同参与河道保护治理。湖塘镇企业河长除了担任河道"监管员"外，还积极响应政府号召，签署捐赠协议并创立常州市首个"生态文明共建光彩基金"，每年筹资两百万元协助政府治理河道，参与污水管网的建设和黑臭河道的整治与管护。①

兴业银行福州分行，是福州市城区内河首位企业河长。兴业银行福州分行与福州市河长制办公室签订战略合作协议，在"十三五"期间为福州市河（湖）长制相关项目提供绿色融资不低于 100 亿元，为企业河长提供涵盖绿色融资、绿色租赁、绿色基金、绿色债券等门类齐全、品种丰富的集团化绿色产品和服务，为推进河长制工作贡献金融力量。另外，兴业银行福州分行充分履行企业河长职责，成立了兴业银行河道保护志愿队，以爱河护河为目标，定期开展护河治河行动及河道治理保护宣传教育活动，充分发挥兴业银行绿色金融优势，为福州市水环境整治提升持续提

---

① 常州：河湖长制让江南"水清岸绿"［EB/OL］. https://new.qq.com/rain/a/20211219A02R SN00.

供支持。①

4. 党建引领模式

推进基层党建与企业河长制工作挂钩联系，将党的建设和企业爱河护河相融合，有助于充分引导各级党组织和广大党员发挥战斗堡垒和先锋模范作用，以党建引领河长制，以河长制促党建，助推河道整治。

云南省昆明市充分发挥企业在环境保护工作中的主体责任作用，全面推行企业河长制。为不断增强党建工作的针对性、有效性，阳宗海管委会制定印发《阳宗海风景名胜区企业河长制工作实施方案》，采取"单独建＋联合建"模式，组建云南嘉华、云南大山、食品业联合、制造业联合等8家党支部，将企业支部主题党日与职工活动、企业座谈、研讨交流等有机结合，依托阳宗海党群服务中心搭建"联谊平台"，组织企业管理人才、技术精英、行业能手等"现身说法"，全面实现"见河长见行动"，实现企业发展和环境保护双融合、双促进。②

上海市松江区小昆山镇在建设G60科创走廊的过程中，进一步发挥党建引领的制度优势，在工业园区内沿河企业中分别成立了4个河长制联合党支部，3家企业成立了独立党支部。园区通过实行"一二三"运作机制，即制定一套企业河长制党建运作机制，发挥"两新"组织党员志愿者队伍和特保水环境巡查队伍及3个河道自治共治协会作用，让河长制党建带动河道周边企业共同参与。在党建引领下，党支部与企业河长携手疏通河道管理"神经末梢"，以强大合力将党建项目与水域市容责任区工作有机结合，走出了一条精细化管理的新路子。③

6.2.2 "企业河长制"路径总结

1. 以企业交流为契机，加快企业技术创新

企业河长制作为河长制的补充力量，结合科技手段助推水环境治理。

---

① 减塑添绿 护河长清 ｜ 兴业银行福州分行开展巡河护河绿金主题党日活动［EB/OL］. https：//www. sohu. com/a/682693686_121123703.

② 云南开出"党建引领＋河（湖）长制"治水良方 让阳宗海水清岸绿［EB/OL］. https：//society. yunnan. cn/system/2020/04/12/030643070. shtml.

③ 【党建引领G60】小昆山镇：企业党建＋河长制，走出管理新路子 ［EB/OL］. https：//mp. weixin. qq. com/s/GIpMGjE4l3qTmBuPXmbLZQ.

企业河长定期召开商讨会，及时传达上级要求，通报护河情况，研究精准护河过程中的难题并制定整改措施，确保治河护河工作真正落到实处。另外，交流护河经验，就控污节水管理和控污节水技术展开交流，推广控污节水工作开展良好企业的先进经验，提高区域企业控污节水整体技术及管理水平，推动企业加强内部控污节水管理。

一方面加快清洁生产技术改造。企业河长充分发挥清洁生产技术应用主体的作用，积极采用先进技术实施清洁生产技术改造，提升企业技术水平和核心竞争力，从源头上预防和减少污染物产生，促进水污染防治目标的实现。另一方面加强节水技术改造。企业河长积极推进节水重点技术改造项目实施，研发或采用节水新技术、新工艺、新设备，加快淘汰落后用水工艺、设备和器具，推进节水技术进步，节水设施与主体工程同时设计，同时施工，同时投入运行。

2. 以日常巡河为基础，激发企业参与热情

启用企业河长是创新河长制工作、助推企业升级改造的重要举措，是探索全民参与河道管护的一种新模式。企业河长主动认领企业周边河流，设立企业河长轮值制、企业河长办公室、企业河长公示牌、企业河长活动日等，公开企业河长姓名、联系方式及职责目标信息，并自行组建企业河流巡查队，建立企业高管定期带队巡河、日常河流保洁、爱河护河评比等各项制度，激发企业员工参与河湖保护热情。另外，企业河长在政府出资的基础上，自愿出资设立专项基金，用于突发水事故的应急处置、改善水生态环境。

3. 以企业河长为载体，提升公众社会参与度

以企业河长为载体，拓宽公众参与河长制渠道，营造企民共治氛围。一是企业河长列席群众会议、参与群众基层对话，定期向周边居民通报企业生产运行、环保投入、污水处理和巡河治河等情况，及时回应群众对企业的疑虑和意见建议。二是加强企业开放，定期开展企业开放日活动，邀请群众代表走进企业实地了解企业生产和环保治理情况，增强群众对水环境治理的认识。三是企业河长联动专家、大学生志愿者、社会组织和市民等多元主体共同参与河湖治理，创新开展全民护水系列活动，引导企业通过环境信息年报向公众公开，广泛发动民间力量守护河湖。四是广泛运用传统媒体、新媒体等，开展企业河长制社会宣传。讲好治水故事，宣传一批优秀企业河长，总结企业河长制的好经验、好做法，积极传播企业河长管河治河护河的正能量，不断提升群众关注度、知晓率和满意度。另外，充分发挥新闻舆论的导向和监督作用，引导广大人民群众主动反馈治水难点问题及提出治水"金点子"，主动参与到河长制中，把公众从旁观者变成水环境污染治理的参与者和监督者。

4. 以政企共治为核心，落实企业社会责任

发挥"行政河长＋企业河长"双重配置优势作用，由行政河长主导落实、企业河长认领推动。政府发动流域内信誉度高、责任心强、热心公益事业的企业的相关负责人带头担任企业河长，由政府为其颁发企业河长证书，签订合作协议，共同承担河岸管护、水质监测、违法监督等工作。企业河长和行政河长的有效联动，实现了企业由河道污染者向管护者的角色转变，提高了治水实效。另外，政府建立可操作性配套机制，包括巡查处置、激励优先和落后淘汰机制，与每位企业河长签订责任书，并设立公示牌，使其接受社会监督。对未完成节能减排任务、治理不积极、整改不及时、履职不到位的企业河长予以淘汰。同时制定量化可操作的企业河长履职考核办法，政府在荣誉授予、资源匹配、政策激励等方面对表现优异的企业河长予以优先考虑。

6.2.3 企业治水参与的可为路径

企业河长的建设目标，是将污染风险监测的"关口"前移，进一步推动"治污攻坚"。一方面，企业河长可以有效缓解企业发展的"逐利性"与社会发展"公益性"之间的矛盾，不仅有助于提升企业的形象，还能降低社会水污染监测和水资源保护成本。另一方面，企业河长这一机制可以让企业充分发挥自身的主动性，发挥示范和引领作用，激励其他企业自觉承担生态环境保护和污染防治的责任。同时，"企业河长"既是企业内部人员，又承担着河湖管理保护的责任，便于及时、准确地发现河湖生态环境问题以及违法犯罪行为。进而言之，深化企业治水参与可以从以下三个方面发力。

第一，完善法律法规，加强司法保障。企业河长制是一项处在探索中的河流管理新制度，企业河长职责尚缺乏法律依据作为坚实支撑。因此，应加快完善企业河长制专项立法，纳入地方性立法，为企业河长依法管河护河提供法律依据，以法律的刚性制度取代"企业河长制"的有关政策要求，特别是对有关权责问题、协同机制等需有更明确具体的法律规定，实现由政策层面制度化向法律层面制度化的转变。另外，还应制定相关法规，强化对企业河长的监管执法，由此加强执法监督与立法、司法双重保障。

第二，建立圆桌会议，助力协商合作。行政河长和企业河长以相对平等的身份参与协商沟通，在平等互信的基础上加强交流。政府能够在会议上充分了解企业河长的实际需求与困惑，从而给予企业河长政策支持，最大限度地保证企业的河道治理成效及经济利益。企业河长也能够获悉最新河长制工作动向，积极采取适合自身情况的、切实可行的措施。只有政府给出明确的环境规制预期方向，企业才能根据自身条件规划环境治理措施，确保企业的利益最大化。① 另外，邀请民间河长、居民代表等其他环境利益相关方参与会议，有利于发挥其对企业河长、行政河长的监督作用，综合多方意见提出更优的水环境治理方案。

第三，实施环保税制度，激励企业参与。环保税旨在将排污费制度向环保税制度转移，并以排污费征收标准作为环保税的税额下限，不以增加税收为目的。以直接向环境排放应税污染物的企业事业单位和其他生产经营者为环保税纳税人，环保税按月计算，按季度申报缴纳。多排多征、少排少征、不排不征以及多用水多缴税、少用水少缴税，促使企业将环保税内化为生产成本，将污水排放降到最低水平。

6.3 企业治水参与：来自 S 市的实践探索

6.3.1 企业如何参与治水

面对水环境问题的复杂性和主体利益的差异性，依靠政府单方面主导的生态文明保护与治理模式在实践中已经难以支撑水环境生态文明建设。企业作为社会重要的经济主体，也具有不可推卸的水环境治理责任。所谓企业的水环境责任是指企业在谋求自身经济利益最大化的同时，应

---

① 周县华，范庆泉，张同斌，汤斌. 环境公共治理多主体协同模式研究 [M]. 北京：经济科学出版社，2018：99.

运用科学技术等进行科学生产与经营，履行保护水环境生态、节约水资源与维护水环境公共利益的社会责任。① 而奥斯特罗姆指出：自主组织和治理公共事物制度创新，为面临"公地选择悲剧"的人们，开辟了新的道路，为避免公共事物退化、保护公共事物、可持续利用公共事物，从而增进人类的集体福利提供了自主治理的制度基础，② 这为解决公共资源治理问题提供了新的思路，同时也为水环境治理中的企业角色定位提供了宝贵思路。也就是说，企业在水环境治理中绝非仅仅疲于应对政府与社会的压力，被迫展开纯粹"利他"的行动，而是可以将自身的利益与社会公共利益相融合，在自身行为的规范和塑造中实现社会整体利益和自身价值的提升。因此，作为改革开放的生力军，企业也应该是水环境治理的重要参与者。

S市各区也正以不同的形式推进不同类型的企业参与到水环境治理中。比如HP区有一批企业河长上岗。在治水过程中，HP区根据工业区特点，不断创新体制机制，在全市首创企业河长，尝试将企业河长作为水环境治理的特殊力量，引导企业当好河道管护的捐助者、养护者、管理者、劳动者和监督者，企业河长不仅要带头做好自家企业管理，深入企业内管网自查及整改，完善管道雨污分流，还要对整个流域进行巡查，共同承担河岸管护、水质监测、违法监督巡查和沿岸环境保洁等工作，构建"政府主导、企业认领、多元参与"的企业河长工作格局，丰富"河长制"的内涵。比如在2018年，S市的娃哈哈恒枫饮料有限公司、光明乳品有限公司、旺旺食品有限公司、金鹏源康精密电路股份有限公司、帕卡濑精有限公司等的企业河长迅速开展企业厂区内管网自查及整改，共组织了120余人次，对厂内外63处排污管口及雨水井口等进行了排查，完成了10处隐患问题的整改，完善了雨污管道分流。③ 光明乳品有限公司、帕卡濑精有限公司等的企业河长还积极开展环保宣传活动，通过组织环保专题宣传会、公司微信工作群等认真宣贯《部署永和河污染整治管实现长制久清有

① 吴真. 企业环境责任确立的正当性分析——以可持续发展理念为视角 [J]. 当代法学, 2007 (5)：50.
② 〔美〕埃莉诺·奥斯特罗姆. 公共事物的治理之道：集体行动制度的演进 [M]. 余逊达, 陈旭东, 译. 上海：上海译文出版社, 2012：10.
③ 又一支治河生力军！黄埔"企业河长"上岗啦！[EB/OL]. https://baijiahao.baidu.com/s?id=1600150008234388774.

关工作》等文件有关精神，共组织了 10 余场环保宣传工作会议，发布了 30 余条水环境保护知识方面的信息。[①] 另外，S 市的水投集团也实施了专门的治水项目，致力于提高 S 市城市生活污水处理率、改善河涌景观、完善中心城区排水系统、优化雨污分流技术等。S 市水投集团治水项目的经验及成果，可以为其他区域水环境治理提供有益借鉴。[②]

6.3.2　限制企业河长深度参与的因素

虽然 S 市在不断促进多主体参与水环境治理，但总的来说，多元主体共同参与治水的机制并未完全推广开来，很多区和镇街的企业并未参与到水环境治理中去，河长制下的企业参与治水还处于"被动"和"有限"参与的阶段，缺乏政策保障和激励、政府引导不足以及企业本身的自利性都导致参与企业数量不足、参与积极性不高。

2018 年对基层河长（镇街及村居河长）的调查数据显示（见表 6 - 1），大多数基层河长认为正规企业比较能够主动配合改造/升级污水处理设施（60% 和 68.2%），能主动配合有关排污设施的检查和监督（61.9% 和 70.6%），能积极配合进行整改或关停（55.2% 和 64.9%），而且普遍认为村居的正规企业比镇街的正规企业更能配合政府的检查与整改，响应政府号召。

表 6 - 1　基层河长对正规企业有关情况的看法（$N1 = 643$，$N2 = 1472$）

题项	河长类型	非常不同意（%）	比较不同意（%）	一般（%）	比较同意（%）	非常同意（%）	均值	标准差
主动配合改造/升级污水处理设施	镇街	1.4	6.1	32.5	42.9	17.1	3.68	0.875
	村居	0.5	2.6	28.7	41.6	26.6	3.91	0.832
主动配合有关排污设施的检查和监督	镇街	1.4	4.7	32.0	43.5	18.4	3.73	0.862
	村居	0.3	2.0	27.0	42.3	28.3	3.96	0.815
积极配合进行整改或关停	镇街	2.3	9.2	33.4	38.6	16.6	3.58	0.949
	村居	0.5	3.5	31.1	39.3	25.6	3.86	0.854

资料来源：数据根据 2018 年面向镇街及村居河长派发的调查问卷分析得出。

---

① 又一支治河生力军！黄埔"企业河长"上岗啦！［EB/OL］. https://baijiahao. baidu. com/s? id = 1600150008234388774.

② 武云甫，黄殊云. 广州市水投集团 2011 年治水项目［J］. 给水排水，2011，47（6）：37.

1. 公私合作机制的困境

长期以来，受计划经济体制的影响，政府习惯了"大包大揽"，河长制也不可避免带有权威依赖的色彩①，其通过强化纵向和横向机制来缓解我国跨流域治理的"碎片化"危机，推动跨流域治理从原来的"弱治理"向"权威依赖治理"转型②。但这种模式在某种意义上强化了政府"一条腿"功能，弱化和忽视了市场和社会"两条腿"的作用。③而且，在河湖治理专项资金方面，地方政府主要靠上级财政拨款或者收缴责任部门保证金的方式筹集资金，没有企业与社会资本的参与，政府部门也未主动放宽限制，公私合作投资治理局面还未形成。但这种有限的财政资源会影响水环境的治理进度，制约其治理效果。另外，大多数人认为河长和企业是管理和被管理的关系，不仅政府对社会力量的重视程度不足，缺少面向公众的宣传，企业参与意识也明显不足，这些因素都导致河长制对于市场竞争机制的运用不足。

2. 缺乏可操作性的政策保障和激励

第一，目前相关法律法规对排污企业行为缺乏清晰引导以及规制重心。《中华人民共和国水污染防治法》第 42 条对于排放污染物的各类生产经营实体，强调了其在生产、建设或其他活动中应对废气、废水、废渣、医疗废物等产生的环境污染和危害采取相应的防治措施。同样，《中华人民共和国环境保护法》第 37 条也提到，"地方各级人民政府应当采取措施，组织对生活废弃物的分类处置、回收利用"。然而，上述法律条款没有对具体的实施标准和措施予以细化，对于如何规制企业的污染行为尚缺乏比较明晰的规定，未来政府需进一步抑制排污企业的无序扩张，并以提高企业负外部性的成本为重心。

值得肯定的是，污水排放方面的立法较之以前有了明显的突破。2023年 2 月 1 日，住房和城乡建设部实施了新版的《城镇污水排入排水管网许

---

① 胡春艳，周付军，雷雨虹，陈其平. 协作整合还是权威依赖？——基于 A 省河长制的实践观察 [J]. 湖南行政学院学报，2023（3）：5 – 15.
② 熊烨. 跨域环境治理：一个"纵向—横向"机制的分析框架——以河长制为分析样本 [J]. 北京社会科学，2017（5）：108 – 116.
③ 贾先文. 我国流域生态环境治理制度探索与机制改良——以河长制为例 [J]. 江淮论坛，2021（1）：62 – 67.

可管理办法》。与原版的《城镇污水排入排水管网许可管理办法》（住房和城乡建设部令第 21 号）相比，新增了"对列入重点排污单位名录的排水户和城镇排水主管部门确定的对城镇排水与污水处理设施安全运行影响较大的排水户，应当作为重点排水户进行管理"和"因施工作业需要向城镇排水设施排入污水的，由建设单位申请领取排水许可证"等细则，进一步明确了企业排污行为的责任承担方式以及有效规制方式。

第二，缺乏明确的可操作性的政策保障。对于企业来说，税收优惠是其主要激励点之一。由于不具备完全独立的产业地位，参与水环境治理的企业在税收领域目前还无法享受专门的优惠。实践中税收部门一般按照高新技术企业标准来给予环保产业税收优惠，很多中小企业不适用这些规定，因而无法享受到税收减免。更有甚者，对污水处理厂等环境基础设施则是比照其他经营性行业来收取房产税和土地使用税，由于污水处理厂等环境基础设施占地面积大，环保企业每年要承担较重的税务负担。这样做往往容易挫伤主动参与水环境治理、主动整治企业的积极性。

第三，缺乏必要的配套机制。对企业或企业河长的水环境治理参与行为缺乏相应的考核机制，即对未完成水环境治理任务、不积极或不达标的企业或企业河长没有考核机制或淘汰机制。企业参与治水的规范性和积极性不高。

3. "有利可图"的企业

在竞争激烈的市场中，为实现利润最大化，部分企业最大限度地降低成本，不购置治污设备，随意排放废水、废气和废渣。当投资水环境治理项目在短期内看不到利润增加，并且不存在外界压力时，企业便不会对这种环保类项目投入太多资金。[①] 在社会责任报告中，一些企业对环境信息的披露并不完整，报告中的信息集中于展示经济效益，这可能符合企业惯常思维，即高经济回报更有可能吸引信息的受众。相比之下，水环境的社会效益可能并不明显。[②] 另外，一些企业只看到水环境治理的经济利益，

---

① Nehrt, C. Timing and Intensity Effects of Environmental Investments [J]. Strategic Management Journal, 1996, 17 (7): 535 – 547.

② Zhang, Y., M. Hafezi, X. Zhao, and V. Shi. The Impact of Development Cost on Product Line Design and Its Environmental Performance [J]. International Journal of Production Economics, 2017, 184: 122 – 130.

把它当成了"唐僧肉"。曾有业内人士感慨，水污染防治市场鱼龙混杂，各路企业"八仙过海各显神通"，皆称包治百病："水利系统出身的说靠水冲；排水系统出身的要给河加个盖儿；园林系统出身的说湿地能解决问题；环保工程公司信誓旦旦说'药到病除'……"① 抱着交差心态的干部遇到见钱眼开的企业，这样的治理"班底"如何能干实事、出实效？由此可见，我国目前相当大一部分企业的水环境保护责任观念还是相对薄弱。

对基层河长（镇街及村居河长）的调查数据显示（见表 6 – 2），不少基层河长认为"散乱污"企业整治的阻力主要是企业背后牵涉的既得利益（62.9% 和 45.3%），虽然一部分"散乱污"企业能够做到积极配合进行整改或关停（51% 和 67.4%），但也有超过一半的基层河长认为"散乱污"企业整治的法律依据不足，整治工作"一刀切"存在较大的社会风险（58.6% 和 53%），且分别有 43.7% 和 39% 的镇街和村居河长认为关停"散乱污"企业会影响到部分民众的收入来源和基本生活需求，这也对整治形成了一部分阻力，但超过六成的基层河长认为目前的"散乱污"企业整治工作部门之间能够协调联动、相互配合（64.4% 和 68.9%），已形成了强大合力。

表 6 – 2　基层河长对"散乱污"企业有关情况的看法（$N1 = 643$，$N2 = 1472$）

题项	河长类型	非常不同意（%）	比较不同意（%）	一般（%）	比较同意（%）	非常同意（%）	均值	标准差
整治阻力是企业背后牵涉的既得利益	镇街	2.0	11.7	23.5	44.5	18.4	3.65	0.974
	村居	6.5	17.6	30.6	31.7	13.6	3.28	1.104
"散乱污"企业能做到积极配合进行整改或关停	镇街	3.3	10.3	35.5	36.7	14.3	3.49	0.969
	村居	0.9	4.0	27.7	42.1	25.3	3.87	0.868
整治的法律依据不足，整治工作"一刀切"存在较大的社会风险	镇街	3.3	12.6	25.5	42.1	16.5	3.56	1.013
	村居	3.3	10.5	33.3	37.9	15.1	3.51	0.977
关停会影响部分民众的收入来源和基本生活需求	镇街	7.5	19.4	29.4	31.4	12.3	3.22	1.120
	村居	9.7	17.1	34.2	28.9	10.1	3.13	1.112

① 治水岂能交差了事 ［EB/OL］. http://www.gov.cn/xinwen/2018 – 12/01/content_5344979.htm.

续表

题项	河长类型	非常不同意（%）	比较不同意（%）	一般（%）	比较同意（%）	非常同意（%）	均值	标准差
目前的整治工作部门之间能够协调联动、相互配合	镇街	3.1	5.0	27.5	46.0	18.4	3.72	0.926
	村居	0.7	2.8	27.6	47.0	21.9	3.86	0.810

资料来源：数据根据 2018 年面向镇街及村居河长派发的调查问卷分析得出。

6.3.3　企业治水参与的可能路径

1. 企业角色塑造：水环境治理的积极参与者与自治者

在多元的水环境治理体系中，企业的自身定位需要从传统的受规制者和被动守法者向积极参与者、自我规制者和主动守法者转变。

第一，积极参与者。企业作为多元的水环境治理体系的主体之一，应当转变为积极的参与者，将水环境保护和治理的理念纳入生产经营计划与实践之中。可能存在水污染的企业需要综合考虑各方因素，选择出最符合自身发展需求的、更加有效的污染控制措施，从而降低污染控制成本，也尽量减少其产生的负面影响，达到环保的目的。企业积极参与治水有利于增强企业的社会竞争力。企业积极参与水环境治理，首先自身就需要合理开发利用资源，解决经济发展中水资源过度消耗的问题，不断减少环境污染，这样企业成为对社会负责的企业，消费者与社会公众对企业产品的认同感增加，企业因而会获得非常良好的社会声誉，有利于保证其在激烈的市场竞争中占据一席之地，也有利于在整个社会形成治水的正向效应。

第二，自我规制者。① 企业在水环境治理中的自我规制指的是企业作为可能的污染者自身的内部自律行为。企业进行治水自我规制的功能体现在如下几个方面。一是填补环境立法的空白，弥补法律规定的空缺。由于法律法规和公共政策的调整不及时、制定周期长等原因，治理实践中往往会出现"法律盲点"。企业进行自我规制，尤其是采取严于现有水环境治理标准的措施，将有利于减少政策滞后所导致的负面影响。二是优化水环

---

① 梁甜甜. 多元环境治理体系中政府和企业的主体定位及其功能——以利益均衡为视角 [J]. 当代法学，2018，32（5）：89-98.

境治理的效果。与政府环境规制不同，企业进行自我规制的优势在于其自身具有更大的自由或者自治度，天然具有参与治水行动的自主力量。这种内在的能动性形塑与固化着企业环境治理主体的责任，促使企业尽可能采取一切技术、经济和社会的可行措施，最大限度地减少污染物排放，实施清洁生产。① 三是降低水环境治理成本。自我规制是由被规制者自己制定、执行和修改规制准则，利用其具有的经验和判断力去解决生产经营中遇到的水环境污染难题。企业自身具备的深厚的专业技术功底，能够降低信息的监督和执行成本，提高企业自我规制的效率，有效提高社会效益和企业效益。

第三，主动守法者。企业作为重要经济主体，本身具有很强的逐利性，并不愿意花费成本在环境的治理和改善方面。当政府的管理方式从单一的直接管理向服务、引导、激励等多种手段并行转变后，企业对政府管理方式转变的回应，必然是从被动守法者向主动守法者转变，自身建立水环境内部管理制度，增强企业守法的主动性，进一步得到政府正面的回应，形成良性循环。企业作为多元水环境治理体系中主动守法者的功能体现在如下几个方面。一是降低企业守法成本，增加守法收益。企业的营利本质决定了企业对"成本－收益"更加敏感，企业主动守法，可以通过获得表彰或享受补贴、税收减免等增加守法收益。② 二是企业在主动守法的过程中也能够树立绿色环保企业的良好形象，争取使用最少的资源产生最大的经济、社会和环境效益，体现现代化企业理念，增强其产品的市场竞争力，提高社会认可度和公众满意度。三是缓解企业经济利益与公众环境利益的冲突，促进环境友好型社会的实现。

2. 企业治水参与的深化探索设想

第一，发挥好政府的主导作用。地方政府在进行水环境治理的过程中，应积极开发各种新型政策工具，通过提高企业的环境社会责任感，引导企业自觉参与环境保护与污染防治。首先，地方政府应该对辖区内企业管理者、员工进行水环境治理政策培训、水环境保护意识的培养教育；其次，地方政府应当利用行政指导、舆论引导等方式鼓励企业积极开展水环

---

① 王清军. 自我规制与环境法的实施 [J]. 西南政法大学学报，2017，19（1）：46 - 62.
② 巩固. 激励理论与环境法研究的实践转向 [J]. 郑州大学学报（哲学社会科学版），2016，49（4）：20 - 23.

境治理的环保行动，积极回应政府、社会公众的水环境环保利益诉求；再次，鼓励、支持和引导企业开展环境管理中的水环境治理体系认证、环境标志产品认证，利用环境友好标识将企业的形象、利益与环境社会责任紧紧联系在一起，为了维护企业形象和占有更广阔的产品市场，企业会更乐于积极主动开展绿色生产，参与水环境改善行动；从次，企业河长制模式，不能止步于少数城市的少数个案和"盆景"，必须可复制并加以推广，才能真正释放治理模式创新的红利，为此，需要政府认真总结各自的模式和经验并逐步推广开来；最后，在开展"散乱污"企业集中整治和绿色生产标杆企业创建行动中，对不达标、重污染、偷排放企业坚决予以关停，对绿色低碳、节能减排、热心公益的绿色生产标杆企业，在财税政策、环境政策、资源要素、发展空间上给予支持保障，为企业河长的推行提供反向的"底线管理"和正向的"标杆引导"。

第二，落实好企业的主体责任。河道整治工作单靠政府是不够的，还需调动企业、志愿者等社会力量，以形成强大合力，共同参与治水。企业应该履行的是主体性社会责任。主体性责任的担当应该以主体性能力的具备为前提。在目前的环境治理中，企业应该具备什么样的主体性能力呢？其一，平衡企业经济利益与水环境治理利益的能力。追求经济利益是企业的必然诉求，应充分肯定。但企业也应该以战略性眼光舍弃一些短时的单一性利益，着眼于长远的综合性利益，以此来消解内部这一根本性矛盾。其二，水环境污染成本外部化到内部化的转化能力。企业传统的利益思维模式是通过污染物外化的方式让社会共担成本以逃避自身责任。现代企业需要在政府的引导下逐渐建立水环境污染的内化机制，通过技术处理降低污染或通过市场机制内化为成本，这将是企业参与竞争的重要资本。其三，绿色生产方式的引领能力。整体来说，我国生态环境问题的根源在于粗放的生产方式，只有将其转化成绿色生产方式才能从根本上解决问题。生产活动的主体是企业，唯有企业真正践行节约、循环、低碳及清洁生产理念，逐渐形成绿色生产方式，才能真正引领未来绿色生产发展。其四，水环境治理技术的研发能力。水环境污染是现代化社会的伴生物，但绿色经济的发展仍需借助科技的力量。企业要注重推广清洁生产和绿色技术，将技术"注入"水环境治理中，在水环境污染治理上形成丰富经验，为其他企业提供借鉴。

第三，完善好政企共治的保障体系。政府部门需要对积极参与治水的企业给予正向激励。比如建立治水的激励竞争、长效保洁、正面引导等机制，对履职尽责的企业或企业河长给予奖励及税收优惠、评选最佳企业河长等，以此来激发企业积极性，提升治水综合实效。另外，有了企业河长的辅助，更要强化行政河长的职能。政府部门负责统筹协调各区行政河长、企业河长的工作，组织企业或企业河长参与巡河，指导企业河长运用移动端河长 App 巡河，广泛吸纳参与企业或企业河长的意见建议，优化河道整治方案。组建"企业河长治水联盟"，以治水为纽带，组织企业或企业河长共商精准治水良策，共谋绿色发展之计。

第四，建立可操作性强的配套机制。为让企业更加深入规范地投入治水行动中，通过推行企业河长制，尝试建立巡查处置、激励优先和落后淘汰三项机制，与每个参与企业的企业河长签订责任书，竖立公示牌以便于其接受社会监督。对未完成节能减排任务、治理不积极、整改不及时、履职不到位的企业河长予以淘汰。

第五，提升媒体对企业的关注度。近年来，随着水环境污染问题的频繁出现，政府愈加重视对资源与生态环境的保护和治理，先后出台了一系列环境管制政策与制度。在此引导下，媒体对企业环境污染的关注度大幅提升。Carroll 等提出，媒体对企业的报道数量、态度与公众对该企业的关注、评判是正相关的，其在社会公众了解和评判企业、形成对企业的评价过程中起着重要的作用。[1] 同时，企业的利益相关者也主要通过新闻媒体获取企业的信息。[2] 因此，作为社会的主要信息中介，媒体关注对企业经营活动、水环境治理以及企业价值等方面有着重要的影响。媒体关注通过以下两种渠道影响企业水环境保护行为。一方面，新闻媒体是把企业信息传播给大众的中间人，有利于减少企业和其利益相关者的信息不对称。[3]另一方面，媒体又充当了社会构建者的角色，影响着公众对被关注企业及

---

[1] Carroll, C. E. , and M. Mccombs. Agenda-setting Effects of Business News on the Public's Images and Opinions about Major Corporations [J]. Corporate Reputation Review, 2003, 6 (1): 36 – 46.

[2] Dyck, A. , N. Volchkova, and L. Zingales. The Corporate Governance Role of the Media: Evidence from Russia [J]. The Journal of Finance, 2008, 63 (3): 1093 – 1135; Bednar, M. K. , S. Boivie, and N. R. Prince. Burr under the Saddle: How Media Coverage Influences Strategic Change [J]. Organization Science, 2013, 24 (3): 910 –925.

[3] Saxton, G. D. , and A. E. Anker. The Aggregate Effects of Decentralized Knowledge Production: Financial Bloggers and Information Asymmetries in the Stock Market [J]. Journal of Communication, 2013, 63 (6): 1054 – 1069.

企业行为的评价及预期。以上渠道会给企业的水环境保护行为造成压力。①
因此应积极促进媒体的监督机制以及声誉机制作用的发挥，使其成为企业
参与水环境治理的重要外部机制。

---

① Kassinis, G. , and N. Vafeas. Stakeholder Pressures and Environmental Performance [J]. Acade-my of Management Journal, 2006, 49 (1): 145 – 159.

第 7 章　民间河长治水参与：填补官方河长注意力转移的空缺[*]

7.1　民间河长治水参与：何以可能

7.1.1　河长制对民间河长的吸纳

1. 单一官方河长治理模式的局限性

首先，单一官方河长治理可持续性不足。河长制是为解决传统流域治理"九龙治水"难题而产生的创新性治水体系，党政一把手担任河长第一负责人的新式治水模式极大地推动了流域治理的协同性发展。但同时这种模式也面临着可持续性不足的挑战。一方面，是政策过程的非法制化问题，这是由"首长负责制"为核心的组织特征决定的，不管是政策制定还是政令推行，都主要依靠总河长或第一河长——党委书记或行政首长的强势推动，政策过程的程序性运作让位总河长或第一河长颁布的强硬治水命令。虽然有河长办辅助河长处理治水的日常工作，但真正发挥统筹领导性作用的依旧是党委书记。这种自上而下的高位推动使河长制的运行带有浓厚的"人治"色彩，容易出现"上级紧抓下级行动，上级放松下级懈怠"的"上热下冷"应付式治理问题。而治水任务是长期且艰巨的，仅凭官方河长的高位推动难以达到"水绿长清"的效果，存在水质反弹的风险。另一方面，官方河长的身份通常是由党政一把手"兼职"担任，行政首长往往在多方委托治理的逻辑中，同时肩负着推动经济发展、维护社会稳定等

＊　本章部分内容曾以《公众治水参与：绩效结果抑或过程驱动——基于 S 市 926 个样本的多层线性回归分析》为题发表在《甘肃行政学院学报》2021 年第 2 期，收入本章时进行了扩充与删改。

多重重任，这都导致党政一把手难以长时间把注意力聚焦在水环境治理上。

其次，行政发包下基层河长任务艰巨。"行政发包制"是由周黎安提出的，他把企业理论中关于发包制与雇佣制的区别经过一定的转换和发展后引入政府治理领域，提出了"行政发包制"概念，即在一个统一的权威之下，在上级与下级之间嵌入发包关系。在河长制语境中，总河长即发包方，基层官方河长是承包方，上级河长把任务与责任下派给基层官方河长，但权力依然高度集中在上级政府中，造成"权责不一"的问题。基层河长在巡河过程中发现的问题即使及时上报，但又会通过交办或督办的方式返回到本层级解决，上报成了"告知"，只会增加自身责任，基层河长依然只能通过自己已有的资源解决问题。另外，河长制作为政治官僚体制下的产物，存在政治绩效激励不足以及治理资源稀缺和基础权力滞后的不足。上级河长办下达的部分指标被"一刀切"，经过层层加码后下达基层，基层河长既要处理发现的问题，又要应付考核，这是造成基层河长虚假上报、零上报、巡河形式化的重要原因。

2. 政府治理理念的转变

在"放管服"背景下，政府逐渐从大包大揽转向购买服务，其背后隐含着政府理念从管理到治理、从注重监管到注重治理绩效的转变。而河长制作为水环境治理的创新实践，虽然当前并未完全成熟，但在实施过程中能够体现出政府的水环境治理理念从管理向治理发展。例如 S 市河长办召开全市民间河长现场会，并现场宣读《S 市民间河长倡议书》，承认民间河长的身份及其在治水中的价值，用制度来保障公民参与的便利性。另外通过《S 市违法排水行为有奖举报办法》建立激励机制，把五类违法排水行为纳入举报有奖范围，只要被认定为有效线索，每次举报最低奖励人民币300 元。这都说明了河长制不管是在领导者的政策倡导中还是在实施的办法中，都体现出一种逐渐将社会力量纳入环境治理系统、打破以往封闭的环境治理系统的尝试和努力。

3. 河长制吸纳民间河长填补空缺

由于民间河长来源于社会领域，能够与公众打成一片，通过利用其身份优势与信息优势，民间河长更能深入了解河湖治理现状和公众的诉求，能够有效动员公众参与治水，是官方河长的"好助手"。体制对社会力量的吸纳，体现在"法"的层面和"行"的层面。

首先在"法"的层面承认与保障公众知情与参与的权利，保障公众知情权是疏通参与渠道的前提。《中华人民共和国环境保护法》中明确规定了"公众参与"原则，并就"信息公开和公众参与"进行专章规定。另外中共中央、国务院《关于加快推进生态文明建设的意见》中也提出要"鼓励公众积极参与。完善公众参与制度，及时准确披露各类环境信息，扩大公开范围，保障公众知情权，维护公众环境权益"。同时各地方也纷纷摸索从法律规范层面保障民间河长参与的权利与义务，像《湘潭"民间河长"管理办法（试行）》就规定了民间河长享有获取相关培训的资格，将民间河长纳为河湖治理知识与技巧培训的重要对象。

其次在"行"的层面，河长制主动寻求与民间河长合作。河长制在实施过程中，除了对四级河长的明确规定，还特别明确了"鼓励民间力量参与"，吸纳社会力量参与水环境治理。以 S 市为例，在 2019 年，被官方授予证书认可的民间河长达到了 1138 名，日常自发、自愿、自费巡河、护河的志愿者更是不计其数。其中，仅 CP 涌流域就有被授予官方证书的民间河长 29 人，"巡河护涌"志愿服务队 17 支、志愿者 490 人。社会力量被高度动员起来，正是由于河长制体制的开放性优势，吸纳社会力量，基层河长的治理压力被分担，同时"官员干，百姓看"的消极局面得以扭转，河长制焕发出强大的生命力。

7.1.2 社会内生力量壮大

1. 民间河长具有深厚的历史渊源

古代中国通常面临着"皇权不下县""天高皇帝远"的情况，因此在村落水利的自我治理中，通常是把同意权让渡给某个德高望重的"理事代表"，也就是"民间河长"，由民间河长代表"公意"以及领导水利共同体执行"公意"。因此，民间河长虽然没有掌握任何公共权力，但可以为水利共同体的利益最大化做出各种决策，而且可以组织和统筹相关资源和劳动力进行水利工程的施工与维护，还可以协调共同体的内部及对外关系。[1]

---

[1] 郝亚光. 公共性建构视角下"民间河长制"生成的历史逻辑——基于"深度中国调查"的事实分析 [J]. 河南大学学报（社会科学版），2020（2）：15–21.

在民间河长的实际治水过程中，其更多面临的任务是调和私有产权与公共领域的矛盾，在水利调动、筑坝防水，把"水患"变成"水利"的治水过程中必定会损害部分个体利益。因此民间河长在协调多方利益关系中显得尤为重要，通过组织"社员大会"的方式，既听取少数人的诉求，也维护多数人的权利。

2. 社会资本的积累

社会资本理论总的来说有结构性和功能性两种不同的解释范式。"结构性解释"把社会资本界定为一种社会网络，即社会资本是一种通过对"规范关系网络"的占有而获取的实际或潜在的资源。这种范式认为社会资本是社会关系及网络结构本身所附带的各种现实或潜在资源。这些潜在的资源会给行动者的行为带来便利。在流域治理的语境下，水环境是"水利共同体"成员共同生活的区域和空间，成员在交互关系中形成特定的人际关系和共同的价值体系。我们知道河湖生态的环境问题"表在水中，根在岸上"，这些复杂的问题一方面固然和当前的产业结构、科技水平有关，但另一方面更和每个人的生活理念、生活方式、生活习惯息息相关。因此要真正"剿灭五类水"离不开社会网络中每个成员的参与。既然民间河长作为公意的代表者和执行者，能够广泛调动社会网络中不同结点成员的力量参与到水环境治理中，那民间河长参与河长制则成了治水行动不可或缺的一部分。同时，治水绩效的提升反过来又使社会资本逐渐累加，最终能够营造出"共建共享共治"的社会氛围。

"结构性解释"强调社会网络广泛联系的价值，而"功能性解释"则强调社会网络在广泛联系后所得的社会资本。"功能性解释"从社会行动理论出发认为最基本的社会系统是由行动者和资源两部分组成的，社会资本属于一种生产性资源，并能够推动行动者的某些集体性行动，能够有效解决"搭便车"问题。也就是说，社会资本总量的存量与分布状况决定了"水利共同体"内部达成一致意向的可能性、共同活动的凝聚力强弱，以及水环境治理的效率。民间河长在积极引导民间资本和社会力量参与到水环境治理后，能够增加公众对河长制实施的认同感和在流域治理中通过劳动、奉献所获得的归属感，从而提升公众参与的自我效能感。

3. 社会力量的发展壮大

在河长制这一新型环境治理体系下，社会组织作为社会力量和公众参与的主要载体是不可或缺的一部分，社会组织的参与程度和参与有效性将直接影响到水环境治理的相关制度设计和执行效果。社会组织被认为是区别于政府（权威治理）、市场（契约治理）的"第三条腿"。政府管制模式往往着重对对象的监管，是一种自上而下的监管方式，难以发挥被监管者的主动性，而市场的调控模式则是以价格为标尺。新公共管理运动后，政府通过服务外包的方式把部分公共服务交由市场负责，极大地提高了服务效率，但同时也出现了"市场失灵"的问题，即市场在提供公共物品时缺少对公共物品的"公益性"考量，在产权边界模糊的地方会出现"公共地悲剧"问题。因此，在社会治理尤其是水环境治理中，社会参与模式成了矫正"政府失灵"和"市场失灵"的第三种治理模式。民间河长也属于社会力量的一部分，能够极大地推动公众参与。随着社会组织的发展壮大，其在流域治理中也扮演起重要的角色，环保社会组织不管是在水环境治理的技术环节上，还是在社会动员、行动组织上，都具有相当成熟的方案和实践经验。这些社会组织通过组织当地居民参与巡河治水，举办一些公众参与水环境治理技能的培训（像如何测量水质、发现问题，如何通过微信上报等）来培育民间力量。

7.1.3 民间河长身份的精准定位

1. 民间河长明确参与边界

随着我国环境保护宣传力度的加大，公众水环境治理意识的不断提高，公众对美好环境的需求也增加了，但公众参与水环境治理尚未有成熟的法律和体系支撑。其背后的原因涉及国家与社会的边界问题。首先，社会公众参与环境治理的权利与意识虽然不断提高，但受国家治理体系的影响，公众参与环境治理的具体权利与义务尚不明确，公众参与治水的定位也没有得到恰当考量，在环境治理体系中公众参与依然处于萌芽或边缘状态。其次，公众参与是需要在河长制这一语境下实现的，不可能摆脱官方治水体系而另成一派，更不可能成为与官方河长力量相制衡的独立势力。这恰恰是政府所担心的，我国的政治安全在治理体系中处于核心地位，而民间河长一般作为社会力量的领袖更需要明确其角色是"帮忙而不添乱，切实而不表面"。因此很多地方在吸纳民间治水精英时，并没有使用民间河长这一名字，而是叫河长助手，从而在定位上明确其与政府的官方河长挂钩对接。

2. 民间河长需寻求"共赢契合点"

民间河长作为社会力量是对官方河长制的补充，在推行"双河长共治"理念的时候，还需要考量如何找到与地方政府共赢的契合点，以获取权力的支持与认可。在单一政府治理框架下，由于财政经费和人员的不足，往往更倾向于吸纳民间治水力量作为政府治理体制的补充；而民间河长在参与水环境治理的过程中，往往需要"政府认同"这一合法性资源。这成了政社双方合作的契机点。但在以往，民间组织在活动效果与透明度上存在一定问题，容易导致政社关系陷入"信任困境"，产生"信任危机"。因此，民间河长若要在当地水环境治理中获取合法性资源，需要契合政府的利益需求点。

具体而言，民间河长的职责主要包括开展具体治水工作、反馈治水进度、动员治水力量以及参与治水决策过程等。官方河长则更多把精力放在政策完善、协调资源和流域监管等宏观层面。双方做到互通有无，民间河长需要积极向官方河长与社会公众反馈治水成果、动员社会组织或聘请社会团体相关人员及志愿者共同协助开展河湖治理工作等，以专业化工作谋求合法性认可，最终达到既能充分反映公众需求，又能有效提升河湖管护效率的目的。

7.1.4　民间河长推动公众利益诉求的表达

1. 表达是参与的首要环节

在公民表达权不断得到提升的同时，我们需要注意的是公意并非一成不变的。相反，公众利益诉求更多的是由自身个体利益推动，因此公众诉求往往表现出多样化和分散化的特点。政府在资源和时间有限的情况下难以兼顾到不同诉求。因此，公众若需要真正参与到水环境政策的过程中，必然要有主体将分散的利益集中和组织起来，并将公众的利益诉求放在理性、可控的范围内表达。而民间河长则能够充当这种角色：民间河长通过对社会公众的诉求进行排序、整合、统一，最终使公众诉求在内容上客观化，在形式上规范化，既能够有效组织公众表达利益诉求，又能够在现有的体制框架下被政策制定者所知晓。就像舟山的民间河长，不仅要认领相应河道，承担起河道监督检查的职责，还需要收集群众的反馈意见，对群众的反馈意见进行梳理、整合，再上报给相关部门。

2. 参与政策过程不断深入

公民在参与的初级阶段，更多的是为了行使知情权、表达权，是公众单方面为个人或群体利益的表达而采取的行动。在知情权和表达权能够得到有效保障后，公民的参与过程更侧重于多元主体之间的互动。因此民间河长应该成为公众与政府之间的桥梁，应该搭建起多元主体互动平台，通过共商共议的方式引导公众从"盲目参与"转向通过搜集信息和获取信息，与政府充分对话，也就是从过度主观的利益诉求转向既能表达个人利益又能肯定公共利益的要求，实现从知情到理性参与的质的飞跃。

7.2 民间河长治水参与：何以可为

在全国各地推行河长制的同时，民间河长作为新生的社会治理力量也成了水环境治理中的中坚力量，在 S 市更是涌现出了各具特色的民间河长，他们围绕"水清岸绿"的总体目标，年复一年开展河涌巡查、污染上报、治水投诉、建言献策的志愿性工作。本研究将主要介绍 15 年始终如一的"河小青"组织者郭露丝、SM 涌第一位民间河长慕容叔、民间小河长教育体系开创者梁丽珠、徒步巡河 14 年的新生活环保促进会秘书长高毅坚、龙船会的民间河长陈标、缝合文化传承与生态断层的民间河长苏志均。他们运用不同的治理手段和专业优势，投身于水环境治理的建设，将儿童、大人、学生、老人、妇女统合到水环境治理的建设中，贯彻了"不落下一人"的发展理念。

7.2.1 15 年始终如一的"河小青"组织者——郭露丝

郭露丝是 S 市青年志愿者协会新生活环保服务总队的志愿者骨干。在长达 15 年的治河生涯中，郭露丝始终如一，践行理想。相对于官方河长而言，民间河长常常面临着资源缺乏、合法性权威不足等现实挑战。为了突破困境，郭露丝下定决心推动民间河长计划，协同学校开展合作，组建高校民间河长队伍、中小学民间小河长队伍以及志愿驿站常态化队伍等各类型骨干志愿者队伍约 20 支，让更多人了解"河长""治河"。具体而言，郭露丝的民间河长计划包含六个部分：①开通志愿者驿站，方便街坊了解沟通；②加强团队维系，陪伴成长；③制定志愿者手册，普及专业知识；④注重生物多样性，保护生态环境；⑤水陆联动治理，扩大治理影响范围；⑥带领民间河长团队走出去，对外宣传 S 市治水特色。通过努力，郭露丝团队获得了"第五届中国青年志愿服务项目大赛——铜奖""第十届志愿服务 S 市交流会青年服务专项行动精品项目大赛二等奖"等各类奖项，郭露丝本人也获得了"第十三届中国青年志愿者优秀个人奖"。

7.2.2 SM 涌第一位民间河长——慕容叔

S 市作为南方的经济和文化中心，拥有丰富的河涌系统，错综复杂的河涌是这座城市的脉络与灵魂。然而，随着经济的快速发展和城市的不断扩张，许多河涌的生态环境受到了威胁。在这一背景下，慕容燊林，一位年逾六旬的环保倡导者，为 S 市的河涌保护事业注入了新的活力。慕容燊林是被 LW 区水务部门正式"任命"的首批民间河长队伍的成员之一，社区居民亲切地称呼他为"慕容叔"。他在涌边居住超过十年，深知河涌对于当地居民生活的重要性。在过去，由于河涌水质问题，涌边的居民长期受到恶臭和蚊虫的困扰，生活品质严重下降。对此，慕容叔表示"河涌的生态健康与社区居民的生活福祉是密不可分的"。

2010 年的亚运会为 S 市带来了无数的荣誉，赛事也促进了河涌生态治理工作的开展。慕容叔所在的 SM 涌在那时得到了短暂的改善，但随着赛事的结束，水质又开始恶化，社区的投诉声音日益高涨。看到这样的情况，慕容叔决定采取行动。2013 年，他与一群有志于河涌保护的社区活跃分子联手，创建了"保护 SM 涌"民间团队。初期，他们的主要任务是监督河涌的水质状况，上报问题，并进行一些初步的治理工作。然而，随着时间的推移，慕容叔和他的团队逐渐认识到，仅仅依靠监督和上报是不够的，他们需要更多的社区居民参与进来，共同努力改善河涌的生态环境。

于是，在 2015 年，慕容叔的团队更名为"乐行 SM 涌"。这一变化不仅仅是名字的转变，更代表了团队工作理念的升华。他们开始积极组织各种社区活动，如开展河涌巡查、环保讲座、官民交流、社区宣传等，希望通过这些活动，提高社区居民的环保意识，鼓励更多的人参与到河涌的保护工作中来。

为了进一步推进社区的居民参与，慕容叔与S市青年志愿者协会新生活环保服务总队合作，开展了一系列的培训课程，旨在培养更多的民间河长。这些课程吸引了大量的志愿者参与，其中包括在校师生、社区居民等，他们可能背景不同、职业不同，但都对河涌保护有着浓厚的兴趣。SM涌也在他们的努力下，逐步从一个问题频发的"臭水沟"转型为广大市民心目中的"示范河涌"。在"乐行SM涌"建立8年多来，在慕容叔的引领下，团队的工作得到了广大市民的认可。

7.2.3 民间小河长教育体系开创者——梁丽珠

梁丽珠是小河长课程的首创者，也是协同治水的传道者，推动河长制进校园、进课堂、进课程的先行者。五年来，梁丽珠示范带岗，做实"党员＋小河长"师生课余巡河志愿服务，通过一个党员带动一个中队、联动多个队员，引领学生积极参与爱水护水行动。而后进阶为"小河长＋亲友"假期亲子巡河志愿服务，通过一个孩子带动一个家庭，联动家人朋友，壮大护水群体。借助"党员牵队员，小手拉大手"的辐射效应，五年来共计带动1260名师生参与其中，先后带动了1200多个家庭开展假期亲子巡河，形成了1200余份巡河记录，协同治水的足迹遍及全国各地。

梁丽珠通过创新生态研究，开发并实施小河长课程，开展研学式治水实践，助力学生成长为河长式公民，切实推动河长制进校园、进课堂、进课程。目前，小河长岗位晋阶已覆盖1260人次，区河长办为180位同学颁发了民间小河长、小河长导师聘书。梁丽珠的爱水护水育人经验被写入政府文件，多次受邀参与治水宣传片拍摄并在羊城论坛、河长论坛、城市治理榜发布会上进行经验分享，协同治理行动得到了学习强国平台、中央电视台、全国节约用水办公室官网等14家主流平台100余篇次的宣传报道。

7.2.4 徒步巡河14年的新生活环保促进会秘书长——高毅坚

高毅坚秘书长是S市正式注册的1万多名民间河长中的一员，他从一个与水务行业完全不相干的普通人，徒步14年，一步一步走到现在，成了一名专业的河湖卫士。从小在河边长大的高毅坚，对于河湖有着特殊的感情，讲起S市一些河流的历史，他如数家珍。2015年5月，S市LW区的

SM 涌暴雨后变成红色。新生活环保促进会的志愿者发现后拨打河长电话反馈了这一情况，但在看现场时被相关人员回应"不该打电话"。高毅坚联合《南方都市报》等媒体连续对这一情况进行追查和呼吁，发现了问题源头是"泥浆水偷排"，最终让涉事企业受到处罚。2017～2018 年，高毅坚连续在媒体上发表了《屡禁不止的泥浆偷排，是在挑战政府的管理》《全民治理泥浆废渣偷排，应启动民事索赔和公益诉讼》等文章，对问题背后的解决机制做了探讨。此后，新生活环保促进会联合泥浆水偷排多发的 S 市 TH 区 CB 涌周边社区居民，在 CB 涌附近成立多个巡河志愿保护小组，进行每周固定巡查以及平时的不定期巡查。2018 年 1 月，S 市政府公布的 35 条黑臭河治理已进入国家要求的成效标准名单中，其中就包括 SM 涌和 CB 涌，且有民间河长深度参与治理的 SM 涌的公众满意度为 98%。

7.2.5　龙船会的民间河长——陈标

2016 年，S 市遭遇了百年一遇的天文大潮，大量雨水混合着污水涌入街道，长时间无法排退，给居民的生活带来了严重的影响。HZ 区的 SS 街情况尤为严重。对此，SS 街道的居民推举陈标作为治水监督员，他代表 SS 街道参与了一次人大会议。在会议上，陈标详细说明了 SS 街的困境，这引起了上级领导的高度重视。随后，上级部门决定成立专门的小组，前往 SS 街进行调查和整治。

基于这次的经验与贡献，陈标被任命为 HZ 涌（又名 M 涌）SS 街道的民间河长，同时他兼任了 HZ 区人大治水监督员。为了更好地履行自己的职责，陈标推动 SS 街与 HZ 涌的龙船会合作，共同建立了 SS 街道河涌管理驿站。驿站的外围展示街道的治水标语和河长制的相关资料，供路过的市民学习与参观。而在驿站的办公室内，还有"民间河长职责"的详细说明，这种透明化和责任明确化的方式让居民对陈标更为信赖。陈标深知，作为民间河长，他的责任重大。他不仅要确保河涌的水质良好，更要成为市民与政府之间的桥梁，确保双方的沟通渠道畅通。陈标谈道："我记得以前被污染的臭水河给街坊们带来了诸多不便，而居民们对此深感无奈。"现在，随着他成为民间河长，得到了街道和居民的大力支持，他决心尽最大的努力，与政府合作，共同守护好 HZ 涌，为居民带来一条清澈的河流。

此外，为了鼓励公众参与 HZ 涌的管理和巡查，同样是龙船会重要成员的陈标被任命为民间河长的"义务巡河员"。陈标不仅对小港片区历史了然于心，而且他多年的划龙舟经验也让他对河涌的情况了如指掌。因此，当水质发生变化时，他能够迅速发现并在 HZ 区河长办设立的微信群内反映，为 HZ 涌水环境治理提供了及时的信息和反馈。

在 HZ 区河长办、各属地街道以及民间河长等多种力量的合力推动下，河长制工作在 HZ 涌落地见效，当地完成了一系列水利设施建设、雨污分流项目改造，停工 4 年多的 HZ 涌治理工程（涌底调蓄系统）重新复工，河长常态化巡查管理得以落实，HZ 涌水环境质量持续改善，于 2017 年底实现"初见成效"，2018 年至今保持"长制久清"。曾经令当地百姓掩鼻而过的 HZ 涌，如今水清岸绿、鱼儿嬉戏，在关帝庙段更是白鹭成群。当地以江南文商旅融合圈建设为契机，充分挖掘沿线历史文化，对 HZ 涌实施重新铺装道路、更换涌边新栏杆、增加照明系统及各项园建等流域环境品质提升工程。水与文商旅的融合，不仅进一步提升了 HZ 涌的颜值和品质，也增强了江南西商圈的经济动力和魅力，这成为 HZ 区"绿水青山就是金山银山"理念的生动实践。

7.2.6 弥合文化传承与生态断层的民间河长——苏志均

苏志均是 S 市 TH 区 CP 龙舟文化促进会党支部书记、护河志愿者及民间河长、全国"十大最美河湖卫士"。自 S 市推行河长制以来，苏志均响应政府"开门治水"号召，会同有志之士，发起成立"CP 龙舟文化促进会"，以文化带动治水，形成"民俗文化＋河涌保护"志愿服务新模式，打造了"龙舟＋碧道"新品牌，发起"一水同舟，守望相助"等品牌公益项目，构建起共治共建共享的治水体系。其所守护的 CP 涌成功摘掉"黑臭帽"，重新实现水清、岸绿、景美，并入选全国治水典型案例。

在弥合文化传承与生态断层上，苏志均将目光对准村里的传统文化保护和传承。他发现，CP 村历史文化遗产丰富，但需要有一个村民广泛参与、各宗族派系都认可的传承载体，扒龙舟无疑是最好的选择。因此，在 2015 年，苏志均在村里组织起了 CP 龙舟文化促进会，着手开展 CP 村扒龙舟这一传统项目的保护工作，经过两年的努力，"CP 村扒龙舟"成功申报为 S 市第六批非物质文化遗产代表性项目。2020 年"CP 龙舟景"入选省级非物质文化遗产名录。

CP 龙舟文化促进会以本土特色民俗文化"CP 村扒龙舟"作为载体，为民众提供亲水护河平台，以文化带动治水，先后多次开展民俗文化和河涌保护相结合的特色活动，逐渐创建了 CP 民俗文化与河涌环境双保育模式。在苏志均的积极推动下，CP 龙舟文化促进会成立了 3 支志愿服务队，并先后发展了 CP 小学、DP 小学、HN 师范大学附属 TH 实验学校两支民间小河长队伍，与环保组织联合组织巡涌活动，共同参与河涌治理，在孩子心里自小种下"爱河护河"的种子，并通过孩子进一步向家长传播环保理念，参与河涌保护。

7.3　民间河长治水参与：来自 S 市的实践探索

7.3.1　民间河长如何参与治水

河长制推行以来，除政府明确的各级河长，还出现了一批民间河长。民间河长来自各行各业，称谓也多种多样，如"乡贤河长""洋河长""巾帼河长""企业家河长""养殖户河长"等。S 市的民间河长，即由民间自发推选、得到官方承认的参与到河长制中的治水、护水行动中的群众，主要是居住或工作在河湖附近，熟悉河道，口碑好、威信高、热心于公益事业的政协委员、人大代表以及企事业单位或民间组织的党员、干部、退休人员、在校大学生、社区志愿者等，其职责主要是带头遵守治水护水法律法规，配合河湖"责任河长"做好河湖巡查，监督"责任河长"履职，积极宣传河长制理念、贯彻上级决策部署以及及时反馈群众对河湖管理保护的意见和建议等。[①] 政府对于民间河长不仅会授予聘任书，还会通过邀请专家授课、召开经验交流座谈等方式对其进行业务培训，就民间河长身份标识、制度建设、巡河安全、监督官方河长履职等问题提出具体意见和建议，以提升他们的政策水平和业务素质。除此之外，政府还会对每年评选出的最美民间河长、优秀民间河长予以表彰奖励，以树立典范，大力宣传。

此外，各区的民间河长参与治水活动也各具特色。HZ 区民间河长充分发挥社区基层干部、社区党员、志愿者的号召力和影响力，积极协助开展巡河工作，不定期与街道、居委河长和河长办工作人员联合巡河，并充分利用自己的身份，以走社区、入家庭等方式开展民意调查，使措施更加

---

① 《S 市河长制办公室关于开展聘请河湖"民间河长"活动的通知》，发布于 2017 年 7 月 18 日。

贴合群众意愿。LW 区在全国首创提出在学校中聘请"民间小河长"，通过多次的座谈交流和实地调研，在 LW 区北片和南片各选取一个靠近河涌边的小学作为试点学校。一方面，以聘任"民间小河长"的方式增加学生们对水资源的认识，培养节水爱水的良好习惯，增强保护水环境的意识；另一方面，尝试通过"小手拉大手"，用孩子的力量影响家庭，继而影响全社会，将教育系统和水环境治理有机整合。YX 区一方面开展民间河长与官方河长的联合巡河活动，按照日常巡河内容要求，巡查堤岸、水面垃圾、水质、排水口等情况，互相交流沟通；另一方面通过"小手拉大手"的方式，区河长办联手民间河长共同开展"我们的 DH——YX 护水亲子行"主题活动，引导市民群众珍惜爱护水环境整治成果，提高市民水环境保护人人有责、人人尽责的意识。

7.3.2 积极但作为有限的民间河长

据 S 市 2018 年底河涌管理中心提供的数据，目前共有 165 支 2087 人参加的护水队，经官方认证的民间河长 754 名，河道警长 127 名。《S 市河长制水环境治理公众调查问卷》的数据调查结果显示，在 926 个有效样本中，有 121 个民间河长样本，占总样本的 13.1%。其中男性民间河长远多于女性民间河长，比例约为 7∶3；超过九成的民间河长年龄大于 26 岁；超过五成的民间河长学历为高中（中专/大专），也有超过两成的民间河长学历较高（本科及以上）；超过六成的民间河长在本社区/村的居住时间为10 年以上；民间河长较为活跃的地区为 TH、HZ 和 BY 区（见表 7–1）。

表 7–1　民间河长的样本分布特征（$N = 121$）

统计项		统计值	
		样本个数（个）	有效百分比（%）
性别	男	85	70.2
	女	36	29.8
年龄	17 岁及以下	0	0
	18～25 岁	9	7.4
	26～35 岁	33	27.3
	36～50 岁	33	27.3
	51～60 岁	29	24
	61 岁及以上	17	14

续表

统计项		统计值	
		样本个数（个）	有效百分比（%）
受教育程度	小学及以下	2	1.7
	初中	23	19.2
	高中（中专/大专）	66	55.0
	本科	26	21.7
	研究生及以上	3	2.5
在本社区/村居住的时间	1 年以下	8	6.7
	1～3 年	20	16.7
	4～10 年	12	10.0
	10 年以上	80	66.7
河涌所在区	TH 区	31	25.6
	HZ 区	37	30.6
	YX 区	5	4.1
	LW 区	4	3.3
	PY 区	1	0.8
	BY 区	26	21.5
	HP 区	0	0
	HD 区	13	10.7
	ZC 区	1	0.8
	NS 区	0	0
	CH 区	3	2.5

　　数据调查和深度访谈的结果显示，民间河长作为公众参与的主力，其治水参与处于有限参与向高度参与的过渡阶段，[①] 就其内容来说，存在"动员性推动多、效果性审视少；公益服务性参与多、制度决策性参与少；体验性参与多、专业性参与少"的特点。从参与的程度上来看，民间河长非常活跃，普遍参与度较高；从参与的环节上来看，相对于仅处于末梢参与环节的公众而言，民间河长能够参与政府召开的座谈会、听

---

① 周志忍. 政府绩效评估中的公民参与：我国的实践历程与前景 [J]. 中国行政管理，2008
（1）：111－118.

证会等，为治水决策建言献策；从参与的影响力来看，政府会对每年评选的优秀民间河长进行表彰，媒体也会对其进行报道宣传，如 CP 涌的龙舟文化促进会就被多家媒体报道，不仅宣传了治水理念，也扩大了民间河长的影响力。但民间河长的作用毕竟是有限的，一方面，民间河长的人数有限，其影响力与所能发动的普通公众也比较有限；另一方面，民间河长的意见能否及时传达到相关部门和决策层，并能在多大程度上影响决策，不仅关乎民间河长的工作积极性，也决定着民间河长制度的生命力。假若民间河长的意见对决策来说可有可无或"说了也白说"，民间河长也就沦为了"花瓶"。

1. 高度活跃的民间河长

在 S 市的河长制水环境治理中，民间河长的参与度（均值为 3.22）总体高于其他普通公众的参与度（均值为 1.91），且反差较为明显（见表 7 - 2），而且在每一种参与渠道的参与度上，民间河长与普通公众都存在显著性差别（见表 7 - 3），可见民间河长的高度活跃与普通公众的普遍冷漠形成了强烈反差。

表 7 - 2　普通公众与民间河长参与度对比（$N1 = 805$，$N2 = 121$）

测量变量		均值		标准差	
		普通公众	民间河长	普通公众	民间河长
您在多大程度上通过以下渠道向政府投诉或反映关于河涌整治及河长制的意见？	通过微信群、微信公众号（如"S 市治水投诉""S 市水务"）反映意见	2.01	3.44	1.235	1.328
	通过电话热线（如 12345、公示牌的电话）反映意见	1.95	3.20	1.183	1.274
	通过邮箱、官方网站反映意见	1.82	2.97	1.105	1.329
	通过官方河长、人大代表、环保组织反映意见	1.91	3.50	1.186	1.426
	通过报纸、杂志、电视、广播反映意见	1.91	3.12	1.195	1.479
	通过座谈会、听证会、市长接待日、信访等反映意见	1.84	3.08	1.147	1.385

表 7 - 3　普通公众与民间河长在每种参与渠道上的差异性分析

		通过微信群、微信公众号（如"S 市治水投诉""S 市水务"）反映意见	通过电话热线（如 12345、公示牌的电话）反映意见	通过邮箱、官方网站反映意见	通过官方河长、人大代表、环保组织反映意见	通过报纸、杂志、电视、广播反映意见	通过座谈会、听证会、市长接待日、信访等反映意见
是否民间河长	Pearson 相关性	0.383 ***	0.357 ***	0.346 ***	0.418 ***	0.340 ***	0.352 ***
	显著性（双侧）	0.000	0.000	0.000	0.000	0.000	0.000
	N	758	755	758	756	756	754

注：*** 表示在 1% 的水平下显著。

之所以出现这种反差，可能有以下几个原因。

第一，民间河长主要为政协委员、人大代表以及企事业单位或民间组织的党员、干部、退休人员、在校大学生、社区志愿者等。在民间河长的参与能力方面，两项指标均值都在 3.0 以上，说明民间河长的受教育程度（均值为 3.04）普遍比普通公众高，对 S 市目前推行的河长制工作了解程度也非常高（均值为 4.46），说明民间河长获取信息的能力较强；在 926 个样本中，有 121 位为民间河长，其中 43.7% 的民间河长为中共党员（普通公众中仅有 17.2%），且民间河长参与社区水环境治理相关的志愿活动频率较高（均值为 4.36），而普通公众的参与频率则较低（均值为 2.38），这说明民间河长中的志愿者较多。可以看出，与普通公众相比，民间河长这一群体的构成本身就属于参与能力与积极性都较高的公众，因此参与更加积极。

第二，民间河长是政府重点培育的民间治水力量。政府对于民间河长不仅会授予聘任书，还会为其邀请专家授课、召开经验交流座谈会对其进行业务培训，以提升他们的政策水平和业务素质，此外，会酌情对民间河长给予适当的交通、误餐费、通信费等补贴。对于每年评选出的最美民间河长，也会进行表彰奖励，并大力宣传。因此，民间河长也就能有更大的积极性投身于水环境治理的参与活动中。

第三，民间河长是环保组织重点培育的民间治水力量。环保组织无论是在水环境治理的技术环节上，还是在社会动员、行动组织上，都具有相当成熟的方案和实践经验。这些组织通过组织当地居民参与巡河治水并举办一些水环境治理技能的培训活动，来培育民间力量。从数据上也能看出，志愿服务组织较多的区域民间河长也相对较多（见表 7-4），同时丰富的专业知识与较强的能力使得民间河长的参与热情高涨。

表 7-4 各区民间河长及志愿服务组织数量一览

所在区	民间河长（人）	志愿服务组织	
		数量（个）	成员（人）
YX 区	130	2	20
LW 区	96	2	244
TH 区	64	38	821
PY 区	335	54	327
HZ 区	34	6	75
BY 区	171	29	233
HD 区	81	19	267
CH 区	7	1	402
ZC 区	108	7	130
NC 区	53	6	102
HP 区	40	3	80
合计	1119	167	2701

资料来源：S 市河涌管理中心提供的数据。

第四，对政府的信任度不同。在公共关切的逻辑下，参与行动能够增加人们对政府的信任；而在吸纳动员的逻辑下，对政府更为信任者会自觉参与或被吸纳到公共事务中。[1] 调查数据显示，"是否为民间河长"与"我对政府未来水环境治理的效果充满信心"有显著性差异，相关系数为 0.141（P<0.001），80.4% 的民间河长选择相信政府（均值为 4.25），而仅有 57.3% 的普通公众选择相信政府（均值为 3.75），这说明民间河长对政府的信任度更高，从而有更强的参与意识，更为积极地参与行动。

2. 作为有限的民间河长

第一，合法性不足。"合法性"表明某一事物具有被承认、被认可、

---

[1] 高勇. 参与行为与政府信任的关系模式研究 [J]. 社会学研究，2014，29（5）：98-119 + 242-243.

被接受的基础，至于具体的基础是什么（如某种习惯、某条法律、某种主张、某一权威），则要依实际情境而定，是一种"上"对"下"的承认。① 现代政府是以行使合法管辖权来履行其职责的，因此政府或其代理人承认、同意、授权的个人或组织也相应被视为具有合法性。民间河长由政府发布的规范性文件认定并授予聘任证书，具有一定的合法性，可以上联政府的相关部门，下接地气联合到街坊，知道民众的诉求并将其反馈给政府相关部门。但民间河长受聘用后，其"合法身份"并没有得到足够体现，官方虽然有对其颁发聘任证书，却没有给予其便于携带的相关证件，也没有统一的服装、袖章等能够标记身份的标识，这样民间河长在巡涌的时候显得合法性不足，在履行职责时也难免有所不便。

第二，物质保障不足。根据公共选择理论的"经济人"假设和成本—效益分析，民间河长肯定需要花费一定的时间、精力、费用和其他成本，加上水环境治理活动的公共性，参与者通过参与所获得的成果需要和未参与的人员共享，"搭便车"的心理导致相当一部分市民缺乏积极参与的动力。民间河长不计酬劳，义务巡涌，这种工作机制要想长远发展，工作保障是必不可少的。

"工作上没有保障，尤其是违法举报等，这件事是有风险的，但是连一个基本的意外险都没有。""最起码购买一些保险，统一一下服装，现在服装都是我们自费购买的。如果街道有要求巡逻那些规定，比如这三个月要请十个志愿者，就会给他们志愿者买保险。但现在有些是超龄买不到，巡河涌地就没有买。"②

在访谈中可以发现，目前民间河长的物质保障普遍不足，仅有少数区域跟环保公益组织有合作的志愿队才有基本的保险保障等，而官方文件中仅规定各区酌情对民间河长给予适当的交通、误餐费、通信费等补贴，具体的落实情况也因区而异。

第三，缺乏专业性培训。民间河长被授命后，若没有志愿队伍组织起来，就很难形成固定的巡河模式，且民间河长毕竟是志愿者，若无人对其进行培训和引导，其参与热情会很容易消退。

"我们平时会记录河涌河面的情况，水质情况漂浮物都记在专门的小

① 高丙中.社会团体的合法性问题［J］.中国社会科学，2000（2）：100－109.
② 访谈记录：S 市 TH 区 CP 涌民间河长，2018 年 12 月 12 日。

本子，每次来巡都记录，我们还学会了检测水质。一个月都有一两次检测，完全自学的，但是其他区有的志愿队伍有专门的负责测水指导的人教他们。"① 从访谈中可以发现，民间河长们越了解关于河涌的知识，其参与水环境治理的热情就越高涨。因此要加强对民间河长的专业培训，包括如何巡河护水，水质知识及水质检测，如何保护水源地，如何与官方河长联动解决河流污染问题，如何开展河流调研以及撰写河流调研报告，等等。

第四，存在信息不对称现象。政务信息公开既是公众参与的前提，也是公众有效参与的保证。然而公众往往对其他利益相关者的目标和约束知之甚少，公众在与政府的互动关系中存在着信息赤字和不对称的现象。在民间河长与政府的互动过程中，政府处于有利地位而民间河长处于不利地位。双方信息的不对称不仅会造成互相的不信任、不理解，还会致使双方工作开展不畅。与其他公共事务相比，水环境治理具有特殊性，其治理成效及水文状况容易被公众所感知，因此政府相关部门更应该做好水环境信息的公开工作。正如访谈中一位志愿服务队队员所说："当时我去参加一个座谈会，我们与市水务局交流一些项目合作的可能性。其间，一位工作人员说：'你们民间河长要清楚自己的角色和定位。'于是我明白了，'理解，始于互信；互信，始于沟通；沟通，始于公开；公开，始于承担'。"② 目前 S 市的信息公开还比较保守，例如黑臭河涌的水质监测数据、违法排污量等都未公开，这忽视了公众的知情权，从而也损害了公众参与的积极性。

总的来说，S 市的民间河长制度是在全民参与的热潮中出现的。一些是民间自发组织，一些是得到官方承认并授予证书的个体或企业，但无论何种形式的民间河长，他们都是河长制重要的组成部分，在治水护水中起着关键作用。然而，当前民间河长尚存诸多发展局限，包括合法性、物质保障不足，政府与民间河长之间的信息不对称，缺乏专业性培训和引导，等等。但不可否认的是，民间河长作为由民间自发的治水护水的积极力量，是推动河长制"长治久清"的重要基础。

---

① 访谈记录：S 市 TH 区 CP 涌民间河长，2018 年 12 月 12 日。
② 访谈记录：S 市 TH 区 CP 涌志愿服务队队员，2018 年 12 月 12 日。

本篇小结

1. "全民共治"的"中国之治"经验

水环境与公众生活密切相关,其治理成效关系着人民对美好生活的需要,因此将公众吸纳进水环境治理当中,形成"全民共治"的治水格局是人民当家作主的重要体现。而作为水环境治理的创新举措,河长制旨在形成"上下同治、部门联治、全民共治、技术助治"的治水新格局。由此可见,坚持群众路线和完善群众参与机制,是推进生态文明建设的重要手段,更是推进国家治理能力与治理体系现代化的重要环节。河长制背景下,民间河长、社会组织以及企业等主体形成的"全民共治"实践经验表明,公众治水参与效果评价、政府信息公开透明和回应性、良好的社会参与氛围以及公众自身的参与能力等是保障水环境"全民共治"得以推行的重要影响因素,同时也反映出公众治水参与中还存在"重可量化指标落实,轻保障性制度建设"的问题,但是随着河长制工作的不断推进,水环境"全民共治"的保障性制度建设也会越来越完善。不可否认,水环境"全民共治"可以充分赋能河长制这一制度创新,并且可以不断推动水环境治理体系的发展。

全民治水参与作为河长制的重要组成部分,其有效实施不仅仅能够很好地填补公众参与的缺位,促使河长制转向河"长治",更是能够将制度优势充分转化为治理效能。水环境"全民共治"得以有效实施,在一定程度上取决于中国国家治理体系的包容性,是探索水环境生态治理从单边治理走向多中心协同共治的"中国之治"经验,更是构建新时代社会治理格局的重要举措。

第一,中国体制有较强的回应性。公众作为非政府的治理主体,可以将其需求反馈给政府,使得政府在推行政策时可以兼顾到更多群体的利益,提高政府决策的质量,这体现了以人为本的时代内涵。如 20 世纪初,国家先是减少了农业税,后面取消了农业税,很好地回应了公众的需求。

而在与公众生活息息相关的水环境治理中，更是充分彰显了中国体制强有力的回应性，为水环境"全民共治"的"中国之治"经验奠定了坚实的基础。如河长制在S市的实践中，对于公众反馈的"参与不全面""缺乏保障"等问题，政府通过制度设计来保障各方的参与权益，建立了有效的协调沟通制度、信息公开制度、监督考核制度等，这些回应性举措在维护公众水生态环境权利和保障性制度建设方面所取得的成效有目共睹，也促使公众成为水环境治理的实际行动者，形成"全民参与"良好的水环境治理网络。

第二，始终坚持群众路线。党的十九大报告中指出，发展社会主义民主政治就是要体现人民意志、保障人民权益、激发人民创造活力，用制度体系保证人民当家作主。健全民主制度，丰富民主形式，拓宽民主渠道，保证人民当家作主落实到国家政治生活和社会生活之中。经过长时间的实践，我们国家通过"常态化"制度建设，公众参与的权利得到支持和保障，激发了公众参与的积极性与热情，形成了良好参与环境。河长制作为新时代下的一项制度创新，坚持以人民为中心，保证人民当家作主，推动公众参与，形成"全民参与"水环境治理格局。如S市所倡导的"开门治水，人人参与"以及一揽子政策制度的出台强化了这种良好的参与环境，提高了公众治水参与的积极性，各区涌现一大批"民间河长"，纷纷成立"民间志愿队伍"，企业开始认领河流，企业河长被应聘，社会组织积极开展活动引导公众参与，公众的主人翁意识得到强化，公众参与赋能水环境治理体系。这也说明了，良好的社会治理格局构建是离不开群众的，只有更好地保障公众参与，才能实现国家治理体系与治理能力现代化。

第三，社会协同，构建多元主体治水参与体系。一方面，秉承水环境多元治理理念。中央明确要构建"党委领导、政府负责、社会协同、公众参与"的共建共治共享的社会治理模式。① 水流域治理作为一种新式治理模式，其体系构建完成了"从单一的行政力量管理框架演变为多元治理主体治理"，背后理论基础是社会学的"功能主义"理论。② 在这种多元治理理论中，政府主动吸纳社会力量，破除单一行政框架的约束，主动寻求社

---

① 江国华，刘文君. 习近平"共建共治共享"治理理念的理论释读 [J]. 求索，2018（1）：32 - 38.
② 苏曦凌. 政府与社会组织关系演进的历史逻辑 [J]. 政治学研究，2020（2）：76 - 89 + 127 - 128.

会力量的帮助。例如各地建立的"官方河长＋民间河长"的双河长制模式，就是通过构建多元开放的体系，吸纳社会资本和社会力量参与到微观的水环境治理场域中，① 并最终能够形成政府开门治水、公众踊跃参与治水的局面。另一方面，建立治水多元治理机制。构建水环境治理的多元参与治理格局并非放权就可以实现②，而是需要在政府主导下，通过一定的制度设计和制度安排，使社会具有自我管理的参与和发展空间，从而为构建一个水环境治理多方参与的社会管理体制提供开放的制度结构③。此外，在机制的监督和维护上，政府应该抱持一种类似市场准入的负面清单的治理理念，"法无禁止皆可为"，简政放权，增加合作机制的可预见性，④ 社会组织在参与治水中的权利能够得到可预期的保护才能促进民间力量的积极参与。最后，这种多元治理的机制不是政府退出，也不是"小政府、弱政府"，而是"小政府、强政府、大社会"的共同治理模式，⑤ 官方河长支持民间河长和社会力量投入水环境治理中。

2. 迈向有效的多元主体参与

多元治理主体之间的精诚合作，是推进水环境协同治理、实现水环境治理现代化的基础和重要前提。而多元主体间的彼此信任是实现合作的重要基石，只有建立在良好信任关系基础上的合作构想，才能激发多元主体的合作意愿，并转化为现实中的合作行动。信任是环境多元协同治理的黏合剂，将政府、企业、环保组织和公民个人等多元主体牢牢黏合在一起；信任又是多元主体协同治理的润滑剂，使政府、企业、环保组织和公民个人等多元主体间的矛盾冲突得到有效缓和。⑥ 因此，要实现真正的多元主

① 杨宝. 治理式吸纳：社会管理创新中政社互动研究 [J]. 经济社会体制比较，2014 (4)：201 - 209.
② 刘锐. 行政吸纳社会：基层治理困境分析——以 H 市农村调查为例 [J]. 中南大学学报（社会科学版），2020，26 (3)：135 - 143.
③ 汪锦军. 从行政侵蚀到吸纳增效：农村社会管理创新中的政府角色 [J]. 马克思主义与现实，2011 (5)：162 - 168.
④ 郭人菡. 基于"权力清单"、"权利清单"和"负面清单"的简政放权模式分析 [J]. 行政与法，2014 (7)：23 - 28.
⑤ 王名，蔡志鸿，王春婷. 社会共治：多元主体共同治理的实践探索与制度创新 [J]. 中国行政管理，2014 (12)：16 - 19.
⑥ 陶国根. 社会资本视域下的生态环境多元协同治理 [J]. 青海社会科学，2016 (4)：57 - 63.

体治水参与，必须构建政社间完整的双向信任体系，包括民众对政府的信任以及政府对公众的信任。其中，公众对政府的信任包括对国家的信任、对政治制度的信任以及对政治行为主体的信任；而政府对公众的信任主要表现为政府部门行为主体相信当公众参与到政府或公共事务的管理过程中，他们的参与将有助于政府绩效的提高或公共目标的实现。政府和公民之间的信任或不信任根植于政治和社会文化之中，政府的繁文缛节、政府抨击都会对政府对公众的信任以及公众参与造成负面影响，而建立政府对公众的信任与建立公众对政府的信任一样重要。① 一方面，曾婧婧和宋娇娇发现，政府信任公众会对政府支持公众参与有正向影响，且政府信任公众在个体、组织、社会三个层面和政府支持公众参与之间起到了中介作用，是公众参与的桥梁。② 另一方面，也有学者通过实证研究发现，公众对政府的信任度与公民参与意识之间呈显著正相关关系，对政府信任度比较高的公民，积极参与意识也比较强，因此也就会更经常参与各种公共事务。而且，公众越是积极主动参与公共事务，其对政府的信任度就越有可能提升。③ 信任是相互的，政府越信任公众的参与能力，就会更加支持公众参与到公共事务的治理中；反过来，公众感受到政府对自己的信任，也会增强对政府的信任，感知到自己的参与是有意义的，也会更加愿意参与到公共治理中，进而形成政府与公众之间信任的良性循环，增强社会互信。双方的互信最大限度地减少了集体行动中可能出现的摩擦以及交易成本，提高了政策执行的效率。在一个密集、封闭的社会关系网络中，关系网络中的成员间易于形成相互信任关系，只有政府、社会组织、企业及民间河长等多元主体之间形成基于相互信任的"战略联盟"，才能在环境治理中开展互利合作。沟通不仅是主体之间传递信息的工具，也是主体之间建立起相互理解、相互信任关系的基础。因此，优化多元主体间的沟通环境、畅通沟通渠道和完善沟通机制，也是重构主体间相互信任机制的重要途径。

① Yang, K. F. Public Administrators' Trust in Citizens: A Missing Link in Citizen Involvement Efforts [J]. Public Administration Review, 2005, 65 (3): 273-285.
② 曾婧婧, 宋娇娇. 政府对公众的信任：公众参与的桥梁——以政府公职人员为观察主体 [J]. 公共行政评论, 2017 (1): 141-171.
③ 张阮. 基于关系形成模型的政府信任与公民参与关系研究 [D]. 中国地质大学, 2011.

技术赋能：水环境"中国之治"的支撑

第 8 章　技术赋能协同治水：单案例研究[*]

水环境治理是跨界特性和协同治理最典型的领域，而河长制作为全国自上而下推行的一项水环境治理创新制度正是为了解决"复杂治理"问题而产生的。伴随着互联网的普及以及信息技术的迅猛发展，各地在治水工作中也不断探索大数据治水、GPS 卫星定点监控、无人机航拍、移动信息系统应用等来推动"互联网 + 治水"的发展。这些技术手段在河长制中的应用，一方面是对治水管理规范化、高效化以及精细化要求的一种积极回应，另一方面也是解决治水权威缺失，探寻协同治理途径的一种有效探索。

然而，借助信息技术力促"上下同治、部门联治、全民共治、技术助治"协同治水格局的形成，是一个美好的愿望。信息技术在嵌入 S 市河长制协同治水的运作中，出现了不少很难解决的问题。例如，河长 App 设计的初衷为实时监测河长巡河状况，提高基层河长巡河与反馈问题的效率，强化上级对基层河长的问责，但其为何无法解决基层河长巡河形式化、上报问题避重就轻、瞒报以及选择性上报的问题？又如，河长管理信息系统旨在通过技术手段来打破横向部门间的壁垒，推动部门间的信息共享和业务协同，但为何依然摆脱不了"九龙治水"的诟病？再如，"S 市治水投诉"、"12345"投诉热线等平台为公众参与治水提供了多元的渠道，然而水环境治理中的社会参与热情为何并没有如制度设计者预想的那样高涨？上述现象集中反映了技术创新与制度创新的关系问题，那么，"互联网 + 治水"技术到底是如何嵌入水环境的协同治理中的？技术执行的限度在哪里？这些限度背后折射了哪些问题？本章将对上述问题进行一一回应。

---

* 本章部分内容曾以《技术嵌入协同治理的执行边界——以 S 市"互联网 + 治水"为例》为题发表在《探索》2019 年第 4 期（人大复印报刊资料《公共行政》2019 年第 10 期全文转载），收入本章时进行了扩充与修改。

8.1 技术协同治水："技术—行动者—制度"的三角互动关系

在技术是独立于制度之外的力量还是制度的构成要素这一问题上，学界形成了两派意见。技术决定论者强调信息技术在推动组织模式变革中的作用，认为信息技术是实现组织行为模式和制度结构变革的革命性力量。社会建构论者则认为，组织的制度设计、结构安排以及组织成员倾向于维持现状的主观态度限制了信息技术的运用，使信息技术往往被用来实现和巩固现有的组织结构。吉登斯的结构化理论①将技术与组织关系的研究从宏大的理论争辩回归聚焦到技术应用的实践，该理论尤其关注新技术的出现将对组织结构变迁造成的重大影响。以奥利科夫斯基和巴利②为代表的一些研究者在结构化理论的基础上尝试对两种研究视角进行整合，认为使用者可以建构技术的使用方式、使用维度以适应使用环境，技术也可以以不同的方式植入不同的社会环境，并因此产生不同的结果。换而言之，网络技术的应用一方面使得网络结构、网络化逻辑在组织中得到实际运用，从而使得组织结构变革成为可能；另一方面网络技术又是由人来运用的，内嵌于人的行为模式之中的相关组织和制度因素，如制度设计、价值与文化、组织成员的主观态度与选择、领导层对待技术的态度等都是影响网络技术应用效果的重要因素。③ 具体到协同治理领域，简·E. 芳汀④、黄晓春⑤、谭海波等⑥都以政府部门应用信息技术推动跨部门协同治理的案例来说明技术与制度之间的互构关系，其中简·E. 芳汀提出了技术执行的分析

---

① 〔英〕安东尼·吉登斯. 社会的构成——结构化理论大纲 ［M］. 李康，李猛，译. 北京：生活·读书·新知三联书店，2016.

② Orlikowski, W. J., and S. R. Barley. Technology and Institutions: What Can Research on Information Technology and Research on Organizations Learn from Each Other ［J］. MIS Quarterly, 2001 (2): 145 – 165.

③ 邵娜. 论技术与制度的互动关系 ［J］. 中州学刊，2017 (2): 7 – 12.

④ 〔美〕简·E. 芳汀. 构建虚拟政府：信息技术与制度创新 ［M］. 邵国松，译. 北京：中国人民大学出版社，2010: 127 – 219.

⑤ 黄晓春. 技术治理的运作机制研究：以上海市 L 街道一门式电子政务中心为案例 ［J］. 社会，2010 (4): 1 – 31.

⑥ 谭海波，孟庆国，张楠. 信息技术应用中的政府运作机制研究——以 J 市政府网上行政服务系统建设为例 ［J］. 社会学研究，2015 (6): 73 – 98.

框架，黄晓春构建了技术—结构的时间序列互动分析模型，谭海波等则提出了一个包含不确定性与信息技术认知、权力—利益与行动者策略、信息技术应用类型三个层次的整合性分析框架。

简·E. 芳汀认为，信息技术是内生的，其在被感知、设计、执行、使用过程中不断改变，因此，技术的实操被称为"技术执行"或"被执行的技术"，① 这也是技术与制度互构论的延展。客观的信息技术在改变组织结构、组织关系乃至组织行为选择的同时，组织本身的价值观、层级结构、成员关系、制度特性以及内在逻辑等也反过来影响着信息技术平台的设计和应用，而这二者又都离不开执行者这一"人"的因素。在互构论看来，技术的结构化将形成制度化，而制度化本身影响着组织中的行动者。行动者的行动是技术与制度相互作用的中介，是技术作用于制度以及制度限制技术的重要媒介。因此，技术—行动者—制度形成了三角互动关系。基于简·E. 芳汀的技术执行分析框架，结合河长制协同治水的特性，本研究构建了一个技术与制度互构下的技术执行分析框架（见图8-1），用以解析技术嵌入协同治水的执行边界。

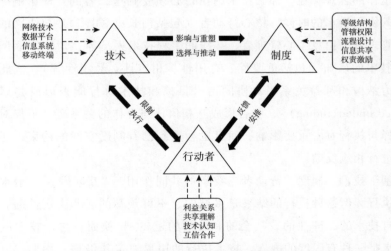

图8-1 技术—行动者—制度的三角互动关系

技术，指的就是纯理性的技术手段、载体工具等。互联网信息技术（数字电子技术、软件、硬件等）、管理信息系统平台（技术设计与呈现的

---

① 〔美〕简·E. 芳汀. 构建虚拟政府：信息技术与制度创新〔M〕. 邵国松，译. 北京：中国人民大学出版社，2010：106.

载体）、个人移动互联网终端（手机等链接与使用的工具）是信息时代最具代表性的技术要素组合。具体到治水领域，技术的常见载体就是河长管理信息系统、水环境治理共享数据库、治水投诉微信公众号、河长 App 等。制度，泛指以规则或运作模式规范个体行动的一种社会结构。在治水领域中，制度主要体现为层级节制的等级结构（如四级河长办体系）、涉水部门（如水务、环保、农业、城管等）间的管辖权限、治水相关流程设计（如问题上报—流转—处理—反馈流程、信息报送流程、联合执法流程等）、部门间信息共享制度以及责任与激励机制的设计等。在简·E. 芳汀看来，技术与制度之间互相安排，相得益彰；它们既是自变量也是因变量，彼此之间互存因果关系。① "互联网 +" 治水技术可以通过改造已有的科层治理结构和相关制度安排，使之更好地适应技术的迅猛发展。同样，已有的制度安排和组织结构也会反过来决定 "互联网 + 治水" 技术的选择以及推动技术的进一步发展。

如果说制度要素是保障组织运作的必要前提，技术要素是影响组织结构与运作的客观存在，那么技术的执行必须受到这二者的互动影响。技术在嵌入协同治水的时候，核心行动者（包括河长办领导、参与协同的职能部门管理者、信息中心管理者、一线的工程技术人员等）对 "互联网 + 治水" 技术的认知（包括重要性、有用性、相容性、易用性等）、彼此之间的权力结构和利益关系、对协同治水目标和技术执行能否形成共享理解（shared understanding）②、能否形成互相信任与合作的关系等，不仅对技术的选择与执行有着重要影响，而且也会受到已有制度空间的约束，还会对制度进行相应反馈。

基于技术、制度、行动者三要素的共同作用，"互联网 +" 治水技术得以执行，但这种执行的结果是多样的、不可预知的、非决定性的。该结果源自技术的、理性的、社会的和政治的逻辑。③ 换而言之，技术嵌入协同治水是一种有限度的嵌入，技术执行的边界注定其仍是一种形式上的变

---

① 〔美〕简·E. 芳汀. 构建虚拟政府：信息技术与制度创新 ［M］. 邵国松，译. 北京：中国人民大学出版社，2010：11.

② Chris, A., and G. Alison. Collaborative Governance in Theory and Practice ［J］. Journal of Public Administration Research and Theory, 2007（11）：543 – 571.

③ 〔美〕简·E. 芳汀. 构建虚拟政府：信息技术与制度创新 ［M］. 邵国松，译. 北京：中国人民大学出版社，2010：113.

革。不可否认的是，当前信息技术的发展，为协同治理理念的落地找到了突破路径，但期望以技术治理来克服科层治理的传统弊病是远远不够的。各主体只有对协同治水的技术边界有清晰的认识，才能有效推动技术治理与制度创新的互构发展。

8.2　"互联网＋"治水：技术如何嵌入协同治水

近些年来，中央层面的环保问责给各地的水环境治理带来非常大的压力，对于 S 市这样一个水系发达的城市而言尤其如此。S 市全域大小河涌 1368 条，小（2）型以上水库 361 个，湖泊 48 个，被纳入 2017～2019 年河涌整治任务的河湖数量共有 187 条，有 35 条国家督办的黑臭河涌要在 2017 年底完成整治，剩余的 152 重点河涌要在 2019 年底完成整治。对于 S 市河长办而言，要在短短三年的时间内完成 187 条黑臭河涌的整治任务，如果还是沿用传统的管理方式几乎是不可能完成的事情。河道管理涉及上下游、左右岸、不同行政区域，纵向上需要协调市、区、镇街、村居各级河长及河长办，横向上需要协调环保、水务、城管、农业、卫生、林业等多个涉水部门，此外还需要覆盖到人大、政协、公众、民间河长、企业河长等，管理的广度和难度都很大，因此必须借助信息化的手段来实现管理的规范化、高效化和精细化。

2017 年 G 省水利厅和环境保护厅共同发文，要求各市、县开发建设河长制信息平台，系统收集和动态管理河湖数据，应用微信公众号、App 等新媒体和移动互联网技术提升治河管河能力，提高社会公众对河湖管理保护工作的责任意识和参与度。为了响应上级的政治性要求，S 市在全省率先采取了一系列推进"互联网＋"河长制的新举措，具体如下。一是开发建设了河长管理信息系统。通过这个统一的平台整合与河长制相关的各种基础数据，利用桌面 PC、移动 App、微信、电话 WEB、网页五种不同终端形态，面向市、区、镇街、村居的各级河长办、各级河长、各级职能部门、公众等用户，提供不同层次、不同维度、不同载体的查询、上报和管理服务。二是在全省首创河长 App。河长 App 为各级河长、各级河长办、各级职能部门提供了一个全方位移动化办公终端。所有河长通过河长 App 终端签到、上报河道巡查问题、查询处理信息等。三是推出了"S 市治水投诉"微信公众号，并且设置了有效投诉微信红包奖励制度，激励公众积极发现和举报河道问题。四是在全国率先上线运行 S 市排水设施巡检 App，实现对排水设施数据全流程"掌上智慧排水"管理，运用信息化技术普查全市接管户和非接管户的数量和基础数据，对排水户进行科学分类，厘清排水户接驳情况，查处排水户错混接、直排、偷排、超标排放等违法排水行为。五是在 G 省率先实现农村生活污水全流程数据化管理。该系统覆盖了全市有农污管理需求的 7 个区和流溪河林场，涉及 61 个镇街 1112 个行政村，串联各级管理人员 267 名、一线运行养护人员 205 名。

8.2.1 技术为纵向层级的信息流转和业务联动提供了通道

传统的管理流程通过组织的科层化实现了信息的上传下达，这种人为的信息传递取决于组织成员之间的互动网络与互动关系。组织结构的网络形式、流程设计等是信息流转的客观通道，而参与流程运作的人员就是保持通道畅通的节点。因此，在传统的管理过程中，信息流转深受组织中人员素质、利益动机等主观因素的影响，因组织成员意见不一、上下互动不畅导致信息流转效率低下，"上有政策下有对策"的状况时有发生。而在水环境治理领域，也同样面临着纵向互动不足、信息流转不畅的问题。从自上而下的角度来看，由于受限于传统的上下级互动机制，最初的治水行动主要透过行政高压的方式来贯彻。在政策传递过程中，各级部门既碍于上级的行政命令与问责考核，又担心下级执行不力或解读偏差，因而常常利用信息不对称的优势对政策目标进行加码，故形成了治水目标层层加码、治水任务层层下压的现实问题。从自下而上的角度来看，由于传统科层反馈渠道的单一、受控，底层的治水意见或建议经过层层反馈，需耗费大量的流转时间与管理精力，还要受制于上一级主管部门与协同部门的偏好选择，因此基层上下级政府"共谋"应对更上一级政府、选择性执行等行为并不少见。在治水过程中，虽然有河长办这样一个协同机构的设置，但实际仍呈现"上热下冷"态势，常常是上级对基层真实信息的把握没抓手，基层对上级政策的执行无动力，上下级更多地基于高压问责进行互动，难以形成层级协同治理的合力。

技术的应用，尤其是互联网信息技术平台的应用，为水环境治理的层级协同提供了一套新的执行方案。

首先，河长 App 设计的是一个"活流程"，即事务转办上，不限定严格按照一套固定的转办流程来处理，赋予基层河长更多的上报问题的自由选择权。对于村居河长而言，他既可以把问题上报给镇街级河长办，也可以越级上报给区级河长办及职能部门，甚至还可以直接上报给市级河长办及职能部门（见图 8 - 2）。例如，S 市某村居河长在 DSH 涌巡河过程中发现信息牌损坏严重，遂通过河长 App 将问题直接上报给 S 市河长办，S 市河长办按照辖区管理原则将此问题流转到 DSH 涌所在的 LW 区河长办，LW 区河长办根据职能分工原则再将此问题流转到 LW 区水务和农业局，并最终落实到具体负责信息牌维护的水利科（见图 8 - 3）。信息平台的客观数据流转，一方面可以避免传统信息逐级上报过程中出现的"塔洛克等级歪曲模式"①，即避免政策执行最末梢所上报的问题被中间层级政府或部门截留或过滤掉，确保信息的真实性、全面性以及客观性；另一方面可以

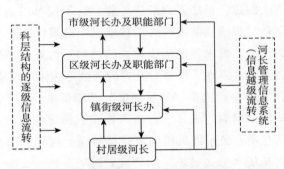

图 8 - 2　技术应用打通上下各级河长信息流转渠道

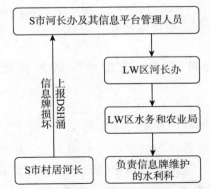

图 8 - 3　S 市河长信息上报和任务指派信息流转示例

---

① 〔美〕安东尼·唐斯. 官僚制内幕 ［M］. 郭小聪等，译. 北京：中国人民大学出版社，2017：117.

大幅缩短信息流转的时间，让基层河长直接选择问题的受理部门，避免信息在不同层级之间进行长链条的不必要流转而贻误问题处理的时机，提高问题的处理效率。

其次，借助 S 市河长管理信息系统，S 市河长办会对不同来源（包括河长 App 上报、非河长 App 上报、微信投诉、电话投诉、舆情发酵、媒体曝光、暗访发现）的问题进行分流、筛选、过滤以及分类，然后自上而下派发给市级相关职能部门或区河长办处理。同样，区河长办也会根据管理权限将问题流转到区级相关职能部门或镇街河长办处理。通过"已办结""处理中未办结""处理中超期数""挂账中"等功能板块的设置，每一个层级的河长办都可以根据管理权限对问题的流转进行全流程跟踪，以确保每一个问题都有人跟进，都能得到最终处理。这不仅可以避免科层命令在自上而下层层下达过程中经常出现的"权威流失的累积性效应"①，而且可以通过客观数据流的流转来促进层级政府间的沟通与互动，让组织结构变得更加扁平化以及更有弹性，能够对外界的刺激迅速做出反应。

最后，河长 App 中设置了"河长周报"功能板块，各级河长办定期从河长管理信息系统中提取、统计、公布河长履职情况的数据，以河长 App 推送周报、以信息平台公示红黑榜的形式提醒河长履职的薄弱点，这不仅可以促使各级河长从"形式履职"向"成效履职"转变，进一步压实基层河长履责，还可以减少上下级之间的信息不对称，借助于技术手段明确哪一条河涌以及河涌的哪一段有污染源，哪一个河长的巡河达标率、问题上报率以及"四个查清"的完成率偏低。

8.2.2 技术为打破"九龙治水"碎片化治理格局提供了可能性

水环境治理领域的部门推诿与扯皮现象早已存在，在传统职能的条块分割下，各部门长期在各自的"领地"分而治之，所形成的管理理念、方式方法等已根深蒂固。河长制的出现，为打破"九龙治水"的困局，解决水环境的碎片化治理提供了有效途径，其通过建立治水的统筹协调机构（河长办）、出台一系列跨部门协同的制度与举措、构建与完善跨部门协同

---

① 〔美〕安东尼·唐斯. 官僚制内幕 [M]. 郭小聪等，译. 北京：中国人民大学出版社，2017：135.

机制等最大限度地整合各部门的资源，以推动跨部门的协同治理。然而，在实际的运作中，水环境跨部门协同治理还是遇到了不少障碍。一方面，河长办作为水环境治理的统筹协调部门，"临时性"机构的色彩浓厚，既没有专门编制人员，也没有专门的工作经费，其人员都是从各治水部门临时抽调过来的。虽然依靠党政一把手的威信可以在一定程度上约束相关治水部门，但党政一把手的注意力资源总是有限的，河长办日常的运作不可能总是依赖党政一把手的权威资源。如何探寻跨部门协同治水的有力"抓手"，对河长办而言是一个很大的挑战。另一方面，河长制要求具有不同专业背景的部门参与协同治理，以跨部门的协同打破常规的问责机制。"一票否决"的问责倒逼虽然提高了治水的行政效率，但对部门的连带问责也使得部门机会主义越发容易抬头。各部门在问责压力下经常摆出被动配合姿态，实质上因怕受牵连依旧各行其是，都希望选择性地挑选对自己有利的问题作为抓手，从而规避问责的风险点，对于真正涉及跨部门协同的"大事"和"难题"依旧推诿与拖延。

以 S 市河长管理信息系统为例，应用端口面向各级河长办、河长办成员单位以及各级河长开放，基层河长通过平台上报采集的水环境问题，由河长办专人负责将问题流转到对应层级的职能部门加以解决。各部门可通过端口接收所有流转到管辖领域的处理意见，并被要求在规定的时限内给出答复或做出行动。如 H 村村居河长发现辖区内涌边有餐饮业违规排放污水情况，上报 DS 镇河长办，但镇河长办鉴于此事涉及了环保、工商、城管等多个部门，就选择继续上报区级河长办以寻求职能部门的协同帮助，经区级河长办流转后，通过平台交办相关的几个部门，之后各部门联合上门执法，餐饮业的排污整改与建筑迁移等问题得到快速解决，整改协调事件基于互联网信息系统实现了多方协同与快速流转（见图 8 - 4）。河长 App 问题流转的原则是同级职能部门由同级河长办协调，市、区、镇街三级河长办可以通过这一平台发挥统筹协调的作用，打破传统组织间的壁垒，进而推动跨部门的业务协同。

这一案例表明，信息平台的运用一方面在纵向与横向流程上都提高了信息流转的效率，减少了线下流转的环节与阻隔；另一方面一定程度上避免了层级之间"踢皮球"、部门之间相互推诿的无效流转。此外，通过信息平台，相关部门、河长办以及河长之间的互动信息都被客观记录，并被作为考核的一部分列入治水绩效评价。信息平台本身是技术与制度结合的

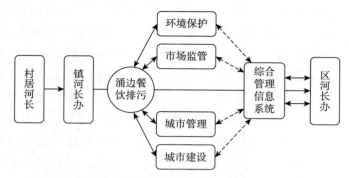

图 8 - 4　基于技术平台的信息流转与多部门协同方式示例

体现，基于数据的应用，也为跨部门协同治水与问责追责提供了一套客观的执行参考体系。

8.2.3　技术为公众参与提供了便捷的进入渠道

从一元管理到多元治理，是目前政府治理转型的重要方向。从河长制的设置及运作来看，其设计的初衷是实现层级、部门以及社会力量之间的协同，实现共同治理水环境的目标。这不仅是一项以"治理"为导向的机制设计，也是将"协同"概念纳入政策制定议程的探索和实践。传统的治理结构中并没有过多关注政府与社会的合作，无论是水质信息公开、治水参与渠道、宣传与合作的经费支持等都缺乏设计与抓手。以河长制为契机，基于"互联网＋"的治水信息系统的开发，不仅在实现内部协同治水的操作化方面取得新进展，也为全民参与治水、政府治理与社会参与的互动等开启了机会之窗。

以 S 市河长管理信息系统为例，其技术平台的架构在设计之初就已考虑多元共治的格局，在治水信息报送分类中为"舆情""媒体曝光""非河长举报""民间河长"等专门设置了端口，将舆情分析、媒体监督、官方举报以及民间参与等纳入综合信息平台中。在创建初期，被纳入管理的某位民间河长通过信息平台的账号，将水体污染信息直接上传到管理系统，由于不清楚问题对应的职能部门，选择了市级河长办提交相关问题。河长办通过后台分拣，将问题流转到市环保局负责解决，市环保局同样通过平台自上而下指派工作。基于信息系统平台，每一步流转都落实到人并附上联系方式，确保责任压实；实现无纸化流转，减少流程递送时间。

S 市通过技术平台将政社互动与共治共享的理念嵌入科层组织结构中，

是技术治水思路的延展性应用。在最近的平台技术升级中，"有奖投诉"机制被纳进平台功能设计中，通过"S 市治水投诉"微信公众号进行投放。奖励规则为工作日投诉重要新问题，一经核实通过微信发放最高 10 元/次的红包激励；节假日则最高为 15 元/次；而日常的水体轻微污染的举报，核实后奖励最高 5 元/次。此外，每月投诉量排名前十的市民可额外获得 30~100 元的额外奖金。便捷的微信公众号投诉渠道 + 有奖投诉激励，极大地激发了市民参与的积极性。而此举对于政府而言，一方面收集到许多重要的水体污染线索，另一方面也开启了社会参与治水、全民参与举报的机会之窗，也在这种政社互动与合作中，倒逼治水部门加强监督。

8.3　执行边界：技术嵌入协同治水的限度

技术是组织变革的催化剂，也是组织和制度变革的赋能者。创新技术的引入，能直接对组织结构中的制度结构与成员行动造成影响。在水环境治理过程中，"互联网 +"技术的应用能有效推动河长办部门的协同治理。但与此同时，技术无法自主决定创新与变化，还要受到环境认知、组织文化、组织结构与制度环境等多重因素的影响。而同样对于"互联网 +"治水技术而言，其不得不受到原有利益架构的冲击与掣肘，而参与技术治水的行动者（使用者）、技术的创新者又受到组织制度的制约。就 S 市而言，"互联网 +"治水技术确实为协同治理提供了场域、数据、监督等许多便利条件，然而仅以技术嵌入来解决协同治水问题是存在局限性的。

8.3.1　河长管理信息系统：一种折中的技术安排

如果从提升协同治水绩效的角度来看，构建一个网络联动支持下的协同整合模式，通过网络联动在各涉水部门的专网间建立协同架构和数据整合机制，是一个最优的技术方案。然而，这种方案在很大程度上会"打破"每个部门自成一体的格局，对已有的行政体制造成冲击。保持自身信息的垄断性一直是横向各部门制度安排的潜在取向，而这一方案要求各部门调整自己的专网技术标准，势必会遭到各部门的反对或抵制。① 对于 S

---

① 黄晓春. 技术治理的运作机制研究：以上海市 L 街道一门式电子政务中心为案例 [J]. 社会，2010（4）：1-31.

市河长办而言，要在既定的制度安排下提升协同治水的权威，必须要寻找一种技术方案，既要有利于破解部门协同的困境，又不能过度地挑战部门的"自主权"或"势力范围"。而依托 S 市河涌管理中心①的组织和技术力量，建立一个相对独立的"专网"——河长管理信息系统，应该是一种比较折中的技术安排。一方面，它通过开放应用端口给各涉水部门，促使各涉水部门围绕着基层河长采集的水环境问题进行业务协同和联动，可以发挥一定限度的横向整合功能。另一方面，它在促进协同的同时，并未危及"条"上部门的相对封闭性。虽然借助于河长管理信息系统，不同部门可以进行必要的数据协同和业务协同，但这个协同所基于的虚拟结构仍然是具有科层制特征的。河长管理信息系统为不同业务单位提供及时的协同信息，但并不对其行使权力；它重塑行政流程，但并不改造流程所涉及的行政单元。②换而言之，由专网所构建的虚拟机构在建立部门间的横向联结的同时，并没有削弱部门的自主性——它以尊重每个单元的独立为基本前提。它在发挥市河长办整合能力的同时，并没有干涉"条"上行政部门潜在的封闭与内敛制度取向。由于河长管理信息系统的技术框架和现有体制架构有很大的相近性，这一虚拟结构更容易被组织所接受。

8.3.2 任务协同，而非数据协同

如前文所述，由于河长管理信息系统只是由 S 市河长办统筹开发的一个相对独立的专网，各治水部门也仅仅是围绕着进入系统的问题（包括官方河长通过手机 App 上报的问题以及其他来源的问题）进行有限的数据共享和业务联动。这一信息系统虽然具有一定的协同治水功能，但实质仅是任务协同，没有数据协同，因此，距离真正的大数据治理（技术治理）还有很大的差距。

首先，水环境治理的数据资源还是分散在各治水部门中。例如，工商（市场监管）部门掌握"散乱污"企业数据，农林渔部门掌握水塘、养殖场以及禁养区数据，环保部门掌握水质数据，水务部门掌握排水口数据，

---

① S 市河涌管理中心是 S 市水务局的直属事业单位，承担 S 市河长管理信息系统的开发、建设以及运营工作。S 市河长办设在 S 市水务局，S 市水务局作为 S 市水环境治理的牵头单位，把河长办的一些具体职能分配给河涌管理中心。

② 黄晓春. 技术治理的运作机制研究：以上海市 L 街道一门式电子政务中心为案例 [J]. 社会，2010（4）：1–31.

公安掌握排水库数据，等等。

其次，部门间的数据交换还是沿用传统的科层体制的方式。例如，当S市河长办需要环保部门提供相关水质的数据的时候，需要向环保部门提出数据共享需求，然后走行政流程，流程走完之后环保部门会开放这部分数据的端口给河长办。

再次，共享数据的供给方会对共享出去的数据"有所保留"。例如，环保部门共享给河长办的只是基本水类数据（如干流水质等级评估的数据），更详尽的水质数据河长办是要不到的。此外，有时部门间由于数据采集标准不一而对同一条河涌的水质是否达标有不同的判断。例如，有时环保部门监测出来的水质达标的，但按照水务局的标准却是不达标；有时按照水务局标准上报水质有改善、河长制取得成效时，按照环保指标监测的结果却是污染物超标的。

最后，即使是在水务局内部不同部门之间的数据也没有实现完全共享。例如，水务局排水监测站掌握着大量的水质数据，但其只是把部分数据共享给河涌管理中心（如某条河涌这个季度的水质相对于上一季度的变化值）。由于河长管理信息系统没有掌握到一条河涌完整的水质数据，无法判断该河涌这一季度水质变恶劣是由于季节的原因，还是跟河长治理不力有关系。

由此可见，在技术嵌入协同治水的框架下，协同部门并不希望通过技术改造现有的组织结构来适应协同的发展，相反，部门本位主义更倾向于利用技术来维持现有的组织架构和科层关系，并保留自身对程序、架构、组织、标准以及专业技术的掌控权。以S市河长管理信息系统的应用为例，目前技术协同的思路也只是主要通过管理信息系统平台来实现任务治理的协同，而不是我们所认为的部门数据端口对接、数据标准共享、专业技术互动等的全面协同。目前S市河长管理信息系统平台所包含的数据非常单一且稀少，基于技术平台统筹的协同治理并没有打破现有的组织壁垒。

8.3.3 技术是被执行的，而非决定性的

虽然技术为纵向层级的信息流转和业务联动提供了通道，为打破"九龙治水"的碎片化治理格局提供了可能性，但技术不能自动作用于个人、制度以及社会安排。技术是被执行的，技术执行是认知、文化、结构和政治嵌入的结果。技术执行框架把内嵌的逻辑延伸到水环境治理网络和组织

中，治水部门对于协同价值和共享理解的认知、官僚组织文化、社会网络以及正式的规则等都影响着治水相关行动者的感性认识、兴趣和行为，继而影响到技术执行方式、技术治理发挥作用的空间以及协同治理的绩效。

首先，技术平台无法解决协同关系中的信任危机。信任是协同治理研究中的重要影响因素，在河长制的运作中，信任基础体现为制度的合法性与权威性。然而，河长制的设计本身带有"临时性"的色彩。一方面，技术的介入无法解决河长办的机构设置与职权配置的合法性问题。这需要一种法理性赋权而非技术手段可以实现的。另一方面，河长制下的协同治水，目前只能依靠党政一把手的"长官意志"和"个人威信"带来的政治高压得以维系，而技术平台虽为协同治水提供了更为客观和透明的协同场域，却无法突破官僚决策过程中注意力分配的瓶颈，加之不稳定的资源渠道也无法通过技术标准化与长效化，技术协同治水能力有限。此外，技术平台虽然缓解了河长制协同治水人员编制不足的问题，通过网络信息平台的协作使分工更加专业化、权责更加匹配化等，但依然不能改善各部门之间的认同与信任。

其次，技术执行难以促进协同治水的共享理解。虽然可以解决河长制协同治水策略下存在的规则与标准的漏洞，河涌定位、水质情况、整治目标、负责机构等数据得以在平台公开。然而，对于规则与标准的使用和判断都需要人来操作。技术的执行可以部分减少部门分工的推诿，但技术的触角却无法深入部门权威结构与官僚体制中缓解部门利益的摩擦。尽管河长制试图解决"环保不下水，水利不上岸"的局面，技术应用与制度的互构影响部门协同治水的行为选择，但这种技术协同只是停留在框架结构"表面"，并不是职能部门固有的专业治水技术，因而无法干涉各部门的价值判断。例如，围绕着"谁是水污染的罪魁祸首"这一问题，治水部门各执一词，环保部门认为水污染的主要源头是生活污水，水务部门认为"应该花大力气来整治'散乱污'企业"，城管部门认为河涌治理的重点不应该是河面固体垃圾的清理，"关键是岸上的污水没有管好"，农业部门则坚称有确切数据证明农业污水的比重非常低，且是在江河湖自净能力范围内。每个部门都基于专业主义和部门立场对治水规则进行操纵以及有意义的建构，技术无法形成一致的价值理解，这使得即使问题通过信息平台流转到某个职能部门，其还是有足够的理据把问题"踢回"河长办，河长办在日常运作中经常不得不扮演办事机构而非协调机构的角色。

最后，技术无法解决已有体制机制中的深层次矛盾。虽然河长办通过河长 App 可以实时监测河长巡河状况，做到履职监督、履职留痕；通过河长周报可以及时发现基层河长巡河不达标、履职不力、上报问题不积极、"四个查清"未完成等情况，并通过系统进行报灯预警，可以压实河长履责；通过河长管理信息系统可以快速统计、实时公示各级河长、各治水部门的履职情况，减少"懒政""怠政"现象，然而，水环境治理已有体制机制中存在的深层次矛盾也在同时消解技术的作用。一是延续了"放管服"模式，将河涌治理任务与责任层层下压，造成基层权力小、任务重、责任大，权责极其不匹配。以 PY 区某街道为例，面积 24.8 平方公里，下辖 18 个村居，其中 10 个是城中村，街属河涌 9 条，但街道城管中队实际在岗编内人员仅 4 人，执法资源不足严重制约了基层排查和清理整顿"散乱污"企业、违建、污水偷排等工作的效果；二是基层河长治理能力的有限性与责任边界的无限性矛盾，在强问责压力下基层河长不得不采取策略性行为应对。2018 年 S 市河长办所公布的问责干部数据中，将近 80% 是镇街和村居级的基层河长。正如前文已述，在河涌治理的工作开展中，基层不仅要查找上报问题，问题最终实际上也是交给基层去解决，并且基层发现上报的问题越复杂，被问责的概率就越大。为了避免被问责，基层河长在上报问题时往往避重就轻，并且只在基层的工作微信群进行内部交流，不愿通过有交办督办流程的河长 App 或网格化信息平台上报问题，导致大量的问题和矛盾没有进入相应的制度化回应流程而被掩盖。比如，尽管 S 市河道两岸违建问题依然突出，但在河长 App 上上报的违建问题却寥寥可数。

8.3.4　技术只是选择性开启政社互动和公众参与的机会之窗

与目标和决心相悖的是，在河长管理信息系统上，涉及政社共治共享的端口中，只有非河长举报（体制内非河长人员通道：如督察组、河长办巡查小队等）全面投入运作，舆情与媒体板块目前只是系统内部人员采集媒体报道的一些案例投放公开，而民间河长的数据端口目前仍未开放使用。

"关于民间河长。我们现在这机制是官方认可过一批民间河长，最初通过志愿报名和单位筛选后，让有时间和有能力的市民作为民间河长加入治水队伍。实际上最初是有正式的聘书的。""后期各区的操作不同，有些把治安联防队、志愿服务队，也包括后来的环保志愿者和组织等也纳入巡河工作中，也被坊间称为民间河长，后来混在一起了，并不是全部都有聘书的。也就因为这些情况，民间河长的端口被暂时关闭了。"在访谈中不难发现，原本的制度流程设计与技术平台功能都主动将政社互动的理念、设想和渠道等纳入协同框架中一并考虑，但由于政府部门仍缺乏政社互动的管理经验，加上传统部门成见的束缚、业已繁重的常规事务、沉重如山的问责压力等因素的"联合剿杀"，部门已无暇顾及新理念、新思路，无多余的注意力分配到社会多元参与与否、渠道是否畅顺、政社互动是否有效等方面，进而也就停滞于设想阶段，难以再进一步推动发展。

在 TH 区一个治水成效显著、民间自发参与治水力量成熟的 CB 村的走访中发现，即便是这样具备规范化与制度化的成熟社会力量的区域，政府承认与接纳社会力量参与治水，政社互动也仍是停留在"外围"。"我们虽然有好多队伍，也有组织体系，但是我们一般发现污染问题目前也还是通过拨打官方河长电话、投诉热线或者网络公众号等普通渠道反映，并没说真正有可以直接影响到官方的策划与行动的直接交互。"因此，即便是走在前列的利用信息管理系统的一些治水案例，整体设计看似在技术嵌入组织（制度）上取得了进展，但实质上仍只是停留在形式上的一种符号，并不能体现技术嵌入协同治水的实际有效性，这种机会之窗仍"选择性打开"，还有待更深层次的互构设计与技术执行。

第9章　技术赋能公众治水参与：基于多层次模型的分析*

在传统的水环境治理中，虽然中央与地方都意识到水生态环境的重要性，并颁布了大量与水环境治理相关的法律法规，如20世纪七八十年代颁布的《中华人民共和国环境保护法（试行）》《中华人民共和国水污染防治法》等，在此基础上也制定了相关的行动方案，但是在追求"经济效益最大化"这样一个背景下，水环境治理的相关法律制度制定以及行动方案执行呈现低标准、软约束、弱执行的特点，并且这种治理只局限于政府内部，使得水环境治理成为"政府一家之事"。2007年，太湖蓝藻大面积暴发，导致了江苏无锡的饮用水危机，传统的粗放式水环境治理模式显然不足以应对此次危机，于是"发挥地方党委和政府的主导作用，全社会的共同参与"的河长制正式开始实施，公众参与水环境治理更是作为极其重要的一环而被提上议程。互联网时代的到来，使公众的线上参与具有开放、平等、便捷等特点，不同年龄阶段、性别、受教育程度等公众群体都可以通过互联网参与到公共事务治理当中，[1] 所以创新互联网时代群众工作机制对于构建"开门治水、人人参与"治理格局而言具有重要意义，其有助于打破时空和知识界限，使得公众参与水环境治理更为直接、成本低廉。

在规范层面，"互联网+"公众治水参与的意义是不言而喻的，但在实践层面网络参与平台建设的"热"与公众参与的"冷"形成了鲜明的对比。一方面，伴随着河长制在全国各地的普遍推广，公众网络参与

---

* 本章部分内容曾以《"期望—手段—效价"理论视角下的"互联网+"公众治水参与——基于广东省S市数据的多层次多元回归模型分析》为题发表在《北京行政学院学报》2021年第3期，收入本章时进行了扩充与修改。

① 中国互联网络信息中心（CNNIC）发布的第45次《中国互联网络发展状况统计报告》显示，截至2020年3月，我国网民规模为9.04亿人，互联网普及率达64.5%，我国网络购物用户规模达7.10亿人，2019年交易规模达10.63万亿元，同比增长16.5%。在线政务服务用户规模达6.94亿人，较2018年底增长76.3%，占网民整体的76.8%。

平台建设在各地如火如荼地进行，不少地方政府投入大量的资源开发建设了形形色色的"互联网＋"公众治水参与平台，如 S 市开通了微信上报有奖、微博、网络热线等"掌上治水"平台，嘉兴的"智慧河道 App""微信扫一扫举报有奖"等网络治水问政平台，重庆的微信、微博等投诉监督平台等，为"互联网＋"公众治水参与提供了多元化的参与渠道；另一方面，一些官方的网络参与平台了解的人甚少，懂得利用平台实现有效参与的人则更少，因此其效果未能得到有效发挥。"互联网＋"公众治水参与热情并没有如制度设计者所预期的高涨，相当一部分公众对于如何通过网络渠道来参与治水漠不关心，也有不少公众认为"水环境治理是政府一家的事情"，至于公众参与与否无足轻重，既影响不了政府决策也改变不了现状。那么，"冷"与"热"现象背后的深层次原因是什么？要回答这个问题，首先要回答的是河长制背景下"互联网＋"公众治水参与度到底如何，其次要回答的是驱动"互联网＋"公众治水参与的主要因素有哪些。为此，本章将以 S 市为研究个案①，通过问卷调查②、参与式观察③以及田野调查④等方法进行一手资料的收集，并利用收集来的 S 市11 个区 926 个有效公众样本的问卷调查数据及河涌与区层面的客观数据，构建多层次多元回归模型，对河长制下"互联网＋"公众治水参与影响因素进行实证分析。

---

① S 市在 2014 年就实现了河湖河长制全覆盖，并大力倡导"开门治水，人人参与"的理念，"互联网＋公众治水"走在全国的前列。第一，为公众的治水参与提供了多元化的渠道，如 S 市涉水职能部门的官方微博、微信公众号、官方网站等；第二，"两微"平台为公众治水投诉提供了更为便捷的渠道。通过"S 市治水投诉"微信公众号中的"我要投诉"栏目以及"S 市水务"微信公众号中的"有奖举报"栏目，公众可以将水环境污染问题进行实时上报，所上报的问题也进入到河长 App，由市河长办分派给相关部门进行甄别和处理，并及时对举报人进行反馈；第三，建立了公众网上治水参与的激励机制，即"动动手指、投诉问题、红包奖励"，"S 市治水投诉"微信公众号增设了"微信红包"功能，对市民有效投诉进行奖励，促进开门治水、人人参与。
② 采取比例抽样的方法，以《S 市 197 条黑臭水体 2018 年第四季度整治进展公开清单》所公布的 197 条黑臭河涌为抽样框，按照所有黑臭河涌在 11 个区的地理分布，从中抽取约20% 的黑臭河涌（共 40 条），进而采取目的抽样的方法在上述河涌沿岸拦截当地居民进行问卷派发，以此获取个体层面的数据。
③ 笔者依托 S 市河涌中心委托研究相关课题，赢得深入研究场域的机会，了解 S 市"互联网＋"公众治水参与的总体情况，并且通过河长 App 和"河涌管理系统"获得了河涌层面跟区层面的数据。
④ 笔者对 CH 区、HD 区、BY 区、TH 区、LW 区、HZ 区、PY 区等 7 个区的河涌进行了田野调查，与涉水社会组织和公众开展了多次座谈会，收集了大量一手资料。

9.1 "期望—手段—效价" 理论驱动下的
"互联网＋" 公众治水参与

　　期望理论最初作为概述动机的一个过程型激励理论，由爱德华·托尔曼开创，心理学家维克多·弗鲁姆完善，并于 1964 年正式提出，期望理论研究了激励过程的相关变量因素，并具体分析了激励力量的大小与各因素之间的函数关系，解释了为什么个人选择一种行为选项而不是其他行为选项。期望理论能够帮助领导者按照一个人的动机在工作场所创建激励计划。同时，期望理论被归类为动机的过程理论，因为它强调个人对环境的看法以及个人期望所产生的后续相互作用。该理论指出，个人有不同的目标集，如果个人认为努力与绩效之间存在正相关关系，良好的表现将产生理想的奖励，奖励将满足一个重要的需要，满足需求的愿望足够强烈，那么就足以使这种努力变得有价值，亦即如维克多·弗鲁姆所指出的：激励力（MF）＝期望值×工具性×效价。①

9.1.1 期望

　　努力与绩效之间的关系称为 E-P 链接，期望理论的期望值部分是相信一个人的努力（E）将实现预期绩效（P）目标。期望值被定为期望理论的第一个组成部分，说明为了有效地激励一个人，个人需要认识到，个人的努力支出将会产生其可接受的绩效水平。感知的概念在整个理论中非常重要，因为它得出结论，为了让一个人能够被激励去努力完成一项任务，他们只需要相信他们的努力会产生一定的业绩，或者业绩目标是可以实现的。维克多·弗鲁姆明确有一些变量会影响个人的期望值，这些变量包括自我效能、目标难度和控制。

9.1.2 工具性

　　期望理论方程中的第二个要素是工具性。工具性是认为给定绩效水平与给定结果相关的看法，换句话说，一个人相信给定的产出将促进给定的奖励，亦即一个人只有在相信绩效会产生给定的表达结果时，激励才会达

---

① Vroom，Victor H. Work and Motivation［M］. San Francisco：Jossey-Bass，1994：124－153.

到一定水平，这种关系用 P-O 联系表示，期望理论的工具性部分是人们的信念，如果他们能达到绩效预期，他们将获得"巨大的奖励"，而影响工具性的变量是信任、控制以及政策。如果某物以其他事物为条件，或被认为直接导致特定结果，则它被视为工具。人们相信的结果可能不是他们的表现所产生的实际结果，但如果人们没有看到他们的绩效水平与可能的结果之间的联系，他们不太可能被激励。

9.1.3　效价

效价是期望理论的最后组成部分，其特点是一个人对给定结果或奖励的重视程度。但需要注意的是，效价不是个人从结果中获得的实际满意水平，而是个人从特定结果中获得的预期满意度。而效价"值"高低是基于个体差异，因为一个人对预期结果或奖励的价值跟他是什么身份直接相关，包括他们的需求、目标、价值观/偏好，这种主观价值基于个人的看法、态度和信仰，因此个人对结果的价值评估水平被描述为效价。效价可以包括从积极结果到负面结果的范围，消极的结果是一个人认为会导致不满的结果，如果一个人认为它是好的，并且它比预期的其他结果更有价值，就会出现积极的结果。

期望理论当前被应用于对企业员工、公务员、教师等人员的激励中，这些实践经验为其分析在河长制下"互联网＋"公众治水参与影响因素提供了借鉴路径。本章基于"期望—手段—效价"理论，引入个体、河涌和区三个层面的要素，构建一个"互联网＋"公众治水参与分析框架（见图 9-1）。

河长制下的"互联网＋"公众治水参与度主要取决于公众激励力度，而激励力度则由公众的期望、工具性以及效价三个方面构成。

第一，期望。河长制下公众对于水环境治理成效的期望，包含了两方面的内容。一方面，公众参与行为已经取得的效果是否达到其预期；另一方面，公众认为河长制下未来所取得的水环境治理成效能否符合其期望值。

第二，工具性，亦即手段，主要是指人们的信念部分。在河长制下的"互联网＋"公众治水参与的工具性具体指的是，公众相信政府已有的投入结果产生其可以接受的水环境治理成效进而激励其参与积极性，而这种投入结果包含了三个层面。一是个体层面，公众相信参与平台的多元化和环保信息透明度能够影响水环境治理的成效；二是河涌层面，

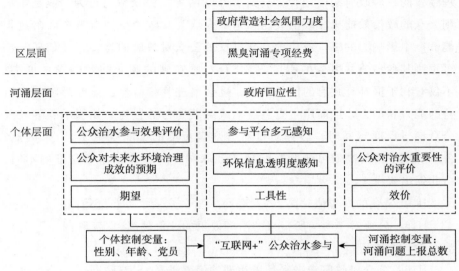

图 9 - 1　"互联网 +"公众治水参与分析框架

公众相信他们上报的河涌问题得到官方的回应成效（河涌上报问题办结率）可以影响水环境治理的成效；三是区层面，公众相信政府在营造良好的社会氛围方面的努力和对黑臭河涌专项经费的投入力度可以影响水环境治理的成效。

第三，效价。在河长制下"互联网 +"公众治水参与中，效价指的是公众从当下现实的水环境治理绩效中判断其通过网络参与水环境治理对于未来水环境治理的重要性程度，将影响"互联网 +"公众治水参与的程度。

9.2　研究设计

9.2.1　研究假设

1. 公众期望与"互联网 +"公众治水参与

公众满意度为公众对公共服务实际的感知与之前对公共服务的预期效用之间差距的认知。① 公众对于政府绩效的主观感知是基于政府的客观治

---

① Im，T.，and S. J. Lee. Does Management Performance Impact Citizen Satisfaction? ［J］. The A-
merican Review of Public Administration，2012，42（4）：419 - 436.

理绩效的，对政府的信任会影响到"互联网＋"公众参与行为，或是影响到公众的政治效能感。政治效能感是个人认为其政治行为对整个政治过程能够产生影响力的感觉或信念，既可反映公众对政府的态度以及信任，也可预测其参与公共事务的程度。① 公众对感知到的政府绩效的满意度高，不仅有利于提升其政府的信任程度，也会增进其相信自己能够影响制度运行的能力和动力，进而产生更多参与或继续参与的行为，如明承瀚等发现公众参与程度越高时，服务质量对公众满意度的影响就更明显。② 因此，公众的期望值的高低可能会影响到"互联网＋"公众治水参与度的不同，由此提出假设 1。

H1：公众的期望值越高，"互联网＋"公众治水参与度越高。

H1a：公众对于参与所带来的治理效果的评价越高，"互联网＋"公众治水参与度越高。

H1b：公众对政府未来水环境治理的信心越高，"互联网＋"公众治水参与度越高。

2. 政府的工具性作用与"互联网＋"公众治水参与

在"互联网＋"公众治水参与中，政府的工具性作用主要包括了政府通过宣传、信息公开等方式营造外部环境及回应公众等。其中，政府对公众的回应不仅表明了政府愿意听取公众意见的倾向，更加表明了政府对公众态度及偏好的重视。杨梦玥提出政府对公众的信任度、政府对公众的回应度、政府的信息公开这三个因素与公众参与环境政策制定的意愿呈显著正相关。③ 换句话来说，政府对公众环保方面的投诉回应度高，及时给予公众反馈并及时采取解决问题的行动，不但可以高效解决当下公众所担忧的水环境问题，还可以提高公众对未来水环境治理成效的预期，使其感知到其在水环境治理参与中的价值，使公众在心理上增强被认同、被需要的感受，为以后更广泛参与政府开展的环境治理工作打下基础。如果公众得

---

① Louis, Owens. The Grapes of Wrath: Trouble in the Promised Land [M]. Boston: Twayne Publishers, 1989: 101 – 124.

② 明承瀚，徐晓林，陈涛. 公共服务中心服务质量与公众满意度：公众参与的调节作用 [J]. 南京社会科学，2016（12）：71 – 77.

③ 杨梦玥. 环境政策制定中的公众参与影响因素研究——基于北京市的实证分析 [J]. 环境与发展，2015（5）：1 – 13.

不到政府机构的回应，其可能会认为自己的参与实际上只是一种形式，对政府的决策没有实质性的影响，由此则会降低"互联网＋"公众参与的积极性。可见政府在水环境治理中所发挥的工具性作用会影响"互联网＋"公众治水参与的程度，由此提出假设 2。

H2：政府在水环境治理中发挥的工具性作用越大，"互联网＋"公众治水参与度越高。

H2a：政府对于公众互联网上报的河涌问题的回应越积极，"互联网＋"公众治水参与度越高。

H2b：政府营造良好社会治水氛围的力度越大，"互联网＋"公众治水参与度越高。

H2c：公众对政府提供的水环境治理平台/渠道的多元性的感知越强，"互联网＋"公众治水参与度越高。

H2d：政府的环保信息公开越透明，"互联网＋"公众治水参与度越高。

3. 公众对治水重要性的评价与"互联网＋"公众治水参与

公众可以通过政府信息来获得关心事项的资料，这会影响公民参与政治决策的能力。一定程度上外部利益相关者可以通过定期获得有关政府运作的信息来判断政府行为是否符合自身偏好。[1] 在河长制下，效价指的是公众认为河长制工作的推进，将会在多大程度上改善公众周边的水生态环境，效价的高低取决于公众对周边水生态环境变化结果的价值评估水平，基于此提出假设 3。

H3：公众越是认为水环境治理工作对其周边居住环境的改善重要，"互联网＋"公众治水参与度越高。

9.2.2　问卷设计与数据来源

1. 问卷设计

（1）因变量："互联网＋"公众治水参与度

"互联网＋"公众治水参与度指公众通过不同的平台形式进行水环境治理参与的程度，本研究中的"互联网＋"公众治水参与度变量由三个题

---

[1] Porumbescu, G. A. Using Transparency to Enhance Responsiveness and Trust in Local Government: Can It Work? [J]. State and Local Government Review, 2015 (47): 205 – 213.

项构成，分别对公众运用三种渠道向政府投诉或反映关于河涌整治及河长制的意见的程度进行测量，三种渠道分别为微信群、微信公众号（如"S市治水投诉""S市水务"），电话热线（如12345、公示牌的电话），邮箱、官方网站。选项为1＝"从不"，2＝"几乎不"，3＝"很少"，4＝"有时"，5＝"经常"。

（2）个体层面自变量

个体层面的自变量包括"互联网＋"公众治水参与对河涌变化的影响、公众对政府未来水环境治理工作的信任、公众对治水重要性的评价、公众对参与平台透明度的感知、公众对参与渠道多元性的感知。"互联网＋"公众治水参与对河涌变化的影响选项为1＝"非常不满意"，2＝"不太满意"，3＝"一般"，4＝"比较满意"，5＝"非常满意"；公众对政府未来水环境治理工作的信任选项为1＝"非常不信任"，2＝"比较不信任"，3＝"一般"，4＝"比较信任"，5＝"非常信任"；公众对治水重要性的评价选项为1＝"非常不重要"，2＝"比较不重要"，3＝"一般"，4＝"比较重要"，5＝"非常重要"；公众对参与平台信息透明度的感知选项为1＝"非常不赞同"，2＝"比较不赞同"，3＝"一般"，4＝"比较赞同"，5＝"非常赞同"；公众对参与渠道多元性感知的选项为1＝"非常不赞同"，2＝"比较不赞同"，3＝"一般"，4＝"比较赞同"，5＝"非常赞同"。

（3）河涌层面自变量

河涌层面自变量主要指公众上报问题的办结率。该变量基于河长App中2019年1月1日至6月30日每条河涌的问题上报总数（渠道有"河长上报"、"巡查上报"、"微信巡查"、"电话投诉"和"公众投诉"）及上报问题办结率（已办结复核回复问题数/上报问题总数），即政府回应性来测量。

（4）区层面自变量

区层面自变量主要包括政府营造治水氛围的力度、治水财政投入力度两部分。这两个变量的数据主要来自各区政府的官方网站公布的数据以及河长App等。

（5）控制变量

控制变量主要包括性别、年龄和政治面貌。性别编码为1＝"男"，0＝"女"；年龄编码为1＝"17岁及以下"，2＝"18～25岁"，3＝"26～35岁"，4＝"36～50岁"，5＝"51～60岁"，6＝"61岁及以上"；政治面貌选项为 1 = "党员（含预备党员）"，2 = "共青团员"，3 = "民主党派"，4 = "群众"，其中将 2、3、4 重新编码为 0。河涌问题上报总数选项的数值来源于河长 App。对变量的操作化说明如表 9 - 1 所示。

表 9 - 1 对变量的操作化说明

变量	变量的操作化	
个体层面自变量		
"互联网 +"公众治水参与度	微信群、微信公众号（如"S 市治水投诉""S 市水务"），电话热线（如 12345、公示牌的电话），邮箱、官方网站	定序变量；"您在多大程度上通过上述渠道向政府投诉或反映关于河涌整治及河长制的意见？"1 = 从不，2 = 几乎不，3 = 很少，4 = 有时，5 = 经常
"互联网 +"公众治水参与对河涌变化的影响	河涌水质变化	定序变量；从 1（非常不满意）到 5（非常满意），值越大越满意
	河涌味道变化	
	河流岸线乱占滥用情况	
	河涌岸边垃圾变化情况	
	河涌大面积漂浮物变化情况	
	河涌沿岸设施变化情况	
	河涌污水直排现象	
公众对政府未来水环境治理工作的信任	定序变量；从 1（非常不信任）到 5（非常信任），值越大越信任	
公众对治水重要性的评价	定序变量；从 1（非常不重要）到 5（非常重要），值越大越重要	
公众对参与平台信息透明度的感知	定序变量；从 1（非常不赞同）到 5（非常赞同），值越大越透明	
公众对参与平台多元性的感知	定序变量；从 1（非常不赞同）到 5（非常赞同），值越大平台越多	
河涌层面自变量		
政府回应性	河长 App 中对每条河涌问题的回应率，即已办结复核问题数/问题总数，值越大回应率越高	
区层面自变量		
政府营造治水氛围的力度	人均一般公共服务支出/人均 GDP，值越大代表氛围越好	
政府治水财政投入力度	各区政府官方网站公布的数据：黑臭河涌专项整治经费	

续表

变量	变量的操作化
	控制变量
性别	哑变量（男性＝1，女性＝0）
年龄	定序变量（从"17岁及以下"到"61岁及以上"）
政治面貌	哑变量〔党员（含预备党员）＝1，非党员＝0，2＝共青团员，3＝民主党派，4＝群众〕，将2、3、4重新编码为0
河涌问题上报总数	河长App中每条河涌发现或上报的问题总数

2. 数据来源

本研究以S市作为研究个案，主要是基于以下考虑。第一，S市推行河长制的时间较早，在2014年构建市—区—镇街—村居四级官方河长体系的同时，下发《S市河长办关于开展聘请河湖"民间河长"活动的通知》等制度文件，积极践行"共建、共治、共享"理念，实行"开门治水、人人参与"，积极打造诸如"S市治水投诉""S市水务"等互联网参与平台。第二，S市作为经济发达城市和南方城市，河流水系众多，截至2018年11月，S市已聘用民间河长近900名，各区涌现出一大批"民间河长"和"民间志愿者"，与"官方河长"在治水平台进行积极互动，共同促进形成河涌共治共管的良好工作机制。水环境治理中的治水平台参与及其影响因素具有一定的典型性和代表性，能够在很大程度上折射出"互联网＋"公众治水参与受限的原因。第三，研究者受S市河涌中心委托研究相关课题，赢得深入研究场域的机会，便利的研究条件使开展全市大规模的公众问卷调查成为可能。

2018年12月至2019年1月，研究者对S市TH区CB涌、TX涌的民间河长和志愿巡河队伍，以及新生活环保促进会的运营主管和S市绿点公益环保促进会的干事进行了深度访谈，主要了解民间河长、环保组织参与水环境治理的现状及其遇到的困境等。在深度访谈的基础之上，初步设计《S市河长制水环境治理公众调查问卷》。2019年3月在TH区TX涌进行了预调研，并向相关领域的研究者、S市河涌中心的工作人员以及TX街道居民等征求意见，据此修改了相关问题与题量，进一步完善了参与平台/渠道的题项。2019年3月至6月，研究者采取比例抽样的方法，以《S市197条黑臭水体2018年第四季度整治进展公开清单》所公布的197条黑臭河涌为抽样框，按照所有黑臭河涌在 11 个区的地理分布，综合考虑市中心、郊区与城乡接合部的产业结构对河涌的影响以及黑臭水体的三种类型，从中抽取约 20% 的黑臭河涌（共 40 条），进而采取目的抽样的方法在上述河涌沿岸拦截当地居民进行问卷派发，共发放问卷 1000 份，回收问卷 931 份，回收率为 93.1%；有效问卷为 926 份，有效率为 99.46%。

9.3　数据结果与分析

9.3.1　描述性统计

对收集得来的数据经过简单分析，可以得出变量的描述性统计情况（见表 9 - 2）。

表 9 - 2　变量描述性统计（$N = 926$）

变量	样本数（份）	均值	标准差	最小值	最大值	层面
微信群、微信公众号（如"S 市治水投诉""S 市水务"）	897	2.186	1.339	1	5	个体
电话热线（如 12345、公示牌的电话）	894	2.096	1.265	1	5	个体
邮箱、官方网站	897	1.953	1.198	1	5	个体
性别	922	0.521	0.499	0	1	个体
年龄	919	3.592	1.325	1	6	个体
政治面貌	916	0.198	0.398	0	1	个体
河涌水质变化	913	3.935	0.900	1	5	个体
河涌味道变化	909	3.917	0.901	1	5	个体
河流岸线乱占滥用情况	890	3.924	0.852	1	5	个体
河涌岸边垃圾变化情况	905	4.078	0.788	1	5	个体
河涌大面积漂浮物变化情况	901	4.081	0.794	1	5	个体
河涌沿岸设施变化情况	884	4.021	0.818	1	5	个体
河涌污水直排现象	878	3.895	0.870	1	5	个体
公众对政府未来水环境治理工作的信任	849	3.973	1.007	1	5	个体
公众对治水重要性的评价	915	3.950	1.071	1	5	个体
公众对参与渠道多元性的感知	761	3.573	1.146	1	5	个体

续表

变量	样本数（份）	均值	标准差	最小值	最大值	层面
公众对参与平台信息透明度的感知	777	3.663	1.144	1	5	个体
河涌问题上报总数	852	327.873	217.021	4	1295	河涌
政府回应性	852	0.963	0.062	0.73	1	河涌
政府营造治水氛围的力度	880	0.007	0.004	0.003	0.268	区
政府治水财政投入力度	880	4.760	0.454	3.796	5.371	区

9.3.2 因子分析

1. "互联网+"公众治水参与度

经分析，检测到"通过什么渠道向政府投诉或反映关于河涌整治及河长制的意见"的 3 个题项受共同因素的影响较大，Cronbach's Alpha 为 0.9386，KMO 值为 0.766，Bartlett 显著性概率为 0.000，因此拟对公众参与度进行探索性因子分析，提取公因子。因子分析结果显示，3 个变量可以提取出一个公因子，笔者将其命名为"'互联网+'公众治水参与度"。"'互联网+'公众治水参与度"因子可以解释原有变量总体方差的 89.42%，说明因子提取的效果较好。同时，3 个变量在"'互联网+'公众治水参与度"这一公共因子上的载荷都在 0.9 以上，达到理想的负载，公共因子能够较好地解释这一组变量的方差。因此，本章将"'互联网+'公众治水参与度"作为因变量，进行后续的模型分析。

2. "互联网+"公众治水参与对河涌变化的影响

经分析，检测到"开门治水、人人参与"后，"互联网+"公众治水参与对河涌变化的影响的 7 个题项受共同因素的影响较大，Cronbach's Alpha 为 0.9440，KMO 值为 0.914，Bartlett 显著性概率为 0.000，因此拟对"互联网+"公众治水参与对河涌变化的影响进行探索性因子分析，提取公因子。因子分析结果显示，7 个变量可以提取出一个公因子，笔者将其命名为"'互联网+'公众治水参与对河涌变化的影响"。"'互联网+'公众治水参与对河涌变化的影响"因子可以解释原有变量总体方差的 94.40%，说明因子提取的效果较好。同时，7 个变量在"'互联网+'公众治水参与对河涌变化的影响"这一公共因子上的载荷都在 0.8 以上，达到理想的负载，公共因子能够较好地解释这一组变量的方差。因此，本章采用"'互联网 +'公众治水参与对河涌变化的影响"作为自变量，进行后续的模型分析。

9.3.3　相关性检验

表 9 - 3 呈现了各变量之间的相关关系，所有的自变量均与因变量"'互联网 +'公众治水参与度"有显著的相关关系。除了"政府回应性"之外，绝大部分自变量之间有显著相关关系，但从相关系数看大都属于低度相关（除了"公众对参与渠道多元性的感知"与"公众对参与平台信息透明度的感知"之间高度相关之外），说明本研究之间不存在多重线性问题。

9.3.4　多层次多元线性回归模型

表 9 - 4 展示了多层次多元线性回归模型，模型 1 是不加入任何自变量的零模型，目的是查明是否需要运用多层次模型对数据进行分析，并计算河涌层面以及区层面的差异对"'互联网 +'公众治水参与度"影响的程度大小。随机效应分析显示（0.147/0.147 + 0.616），约19%的"'互联网 +'公众治水参与度"差异源自河涌层面的差异，河涌层面方差通过 1% 的显著性水平检验。同时，随机效果分析显示（0.135/0.135 + 0.607），约18%的"'互联网 +'公众治水参与度"差异源于区层面的差异，区层面方差通过 1% 的显著性水平检验。这说明对同属于一个河涌附近的公众来说，其网络参与治水程度水平具有高度相似性；相反，对于不同河涌之间的公众来说，他们之间的公众参与度具有较大差异性。同时，对于属于同一个区的公众来说，其网络参与治水程度也具有很强的相似性与关联性；相反，对于不同区之间的公众来说，他们之间的"'互联网 +'公众治水参与度"有较大的差异。因此，本研究适合建立多层次模型进行检验。

1. 公众治水参与效果评价对"互联网 +"公众治水参与有显著正向影响

公众满意度对于公众参与行为有着重要影响，实行绩效公开的城市若

表9-3 变量之间的相关性检验

变量	1	2	3	4	5	6	7	8	9
1. "互联网+"公众治水参与度	1								
2. "互联网+"公众治水参与对河涌变化的影响	0.33***	1							
3. 公众对政府未来水环境治理工作的信任	0.24***	0.44***	1						
4. 公众对治水重要性的评价	0.35***	0.33***	0.23***	1					
5. 公众对参与渠道多元性的感知	0.43***	0.38***	0.58***	0.29***	1				
6. 公众对参与平台信息透明度的感知	0.44***	0.38***	0.62***	0.28***	0.89***	1			
7. 政府回应性	0.08*	-0.01	-0.08*	0.05	0.04	0.03	1		
8. 政府治水财政投入力度	-0.05	-0.20***	-0.11**	-0.16***	-0.14***	-0.13***	0.14***	1	
9. 政府营造治水氛围的力度	0.11**	-0.13***	-0.06*	-0.07*	-0.02	-0.03	0.27***	-0.14***	1

注：*、**、***分别表示在10%、5%、1%的水平下显著。

表 9 - 4　多层次多元线性回归模型

变量	模型 1 β	模型 2 β	模型 2 S. E.	模型 3 β	模型 3 S. E.	模型 4 β	模型 4 S. E.	模型 5 β	模型 5 S. E.
固定效应									
常数项	0.347***	-0.076	0.068	-1.270***	0.072	-2.792*	0.071	-3.090**	0.071
控制变量									
性别（以男性为参照）		0.166*	0.068	0.175*	0.072	0.112	0.071	0.113	0.071
年龄		-0.052*	0.025	-0.051	0.029	-0.062*	0.029	-0.054	0.029
政治面貌		0.638***	0.086	0.163	0.088	0.021	0.086	0.023	0.086
河涌问题上报总数		-0.00001	0.001	0.0002	0.001	0.00037	0.0002	0.00025	0.0002
个体层面变量									
"互联网+"公众治水参与对河涌变化的影响				0.196***	0.043	0.159***	0.042	0.155***	0.042
公众对政府未来水环境治理工作的信任				-0.091	0.043	-0.072	0.045	-0.064	0.045
公众对治水重要性的评价				0.140***	0.038	0.106**	0.036	0.108**	0.036
公众对参与治水渠道多元性的感知				0.151*	0.067	0.105	0.063	0.094	0.063
公众对参与平台信息透明度的感知				0.197**	0.070	0.174**	0.065	0.179**	0.065

续表

变量	模型 1	模型 2 β	模型 2 S.E.	模型 3 β	模型 3 S.E.	模型 4 β	模型 4 S.E.	模型 5 β	模型 5 S.E.
河涌层面变量									
政府回应性						2.014*	1.113	2.744*	1.154
区层面变量									
政府治水财政投入力度								-0.140	0.151
政府营造治水氛围的力度								34.625*	14.781
随机效应									
河涌方差	0.999	0.909		0.744		0.616		0.607	
Log-likelihood	-1268.031	-1105.374		-757.649		-719.906		-714.922	
Wald chi2		65.79		233.04		130.78		136.30	

注：*、**、***分别表示在10%、5%、1%的水平下显著。

在最开始赋予公众以较高的期望值，但在后续实施中绩效公开内容有限、作用不大，就会打击公众对政府的信心，留下"形式主义"的印象，反而会降低公众满意度，也会降低公众参与意愿。① 而在全面推行河长制工作的背景下，推动"互联网＋"公众治水参与是营造"开门治水，人人参与"治水格局的重要举措，公众通过水生态环境的变化以及河长制工作的落实情况来判断其治水参与的效果是否符合期望值，并基于期望值的高低来决定会不会继续通过网络参与到水环境治理中。如在调研中有公众反映"现在这几年来，河涌的变化都是大家有目共睹的，环境越来越好了，我们看到河涌有垃圾或者脏了，我们都会通过微信公众号进行投诉的"，可见，公众对政府治水绩效的感知会影响"互联网＋"公众治水参与程度。

2. 环保信息透明度感知对"互联网＋"公众治水参与有显著正向影响

学界普遍认为公众参与热情不高是由于公众对于目标和信息了解不多，如公众与公共部门在互动的过程中存在信息不对称现象，这种信息不对称常常会造成公众对公共部门绩效的不良认知，甚至造成对政府的不信任，继而其也不会主动参与，所以政府的环境信息公开对于公众参与的影响是非常大的。② 特别在水环境治理当中，其治理成效容易被公众感知，但是这种感知是主观的、非专业的，因此政府职能部门更应该做好水环境信息的公开工作。目前 S 市的信息公开力度不足，如在黑臭河涌的水质监测数据、违法排污量等公开方面，政府认为只要告诉公众结果就可以了，从而导致了"互联网＋"公众治水参与度不高。河长制要从一项临时的管理制度设计转向长效化的治理制度实践，就意味着要完善"互联网＋"公众治水参与机制，促进公众有效参与，所以政府不能仅仅为公众提供一个方便少数人监督的系统，而应该满足大多数公众的相关信息需求，使水环境治理工作落实过程可见，让公众更加积极地通过网络参与到水环境治理中。

① Brown, K., and P. Coulter. Subjective and Objective Measures of Police Service Delivery [J]. Public Administration Review, 1983, 43 (1): 50-58.
② 李艳芳. 论公众参与环境影响评价中的信息公开制度 [J]. 江海学刊, 2004 (1): 126-132.

3. 公众对治水重要性的评价对"互联网＋"公众治水参与有显著正向影响

阿尔蒙德和维巴认为相信自己的参与能够影响政府的人，更加可能做出能够影响政府的行为，[①] 在水环境治理中也亦如此，公众大多认为他们的网络参与会促使政府涉水职能部门更好地推进水环境治理工作，并且这项工作会对公众居住周边水生态环境的改善具有重要影响。在调研中，受访者普遍表示，"在推进落实河长制之前，河涌可以用'脏臭差'来形容，而随着政府水环境治理的工作力度加大，周边的这些河涌已经变得好很多了，所以这项工作可以帮助我们改善居住周边的环境，谁不想自己周边的环境变好"。公众所关心的是自己居住的环境，政府水环境治理工作的推进，使公众感觉到河流的环境是有变化的，并且认为这项工作是可以实现公众目标的，意识到水环境治理这项工作的重要性，进而也会激发公众"互联网＋"治水参与的积极性。

4. 政府对公众上报问题的回应性对"互联网＋"公众治水参与有显著正向影响

在"互联网＋"公众参与方面，公民是公共诉求的发起者，政府的回应积极与否将会影响公众参与的热情，[②] 可见政府的回应性是政府行为是否满足公民公共诉求的标准，反映着公众参与对政府行为的影响程度。在"互联网＋"公众治水参与中，政府回应越积极，"互联网＋"公众治水参与程度则越高，也就意味着政府回应性必须是积极的。"上次我在钓鱼的时候，发现了一头死猪漂浮在河面，就通过微信去反映这个问题，结果不到一个小时就有城管的工作人员来打捞了，为这个效率点赞，以后发现问题会继续反映的"，政府对公众反映的问题回应越积极，公众就会越容易相信自己对政府工作落实的影响能力并可以更多地感受到政府对自己意见的重视，由此公众就会越有动力通过网络参与到水环境治理中，与政府形

---

① 〔美〕加布里埃尔·A. 阿尔蒙德，西德尼·维巴. 公民文化——五个国家的政治态度和民主制 [M]. 徐湘林等，译. 北京：东方出版社，2008：176.

② 孟天广，李锋. 网络空间的政治互动：公民诉求与政府回应性——基于全国性网络问政平台的大数据分析 [J]. 清华大学学报（哲学社会科学版），2015，30（3）：17-29.

成良性互动。

5. 政府营造社会氛围的力度对"互联网＋"公众治水参与有显著正向影响

网络参与是公众进行利益诉求表达的重要方式，也是互联网社会建设的重点所在，而营造良好的社会氛围对于公众广泛的网络参与有着极为重要的作用。① 在"互联网＋"公众治水参与中，人均一般公共服务支出与人均 GDP 之比代表着政府营造公众参与公共事务治理氛围的力度，两者之间的比值越高就意味着政府营造社会氛围的力度越大。良好的社会氛围营造离不开政府公共财政预算的支持，在调研当中，有被访者指出"看到街道比较重视治水工作，对于志愿服务的支持力度也加大了，看到他们（志愿者）的氛围这么好，这么关心河涌，我们也就愿意去试一下"。可见，政府所营造的良好的社会氛围，会在一定程度上推动公众形成积极的参与意识。

6. 公众对未来水环境治理成效的预期与"互联网＋"公众治水参与无显著相关关系

在水环境治理当中，公众对未来水环境治理成效的预期是建立在公众的主观认知之上的，政府习惯于"大包大揽"，公众潜意识里也会把政府当作社会问题治理的主体。在调研中有受访者表示"治理河涌是政府的事，我们平民百姓听政府的话就好了"，所以公众更加注重当前的获得感，至于政府在未来会采取什么样的方法进行水环境治理以及会取得什么样的成果，对于公众而言过于遥远，不足以激发"互联网＋"公众治水参与的热情。

7. 参与渠道多元感知与"互联网＋"公众治水参与无显著相关关系

在水环境治理中，虽然 S 市创设了多种多样的"互联网＋"公众治水参与平台，但是在调研过程中，许多受访者表示不知道去哪里运用平台表

---

① 李强，刘强，陈宇琳. 互联网对社会的影响及其建设思路［J］. 北京社会科学，2013（1）：4 – 10.

达自己的意见，有近 34% 的受访者认为 S 市的"互联网＋"公众治水参与平台单一，并且流于形式。由此看来，公众参与途径的畅通不单单涉及参与途径的多元化，更涉及公众的主观感知。一方面，平台使用的便捷性和有用性尤为重要。但由于数字鸿沟的影响，网络参与平台对于弱势群体（如很多老年人）而言反倒成了障碍。另一方面，"互联网＋"公众治水参与是建立在信息可获得的基础上的。缺乏有效的宣传手段或者信息公开不到位，公众将无法获取参与的渠道和方法，无法进行有效参与。

9.4 结论与讨论

9.4.1 "互联网＋"公众治水参与的"中国之治"经验

河长制背景下 S 市"互联网＋"公众治水参与的实践经验表明，公众治水参与效果评价、政府信息的公开透明度、政府回应的及时性、社会氛围以及公众对治水重要性的评价等是影响"互联网＋"公众治水参与度的重要因素，但是也验证了 S 市为公众网络参与搭建的官方微博、微信公众号、网络热线、App 平台等多个网络渠道这一行为对"互联网＋"公众治水参与度并没有显著影响，回应了为什么政府网络参与平台建设"热"而公众参与"冷"。这也恰好反映了政府在当前的"互联网＋"公众治水参与中"重可量化指标落实，轻辅助性制度建设"的现象，但这并不是 S 市所独有的，而是全国各地"互联网＋"公众治水参与所出现的共同问题。究其根本，原因在于河长制扩散中各地方政府"吸纳辐射—学习竞争"的行为逻辑，一方面，河长制从一项地方性的水环境治理创新举措得以上升到国家层面进行推广的一项经验性制度，其遵循垂直吸纳和高位推动的政府行政逻辑，而"互联网＋"公众治水参与时作为河长制工作中的一个重要制度取向也得以扩散到各地方政府；另一方面，各地方政府在推行河长制时必然会面临着如何将制度落地的问题。主动向政策先行地区学习、借鉴先进经验，是当前单一制体制下将制度优势转化为治理效能的重要方式，所以全国各地在推动"互联网＋"公众治水参与时也在相互模仿、学习。但是，各地方政府还面临着绩效考核"一票否决制"的压力，如果制度的落实不达标将会被问责，而在"互联网＋"公众治水参与中，网络参与平台建设作为最容易被量化的指标便成为经验模仿、学习的重要对象。

为此，如何打破"政府网络参与平台建设的'热'而公众参与的'冷'"的"魔咒"俨然成为各地方政府在推行"互联网＋"公众治水参与时必须要面对的共同问题。

9.4.2　迈向真正的"互联网＋"公众治水参与

King 等认为真正的公众参与应该是动态的、透明的、公开的和相互信任的，于政府而言，要求行政人员重视参与过程，并且具备专业技能、人际交往能力、交流技能和运用辅助技术的能力等；于公众而言，要求公众必须具备公民知识、参与技能和交流技能，同时在议程确定之前进行参与[1]，但前提是政府和公众都必须是热情主动的。然而，在现实的参与中人们并没有完全摆脱冷漠的态度，人们大都不愿意投身于辛苦、冗繁的公共参与活动中[2]，所以应该加强能力建设，包括提高公众的合作能力、政府的制度能力以及社区营造参与氛围的能力等，以推动公众有效参与治理[3]。"互联网＋"公众参与是当前社会主义民主政治建设不可回避的趋势，实践经验表明，其丰富了互联网时代党和政府的引领及民意表达等方面的内涵，例如通过河长制的落实促使政府部门主动作为，搭建公众参与的网络平台，同时积极回应公众反馈的问题，对于公众而言有了更多的渠道去表达自己的意见。虽然"互联网＋"公众治水参与面临着"政府'热'而公众'冷'"的现状，但是"能力建设路径"为我们探索具有中国特色的"互联网＋"公众治水参与经验提供了一条有益的思路。在以"河长制"为契机的"互联网＋"公众治水参与中，虽然政府在营造良好的社会参与氛围方面起到重要的作用，但是政府在信息公开、公众诉求回应、治水理念宣传普及等方面的能力建设还有所欠缺，这也是当前政府"重可量化指标落实，轻辅助性制度建设"的症结所在。对于公众而言，虽然有了参与的渠道跟激励制度，但是参与程度还不足，如"互联网＋"

---

① King, Cheryl Simrell, Kathryn M. Feltey, and Bridget O'Neill Susel. The Question of Participation：Toward Authentic Public Participation in Public Administration［J］. Public Administration Review, 1998, 58（4）：317 - 326.

② Vigoda, Eran. From Responsiveness to Collaboration：Governance, Citizens, and the Next Generation of Public Administration［J］. Public Administration Review, 2002, 62（5）：527 - 539.

③ Cuthill, Michael, and John Fien. Capacity Building：Facilitating Citizen Participation in Local Governance［J］. Australian Journal of Public Administration, 2005, 64（4）：63 - 80.

公众治水参与度的均值仅为2.08，19.3%的受访者认为互联网参与治水的门槛过高，41.4%的受访者则认为互联网参与的广度和深度不够。总体而言，提升"互联网＋"公众治水参与度并不是一蹴而就的事情，而是需要政府与公众双方不断提升网络参与的能力，形成网络参与治理的合力。

9.4.3　可复制推广的空间与局限

"互联网＋"公众治水参与作为河长制的重要组成部分，其有效实施不仅仅能够很好地填补公众参与的缺位，促使河长制转向河"长治"，更是将制度优势充分转化为治理效能的必然路径。但是，在政府"热"而公众"冷"的情形下，仅仅从单个层次或者角度对其进行分析，都不能很好地挖掘"互联网＋"公众治水参与背后的逻辑，更不能讲好新时代下中国老百姓网络参与治水的故事。因此，要从公众的感知出发，从个体、政府、河流等多个层面去系统审视和评估河长制下"互联网＋"公众治水参与的绩效及背后的逻辑。在互联网时代，政府想要穷尽所有的网络渠道并且寄希望于"建设的参与渠道越多，公众参与就越积极"显然是不大可能实现的，相反，数量众多且规则复杂的平台甚至会让公众觉得烦琐，加大辅助性制度建设是提高"互联网＋"公众治水参与度的可选方案。

"互联网＋"公众治水参与属于河长制中重要的一环，其在S市的实践成果说明了互联网技术是可以赋能公众参与，进而将河长制这一制度创新充分转化为治理效能的。对于其他一样需要互联网技术推动公众参与的治理领域而言，"互联网＋"公众治水参与经验为其提供了可供参考学习的范本，例如食品安全监管领域、政务服务改革领域、网络安全监管领域、反腐败监督领域等，都需要用互联网技术赋能公众参与，完善"互联网＋"公众参与机制，构建良好的治理格局。但是我们在进行经验学习推广时，要意识到每一个治理领域都有其特殊的地方，既要总结水环境治理领域的经验，又要充分研判经验的可复制推广性，免得使"互联网＋"公众参与成为摆设，造成资源的浪费。

本篇小结

1. 技术赋能协同治水的"中国之治"经验

进入新时代后，以习近平同志为核心的党中央，通过对当代中国国情的深刻分析，深刻把握了我们所处的发展阶段，制定了新时代党和国家的路线方针政策，提出了"国家治理体系与治理能力的现代化"的战略部署。随着大数据时代的到来，物联网、云计算、人工智能等数字化技术的迅速发展，党和国家高度重视数据的充分挖掘和实际应用，以"数据"支撑政府决策，以"数据"支撑社会治理，以"数据"支撑公共服务。在新时代，中国正走向"数据和技术为实现国家治理体系与治理能力现代化赋能"的道路。在技术赋能协同治水方面，"中国之治"经验体现为以下几个方面。

（1）党政主导，依法治水。坚持党的集中统一领导，发挥党总揽全局、协调各方的领导核心作用，这样的制度优势可以防止出现各自为政、各行其是的分散局面，减少社会内耗。在技术赋能协同治水方面，党中央迅速建立统一调动、上下协同、运行高效的指挥体系，保证了国家政令统一、步调一致。过去30余年间，中国建立了一整套现代水治理的法规体系，水利的法治化进程不断推进。在立法方面，中国颁布了《中华人民共和国水法》《中华人民共和国水污染防治法》《中华人民共和国水土保持法》《中华人民共和国防洪法》等一系列法律法规作为水利工作的法律依据。在2014年习近平总书记提出协调推进"四个全面"作为实现国家治理现代化的战略布局后，2016年中共中央办公厅与国务院办公厅联合印发了《国家信息化发展战略纲要》，文件要求加强大数据顶层设计和统筹协调，推进大数据在各领域的应用，推动政府数据和公共数据的互联开放共享，推进数据汇集和发掘。2016年环境保护部出台《生态环境大数据建设总体方案》，提出加强大数据在生态环境中的综合应用和集成分析，为决策提供支撑。水治理的法规和政策为各地的技术赋能治水实践探索提供了指导和保障。

除此之外，我国在推进水治理过程中充分发挥党员普遍直接联系群众的优势。以党建引领水环境治理，以大数据支撑治理创新，各地普遍通过构建市、区、镇街、村居四级治理平台，通过政务网、互联网与物联网的紧密结合，以基层直接在数据平台输入数据的上传形式，直接掌握来自基层的原始数据，同时也通过"一竿子捅到底"的方式实现水环境治理各要素的数据收集、统合与分析，实现水环境治理的精准化、整体化、常态化，构建起"党群直联、数据支撑、四级联动"的水环境治理新模式。

（2）公民参与，多元治水。我国坚持党的领导、人民当家作主和依法治国的有机统一，在发挥党政主导作用的同时，坚持和完善人民当家作主制度体系，确保人民依法通过各种途径，运用各种形式管理公共事务，这是实现中国社会和谐稳定又充满活力的关键。在当代中国水环境治理中，坚持群众路线，鼓励公众参与是一个重要的政策取向。①

技术赋能水环境治理涉及的程序公开、规则公开、结果公示和信息发布等在内的治水政务公开，以及意见征询、网上投诉、网上评测、实时反馈等公众参与治水的途径，都大大冲破了传统治理方式的阻碍、时滞和资源限制。在这一过程中，政府通过营造一个社会多元主体都融入其中的信息系统，推动多元主体共治。在此过程中，政府为社会组织、媒体、公众等非政府主体开放微信投诉、电话投诉等渠道，将社会参与主体纳入数据采集来源，旨在实现对体量巨大且尚待挖掘的社会数据资源和互联网数据资源进行同步采集，补充政府内部数据资源，由此，公众与政府之间的信息壁垒也得以打破，政府治理的透明度显著提高，包容、合理有序的政治环境得以形成。这意味着由政府单边主导向多元主体治理的转变，对构建起政府主导、社会协同、公众参与、法治保障的社会治理服务新格局，不断提升群众幸福感、满意度，推动"互联网＋"全民参与治水的水环境治理模式的形成具有重要意义。

（3）问题导向，智慧治水。当代中国水治理广泛运用了现代科技，水

---

① 王亚华. 从治水看治国：理解中国之治的制度密码［J］. 人民论坛·学术前沿，2020（21）：82－96.

利科技进步对水利发展的贡献率达到 53.5%，[①] 水利科技创新能力不断提升。如我国开展了国家水资源监控能力建设项目，建立重要取水户、重要水功能区和主要断面三大监控体系，利用水文站、GIS、遥感、无人机等技术，开展实时水质监测、水质自动检测、水质应急监测、黑臭水体筛查和监管监测等，以形成与实行最严格的水资源管理制度相适应的水资源监控能力。[②] 同时，依据科学性、系统性、实用性原则，逐步构建水环境监测全过程质量管理体系，严格按照相关的标准和要求对水环境监测中涉及的流域水样监测布点、水样采集、水样保存、水样运输、实验室分析等每一个环节进行质量控制，确保流域水环境监测全过程质量得到有效保障。[③]

以技术赋能治水，通过建立智慧治水系统，设置 PC 端、移动端等多种终端形式，串联起"横向到边，纵向到底"的数据采集模式，让层级数据与部门数据充分实现互联互通，在数字层面形成一个一体化的信息交互系统，进一步打破信息孤岛。遵循"问题导向"的思路，旨在通过"让数据多跑路"使涉水数据在纵向层级、横向部门、政社之间流转，依据输入的问题数据和问题的类型，根据各层级及职能部门的权责，流转问题数据至相应层级及部门，使其承担治理责任，实现分流治理，进而实现"以问题为导向"的靶向决策过程，以"问题"为核心要素引导决策行为，形成程序化的治理路径。通过程序化分流问题数据，客观记录问题处理全过程。同时，通过智能分析技术对重点河流、河流巡查、问题办理情况等进行数据分析，实现可视化数据动态监测、预测预警，通过应急管理、划分风险等级，实现预测管控，对相关水污染案例进行定性、定量分析，进行一定的科学预测，提高平台的智能化水平。

2. 技术赋能协同治水的约束因素

与互联网相融合的新技术、新产品、新模式和新业务给政府的传统管

① 王浩. 水利科技贡献率达 53.5% [EB/OL]. https://baijiahao.baidu.com/s? id = 1616165361716581107&wfr = spider&for = pc.
② 蒋幸幸，许信. 水环境监测中水质自动监测系统的运用 [J]. 中国科技信息，2020 (Z1)：70 - 71.
③ 罗强. 水环境监测全过程质量管理体系构建研究 [J]. 中国资源综合利用，2020，38 (1)：147 - 149.

理方式带来了巨大影响，大数据在开创协同治水新局面的同时，也带来了一定的挑战，主要体现为以下四个层面。

（1）价值层面。技术至上的思维会产生治理过程中对数据的过度依赖，数据背后的伦理和价值问题常常被忽视。数据自身的数理性、逻辑性、客观性使得单纯依靠数据分析进行公共服务决策可行但并非完全合乎正义。当网页和社交媒体汇聚的大数据被用于政府决策时，以"数据为王"，部分群体可能就此"失声"，社会公众的权利诉求得不到保障，进而与正义、包容等社会价值渐行渐远。由此可见，当民众的诉求被这些先进技术层层过滤和"净化"以后，它们能在多大程度上代表民意是值得思考的。同时政府管理者缺乏大数据治理的思维理念和思维模式，数据概念、数据产权的模糊性使得数据所有权与使用权存在矛盾，这削弱了政府数据公开和数据再生产的能力，使得其对数据开放应用的认知不足，此外，其数据收集、共享、整合、分析的能力也存在诸多不足。

（2）结构层面。政府的组织机构、体制机制、资源配置等基本管理要素是不能完全适应数据治理模式的。在层级结构方面，不同层级政府间对数据的治理能力存在显著差异，彼此之间缺乏协调与统一机制，数据自下而上收集，一定程度上存在瞒报、少报、漏报、不报行为，虚报数据导致信息失真，难以反映出实际情况，从而限制了数据治理水平的提高。在部门结构方面，政府内部各个部门之间的数据共享往往也很难实现，这就极大地阻碍了数据治理的有效运行，并且地方政府大都没有专门的数据收集部门，以政府上传下达的数据为主。

（3）制度层面。缺乏数据公开及安全的法律制度保障，数据共享与数据安全间存在矛盾，数字治理模式容易出现泄露公众隐私的状况，可能会对个人隐私保护造成冲击，对国家信息安全构成挑战。同时，缺乏跨层级、跨地域、跨系统、跨部门、跨业务的信息共享制度，存在大量信息孤岛是数据治理的关键瓶颈，数据库的作用难以有效发挥，重复收集数据等现象仍然存在。

（4）技术层面。现有的数据治理中，虽然数据资源已相当丰富，但由于数据获取技术、数据挖掘技术、数据整合技术、数据使用技术的缺乏，数据的价值尚未得到充分体现。同时，大数据信息管理存在技术壁垒，严重影响了数据治理的实际效果。正因如此，政府在数据治理过程中并不能充分理解这背后的算法和程序，从而埋下了数据篡改乃至程序失真的隐患，数据的代表性乃至合法性都可能受到质疑和挑战。此外，数据的收集及应用仍采用原始的抽样调查、问卷调查等数据统计方式，数据信息量存在局限、数据格式不统一、内容陈旧、不可复制等问题的存在，都在技术层面限制了对数据的有效治理。

3. 技术赋能协同治水的未来走向

技术赋能协同治水能力的提升有赖于治理模式的构建，"智慧治水"治理模式构建主要在四个层面展开。

（1）在主体层面构建协同治理机制。"智慧治水"治理模式可以营造一个社会多元主体都融入其中的生态系统，政府的治理能力不再是唯一的中心，公民不断重构互联网这一公共数据平台，重构自身，逐渐加强社会治理能力。以微博、微信等社交媒体为主的信息发布平台，为公民参与提供了实时互动的全新信息空间，有利于促进"参与型"社会的形成。与数据紧密相关的互联网日益发挥广泛的社会和政治影响力。数据与人工智能等技术创新极大地提升了公民个体对于复杂环境技术和治理规则的学习与掌握能力。随着政府治理透明度的显著提高，公众与政府之间的信息壁垒得以打破，开放包容、合理有序的政治环境得以形成。

（2）在对象层面构建精准治理机制。在数据治理时代，政府可以运用"精准施政"的治理方式，所有有关水环境治理的政府数据、公民数据、互联网数据都能传输进数据中心，使数据没有"盲区"，人员没有"缺漏"，"让治水数据跑腿"，再通过对大数据进行全方位、多角度分析和运用，对各类水环境问题的数据挖掘更加深入和精细化，实现各种类型的动态、静态数据的"一站式"展现，准确判别各类公民的真实需求，实现政府组织对个体需求的精准识别，为各级政府提供决策支持，为各级部门提供业务参考。

（3）在过程层面构建敏捷治理机制。对水环境的各种流动性数据进行"全时段"实时监控与同步上传，借助大数据挖掘和人工智能等技术，通过数据挖掘、模型构建、算法设计等实现智能分析预警，准确把控多元个体的水环境治理需求、水环境治理共性问题，最终优化组合水环境治理高质量发展的方式、策略、方案等。

（4）在范围层面构建全域治理机制。通过专设水环境治理数据统筹部门，把分散在各层级和各部门的有关水环境治理的数据收集起来，统一进行分析和应用，并承担起各层级和各部门之间的涉水数据统筹协调工作，将不同层级和不同部门的业务都放到同一个平台上，实现信息源"一个 PC 端"融汇集聚。同时，通过建立统一用户中心，实现单位用户一键登录、一平台办理，为社会治理提供技术支撑和数据支撑。

第10章　总结与展望：水环境协同治理的未来

——大数据驱动水污染风险防控

在前面的章节中，基于河长制建立起来的水环境协同治理模式，是一项涉及体制建设、权力结构和行为机制的整体性变革方案。在后河长制时代，要保卫水环境治理成果，需从关注协同的"结构"转变为重视协同的"驱动力"，寻找一种能通过低成本、可持续的方式驱动注意力调配的改革和发展模式。

10.1　后河长制时代水环境治理面临的新挑战

10.1.1　水环境治理需面对的三种挑战

水污染风险治理是一个复杂的问题。当前，中国已经迈入了"后治水时代"，要实现"长治久安"，急需回应水环境治理中的三种挑战。

第一，水环境治理与其他治理场域的深度关系引发的挑战。水是流动的，一方面，水的自然流动会导致污染从点污染扩展为面污染；另一方面，河湖生态子系统间相互关联。习近平总书记在2018年全国生态环境保护大会上指出"人的命脉在田，田的命脉在水，水的命脉在山，山的命脉在土，土的命脉在林和草"。这表明生态治理具有内在关联性和普遍联系性。这要求水环境治理组织要具备灵活高效的"团队生产"能力应对水污染的潜在风险。另外，社会公众作为水环境的直接利益相关者，他们的护水爱水意识尚未被全面激活，"人人皆可以成为污染源"，因此水环境治理是一项跨部门、跨学科、以人为中心的重要议题。

第二，水环境治理面临从"运动式"治理到"常态化"治理的模式转换的挑战。一方面，由于水环境治理具有较强公共利益属性，且需要不断投入资源，因此治水经常被误认为是政府"一家之事"。当前，政府对水环境治理的投入资源已经发生转移，具体来说，2017～2019 年是公共资源全面投入的"黄金期"，S 市在这三年每年在黑臭河涌治理上投入的专项资金都以百亿元计算，2020 年后则基本不再新上马大规模的政府治水工程。另一方面，由于河长制的制度特征体现为高度依赖科层驱动，因此随着治水理念的转变，水环境治理逐渐从"运动式"治理转变为"常态化"治理，相应由"运动式"治理衍生出的体制机制设计、结构关系、行为助推等制度安排都需要改变。一旦原有的制度安排与新的治理现状间出现"不适应"，已有的河湖治理成果便可能会毁于一旦。

第三，"经济发展"与"环境保护"的双重稳定性挑战。当前，在习近平生态文明思想的指引下，我国已经进入了强调"五位一体"的高质量发展阶段。但我国许多地方还需要高能耗、高污染的企业撬动经济，这些发展水平相对较低的城市就会面临经济发展与环境保护的两难选择。而中央环保督察的铁腕监管问责，让地方经常出现"一刀切"关停、取缔制造类企业的行为，这又潜在地破坏了营商环境建设，不利于经济的持续发展。换言之，环境治理本身是为了改善营商环境，增加对企业的吸引力，而经济发展与环境保护的两难抉择，又容易让地方政府破坏营商环境，挫伤企业发展信心。由此，在"后治水时代"，应对好三种挑战，是既维护好"绿水青山"又打造出"金山银山"的关键所在。

10.1.2　大数据驱动注意力资源的动态调配

河长制的"动力"关联着河长制的核心机制，即党政一把手的注意力分配机制。河长制自 2017 年起，便是通过一把手兼任河长的方式，让各个层级政府的一把手重视水环境，把更多的政治资源投入水环境治理当中。河涌拆违、排水单元达标、大型污染企业搬迁、污水改道收集进厂等，都需要居民的配合，需要耗费极大的社会成本。而河长制本身体现了"运动式"治理的特征，包括依靠全镇全村的动员，全县各部门全部投入治水当中，拆违也好、污水管网建设也罢，都快速得到解决。当然我们不能否定这种方式的成效，但同样也需要注意到新的问题，如居民私自打开污水阀或是随手扔垃圾污染河涌等。由此，我们就需要探讨"注意力分配机制"或者说是从"建而不管"到"建管结合"何以可为的问题。

　　传统的注意力分配机制是泛化投入。这体现为在河长制的制度设计上是通过广泛动员展开污水攻坚。但总的来说，这还是一种自上而下的命令式的任务式分配，即上级要巡河，下级就需要用大半天时间跑河涌，有些村居河长还表示，为了达到上级要求的河涌巡查覆盖率，要开车上高速到河涌的另外一头巡查。这种传统的一把手注意力分配调度方式在短期的"建"的层面有极大价值，包括短时间内快速完成河涌沿岸居民楼的"骑楼式"改建，完成每家每户的"雨污分流"改造等工作。而在河长制实施7年后的今天，这种泛化的注意力分配方式在"管"的层面上遭到阻碍。这种阻碍包括政府"热"公众"冷"导致的居民不配合，如居民半夜或趁着下暴雨打开污水阀门排污，有些居民自种植菜地把渠沟的污水一并排入河涌，等等。这种"管"的问题在目前成了"主要矛盾"，即短期的大规模的注意力投入不能解决这种长期隐蔽式的污染问题，急需寻找一种新的动态注意力分配机制。

　　随着信息技术的发展，人工智能、5G、物联网等技术应用推动了技术赋能从管理科学范畴转向公共管理领域，新一代信息技术让河长制"提质增效"成为可能，如数字城管提升城市"散乱污"精细化管理能力、农眼智能监测管理系统助力农业污染源追溯、政务热线大数据应用为公众提供便捷的意见反映渠道、水文一体化平台助推城市内涝防治力提升。可见，信息技术为河长制的可持续发展提供了新"支点"。既然河长制的制度式微与基层政治注意力转移有关，那么建设一种动态的政治注意力调配机制便是实现"长治久清"的关键。对此，本章将从水污染风险的敏捷治理视角切入，探求如何运用数字技术进行政治注意力的灵活化调配，从而实现河湖"长治久清"。

10.2　敏捷治理：大数据驱动水污染风险防控

　　习近平总书记在党的二十大报告中指出，要在关系安全发展的领域加快补齐短板，而水安全是国家安全的重要组成部分。水污染具有流动性、整体性和反复性的特征。水污染源头的流动性主要指城市生活污染、工业污染、农业污染都可能演变为水环境污染，因此寻找污染源头本身就需要耗费大量成本。水污染系统的整体性体现在洪涝治理与污水治理的风险会叠加，暴雨的到来会将污水同时带入排洪渠道，从而使水污染扩散加剧。

水污染的反复性是指水污染治理是一个长期的过程，不但需要投入工程建设成本，还需要有良好的管理和治理方式。如果仅强调工程建设而疏忽社会治理，则容易使已经治好的河流"返黑复臭"。水污染的特征要求我们必须寻求一种超越传统科层治理的"敏捷治理"新范式。

10.2.1 传统瀑布式治理与敏捷治理

"敏捷治理"思想起源于软件工程市场。*Agile：A New Way of Governing* 中谈到了软件生产中敏捷工程相比于传统瀑布式的生产流程具有极大的优势（见表 10-1）。在周期上，软件开发者需要频繁地交付工作软件，持续根据顾客反馈不断优化提升软件质量；在组织上，软件开发者鼓励建立跨职业、跨层级的自组织，让团队有更多的自主性、责任感和创造力；在项目管理上，软件开发者要把大项目拆分成更小或更好管理的小项目。

表 10-1　传统瀑布式的生产流程与敏捷工程的比较

特征类型	传统瀑布式的生产流程	敏捷工程
效率	缓慢且基于计划	快速而轻便
创造力	线性的	多次非线性的互动激发创造力
目标	详尽汇报	不断满足客户需要
用户	不参与开发流程	把用户吸纳进开发流程
方向	自上而下	自下而上

资料来源：Mergel, I., Ganapati, S., Whitford, A, B. Agile：A New Way of Governing [J]. Public Administration Review, 2021：161-165.

最早将"敏捷治理"概念引入公共行政领域的是清华大学的薛澜教授及其研究团队。2019 年薛澜和赵静在《中国行政管理》杂志上发表了题为《走向敏捷治理：新兴产业发展与监管模式探究》的文章。[①] 2021 年赵静、薛澜和吴冠生在《中国行政管理》第 8 期发表了题为《敏捷思维引领城市治理转型：对多城市治理实践的分析》的文章，从治理对象、治理节奏、治理方式、治理关系等维度界定了敏捷治理的内涵。[②] 后来，"敏捷治理"

[①] 薛澜，赵静. 走向敏捷治理：新兴产业发展与监管模式探究 [J]. 中国行政管理，2019 (08)：28-34.

[②] 赵静，薛澜，吴冠生. 敏捷思维引领城市治理转型：对多城市治理实践的分析 [J]. 中国行政管理，2021 (08)：49-54.

逐渐受到国内学术界的重视，学者们认为"敏捷治理"能更好地应对风险社会、回应新时代复杂的公共问题。学者们已经将"敏捷治理"范式应用在基层应急管理、城市安全管理、超特大城市风险防范等研究领域，敏捷治理为水污染风险治理提供了新的发展方向，敏捷原则提供了更加灵活和适应性的方法来管理风险。具体而言，传统管理决策过程随着治理复杂程度的加深会让反应速度变慢，从而可能会延误识别和应对水污染风险的最佳时机。相反，敏捷治理强调协作、透明和持续改进，可以立即决策且形成更快速更有韧性的风险管理模式。另外，敏捷治理还涉及分散决策过程，不同的利益相关者在水污染风险管理方面都起着重要作用，要求赋予基层更多的决策权限，推动多中心治理成为可能。

10.2.2　大数据赋能水污染风险治理的分析框架

本研究按照敏捷治理的原则，以 S 市大数据平台作为研究对象。在敏捷治理理念引导下，河涌风险预警平台在治理主体、治理过程和治理结果上运用敏捷治理理念，形成敏捷调适、敏捷整合和敏捷简约三种赋能机制（见图 10 - 1）。

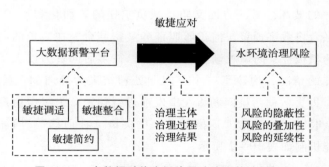

图 10 - 1　大数据赋能水污染风险治理的分析框架

首先，敏捷调适是让新技术与治理的关系从不适配到适配。新技术与治理关系的不适配性体现在执行过程、组织架构和制度设计三方面。以河长制的数字化建设为例，一是技术落地需要解决基层河长面对新技术存在"不敢用""不想用""不适用"的排斥心理。二是技术效能的发挥受限于组织模式。当面临高扩散性的污染风险时，若不能突破层级节制的组织束缚，技术治理的效能会被极大削减。三是技术迭代速度快于制度迭代。新技术入场会扰乱原有治理秩序，反而容易导致新技术被孤立、架空，技术自然就难以得到持续迭代的机会。

其次，敏捷整合着眼于新技术的持续发展，从技术治理的流程上看，"敏捷整合"需要在前端、中端和末端三部分同步展开。在治理前端，由于数据是系统的"血液"，只有多维数据持续输入，数字技术才能更"智慧"；中端整合是要厘清政府治理的责任归属，即新技术的出现必然会扰乱原有权责秩序，甚至会出现责任"缺位"和权力"越位"的问题，需要重新构建权责匹配的治理架构；末端整合是要回答如何将多中心治理与大数据应用相结合。习近平总书记在党的二十大报告中提出"人民城市人民建、人民城市为人民"的治理理念，数字技术的发展既要服务人民也要依靠人民，因此末端整合是要对社会参与合理"定位"并有序推动多中心组织发展。

最后，敏捷简约是突出敏捷治理的"精益"思想，并在成本控制、差异化减负和防微杜渐三方面得以体现。成本控制是强调当前地方政府在数字政府建设竞赛的"热潮"中，追求面面俱到的建设理念不仅带来了应用冗杂、技术泛滥等问题，更加重财政负担。因此成本控制强调经济思维，对非必要的数字技术不断"精益"，从而为技术迭代提供空间；差异化减负则是利用大数据创新了精准化"减负"模式，一方面防止减负"一刀切"对秩序的破坏，另一方面又防止减负工作的表面化和形式化。对此，数字技术平台将数字预警与河长履职任务紧密结合，在减负的同时激发基层工作者的积极性；防微杜渐机制改变了以往事后问责力度大于事前提醒的问责力度的情况，构建了一个以问题处理结果为导向的风险"抓早抓小"机制，即大数据污染问题将在事发前进行预警，为组织协调和任务处置留有空余时间，将防治"返黑复臭"的关口"往前移"。河涌风险预警的敏捷赋能机制如表 10-2 所示。

表 10-2   河涌风险预警的敏捷赋能机制

敏捷维度　流程要素	感知	组织	处置
敏捷调适	调适行为：引导基层主动"寻污"	调适组织：高效的源头"控污"	调适方向：从过程导向到结果导向
敏捷整合	整合数据：强化跨期跨域数据整合	整合绩效：纵向层级绩效共同体	整合力量：大数据分析助推社会参与
敏捷简约	及早介入：大数据预警防患于未然	差异化减负：差异化履职激励	持续预警：低成本动态治理资源分配

10.3　大数据赋能风险治理

——S 市河长制改革探索的"第三条道路"

随着河长制逐渐从"运动式"转变为"常态化"，一方面，传统的基于"地毯式"的水污染问题筛查机制不再适用于治理实际；另一方面，中央将 2019 年明确为"基层减负年"，不断强调着力解决基层形式主义突出问题。由此对基层河长而言，传统模式下任务"一刀切"的工作机制也急需变革，急需寻求一种兼顾基层"减负"与工作"增效"的河长制发展模式。

在谋划未来河长制发展方向上，主要有两种具有代表性的改革观点。第一种是强调继续压实基层的巡查责任，该观点主要还是认为当前治水存在极大的"脆弱性"和"反弹性"，村居级河长作为污染问题的第一筛查人，在对辖区"查漏补缺"上具有天然义务，因此改革措施应该从"数量"上减少村居河长的履职负担，但他们的履职性质不发生改变；第二种是"技术替代"派别，认为污染搜查的主责应该回收至相关主管部门，要让基层从"性质"上改变污染巡查员的角色，认为应该将发展生物减污技术、遥感技术作为变革的主要方向。这两种变革方向分别代表着"简约治理"与"智慧治理"的不同派别，前者强调村居河长能够运用非正式关系迅速查清和了解污染问题，这是一种"授权"的思路，即发挥村居河长作为准行政长官运用"简约治理"优势；后者则强调运用人工智能、大数据、云平台等数字技术替代人工巡查，这是一种"精细化治理"的思路，即通过机器学习摸清地方水污染问题的规律，从而制定更有针对性的策略。

然而，这两种改革方向都未能解决"长效机制"问题。一方面，强调村居河长主责的改革方向面临着减负不彻底的挑战。村居河长作为行政末梢，容易遭受层层加码或隐性加码，基层工作容易陷入"减负—增负—再减负—再增负"的怪圈；另一方面，强调技术替代人工的改革方向需要付出基础设施建设成本高的代价，由于水环境基础建设时间跨度长，由此出现部分水设施现代化程度高（如部分河段安装智能水质检测站），部分水设施技术投入水平低（如一些河段的排水管网使用混凝土）。

对此，S 市提出了河长制改革的"第三条道路"，即对"简约治理"

与"智慧治理"进行深度整合，发挥出二者的比较优势。在智慧治理维度上，S市河长办在原有的河长管理信息系统中开发了风险预警平台。在前端，将诸多不同维度的数据输入河长管理信息系统，把大量高价值数据持续"投喂"给AI，训练AI成为水污染逻辑溯源的专家（见表10-3）。在中端，河长管理信息系统将舆情、污染线索、监测监控等数据整合起来，将河湖问题风险等级分为红色（极高风险）、橙色（高风险）、黄色（中高风险），并按照预警等级动态调整各河湖责任河长的巡查频次。在后端，通过河长App将大数据分析结果"下沉"到村居一级，为村居河长推送预警风险等级较高的河涌并引导后续需要关注的污染风险。在简约治理维度上，村居河长的巡查自主性得到加强，村居河长自主判断哪些河涌对居民而言更重要，哪些河涌比较容易返黑复臭，并依据大数据预警的风险评估指南，结合自身实际情况制定攻坚目标（见图10-2）。

表10-3 大数据预警的数据投入维度及其特征

排水户与排水单元达标特征								
有毒有害排污	沉淀物排污	生活排污	餐饮排污	达标排水单元面积	未达标排水单元面积	排水单元生活排污	排水单元内的餐饮排污	……
河湖流域内的地面类型特征								
公路用地面积	内陆滩涂面积	农村道路面积	城市面积	建制面积	村庄面积	茶园面积	有林地面积	果园面积	裸地面积	……
巡河上报问题及履职数据特征								
农业污染	工业污染	垃圾污染	河涌废弃物	排水设施	散乱污染源	水质污染	违法建设	违章问题	河长巡河	……
河湖基础属性特征								
河涌流域	河涌长度	河涌风险	河涌水量	河涌上下游及其面积	河湖流域降雨量	……		

该模式运行两年来，减负提质的成效较为明显。在基层河长巡查次数减少24%的前提下，上报的河湖问题数量与模式运行前持平，单次巡河里程与时长有所增加，重大问题上报率提升7%。这意味着在实现基层减负的同时，河湖巡查质量、针对性和效率均得到了显著提升。那么，S市河长办开发的大数据驱动水污染风险治理机制作为河长制改革的"第三条道路"是如何为基层赋能，又是如何与治理的实践相挂钩的呢？

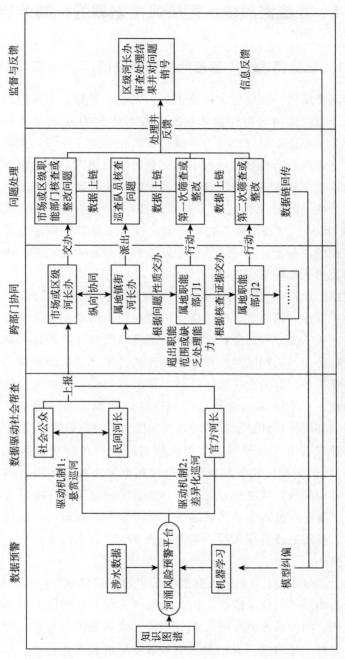

图 10－2 大数据驱动下的水污染敏捷防控过程

10.4 大数据赋能水污染风险治理的机制分析

10.4.1 敏捷调适——基于大数据驱动的"活流程"协同

水污染风险治理一般包括了风险识别、风险处置和重大风险攻坚三个环节。由于全市河涌的污染线索捕获的主力军是 3000 余名镇街和村居河长，因此首先需要让基层官僚行为习惯与技术相适配，让河长更愿意上报问题；其次是要保障治理处置过程中有充分的部门协同，需要在不破坏原有组织架构基础上建设灵活的跨部门联动网络，让流动和隐蔽的水污染风险得到及时处置，防止风险进一步蔓延；最后需要啃下"潜在水污染风险"的"硬骨头"，这就需要有相应的制度设计引导基层将注意力集中在完成技术布控的任务上，这一环节需要调适制度与技术的关系，将问责追究制度作为技术执行的兜底保障。

一是数据驱动层级关系的调适，助力基层河长敏捷"寻污"。水污染具有较强的扩散性和隐蔽性。水污染的扩散性使水污染危机处理具有时间限制，基层河长需要在水污染扩散前将问题及时发现并上报相关部门；而污染的隐蔽性是指污染问题难发现，有的违法排水户会在雨季排污，有的利用边沟边渠排污，有的会在夜间排污，甚至有的污染排水户会藏匿于城中村的居民楼，单单依靠"地毯式"搜查难以从源头清除污染问题。那么，这就要求基层河长具备敏锐的问题发现能力，并及时进行问题上报。

在污染源巡查上，充分利用电力大数据的优势帮助基层筛查"散乱污"。首先，用电大数据能够发现居民楼的用电异常情况，用电习惯与居民生活习惯不相同的、耗电量远远高于一般居民用电量等用电异常户会被筛查出来。以前巡查员需要地毯式巡查 530 万个污染疑似点，在电力大数据的预警下，基层巡查员仅需要针对性检查 29.23 万个污染可疑点，让污染巡查更敏捷。

在问题上报效率上，S 市河长办推动了"履职清单制""问题一键报"等基层河长喜闻乐见的技术落地。从前基层河长需要将问题汇总、制作台账，逐级上报，如今只需要在河长 App 中将污染问题拍照上传，后台即刻自动派单。这种"半自动"化的处理方式被基层河长高度称赞，并将其誉为"傻瓜式"履职，"我们村如果新上任了年龄比较大的干部，也不需要重新学习履职规范，只需要在河长 App 内按照指引就可以完成污染上报"。这种将数字技术与行动者的行为习惯高度适配的敏捷"寻污"，提高了基层行动者的巡查效率，推动了河长制的快速落地。

二是大数据驱动跨部门关系调适，助力多部门合力"控污"。流域治理一般需要跨区界、跨领域、跨部门，因此处理和控制污染源就需要组织间形成灵活的协作机制。就像 YX 区水务局局长所说："我从住建局调到水务局，给我的感觉是虽然两个领域都难，但是治水的难是体现在协调上。住建一般单个部门就能管好，治水要统筹不同部门……治水不仅得负责河里面的，还得负责陆地违建的，还要负责地底下错综复杂的管网……"对此，组织的调适以提升部门联动效率为目标，数字技术分别在虚拟协同和"链式流转"两个方面打造跨部门数字管理流程。

首先，在原有治理结构上打造虚拟协同网络。河长管理信息系统为全市各个职能部门和属地河长办提供登录接口，创造了基于虚拟环境的扁平化协同空间，形成了部门间点对点式沟通的"活流程"，基层河长甚至只需选择相应的交办对象，便可以把任务"一键交办"给相应部门。这种虚拟协同模式并没有大刀阔斧地对政府组织结构进行改革，但又能避免过去管理层级过多、部门跨度较大等低效协调问题。其次，以数据留痕和信息共享打造"链式流动"。"链式流动"是指问题在各个部门间的流动具有高度衔接性和可溯源性。每一个被交办的部门都必须到现场勘察，发挥其专业性，"建言献策"，部门贡献的专业信息将流转至下一个职能部门中，为下一个部门对问题的判定和解决提供科学建议。这种问题流动机制让职能部门即便"不在场"，也能发挥各部门的信息优势和专业特长。

三是强化制度调适，保障大数据驱动机制。为了让数字技术能够充分被基层使用和重视，数字技术的运作与保障需要强化制度的保障作用。其一，在任务设置上，《S 市全面剿灭黑臭水体任务书》规定了不同单位运用数字技术"攻坚"的具体工作目标、任务和职责；其二，在会议制度中增加线上征询会作为已有的跨部门协调机制的补充；其三，信息共享制度中增加信息在线共享和信息在线报送要求；其四，在督察督办制度中，明确将重大污染问题纳入市级督办事项；其五，在考核问责上，《S 市河长制考核办法》把河长管理信息系统的履职记录作为干部晋升的依据（见表 10 - 4）。总的来说，对制度的调适保障了数字治理流程的顺畅，形成了"河长上报、部门处置、区级河长办审核销号、市级河长办督导督查"的数字化分工链条。

表 10 – 4   保障数字治理流程顺畅的制度调适

序号	制度/机制	政策文件
1	任务设置	《S 市全面剿灭黑臭水体任务书》
2	会议制度	《S 市全面推行河长制市级河长会议制度》
3	信息共享	《S 市全面推行河长制信息共享制度》
		《S 市全面推行河长制信息报送制度》
4	督查督办	《S 市全面推行河长制工作督查制度》
		《S 市全面推行河长制验收办法的通知》
		《S 市河长制工作督办制度》
5	考核问责	《S 市河长制考核办法》
		《S 市水环境治理责任追究工作意见》

10.4.2   敏捷整合——数字化治理流程的全链条充能

在敏捷整合维度，水污染风险治理平台将分散的治理资源和力量用数字技术整合起来。按照数字管理流程，可以将敏捷整合划分为面向数据资源的前端整合、面向政府层级的中端整合和面向数字技术应用的末端整合。在前端，数字系统对来自不同职能部门单位的 20 余类数据进行常态交互，由此让系统具备立体的数据监测与分析能力，风险预警更精确；在中端，不同层级政府之间形成绩效共同体，使上下级关系更紧密，促进上级资源依需求下沉，形成纵向协同合力；在末端，大数据分析结果与技术应用的模式有机整合，创造了多种基于场景的应用机制。

一是对跨期跨域数据的整合。在河涌风险预警的能力上，数据的维度越多、跨越的周期越长，其分析所得的现实画像就越丰满。在跨期数据的整合方面，将河涌历年来的水利基础设施建设、易黑易涝风险场所、水质数据波动情况等信息进行全方位整合，既能及早发现河涌出现的异常情况，又能提升河长履职评价的客观性；跨域数据的整合使农业、工业、电力等大数据辅助预警机制变得更"智能"，由此也打造出了立体化的风险预警平台，增强了数据分析结果的可靠性与智慧性。值得一提的是，跨部门跨领域数据的交换成为常态，该数据整合模式加强了物联网的底层感知能力，释放了更多数据价值与数据潜能（见图 10 – 3）。

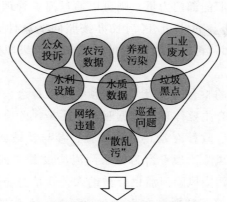

多维度数据支撑河涌风险预警智慧化

图 10 - 3　基于水利物联网平台的信息整合

　　二是对层级关系的整合。河涌风险治理平台分别在枢纽构筑、责任共担和权威下行三个方面推动纵向层级关系的整合。首先，由于部门的分工和专业性差异，不同污染类型分散在不同的主管部门当中。例如垃圾、直排和违章建筑等直观问题一般由网格员或村居河长专职巡查；专业性强、难以辨别的污染源则一般由环保、水务、农林等部门展开二次专业巡查。那么如何将分散在不同层级的部门力量整合起来呢？这就需要充分发挥上下互动的关键"枢纽"，即处于政策落实与基层需求响应的"交汇点"——区级河长办的作用。区级河长办掌握着解决绝大多数污染问题的行政资源，也因此被称为"关键少数"。相比于市级河长办，区级河长办更了解和易于满足基层治理需求；相比于基层河长办，区级河长办拥有调动区级职能部门的能力，因此区级河长办是有助于层级整合的关键"枢纽"。

　　其次，责任共担是指将中间政府的"管理责任"与基层政府的"属地责任"深度捆绑，形成区与镇街责任共同体。如果上下级河长能够齐心改变辖区内的河涌污染情况，那么，在下一个履职季度，基层河长相应的履职负担将会减轻；对区级河长办而言，《区级河长考核手册》规定，履职排名前 1/3 的区级河长会被评为优秀并成为晋升依据。责任共担推动了区级河长办更加主动地"向下看"，积极了解辖区内的治理需要。

　　最后，权威下行是指基层能够借助纵向权威优化横向协同。具体而言，在信息交互与问题处理上，充分利用垂直管理中"领导与被领导关系"调动相关部门参与，若镇街河长办发现问题凭一己之力难以解决，需要借助市级或区级职能部门力量，则可以通过河长管理信息系统先把问题流转给市/区河长办，再由市/区河长办按照问题属性分配到同级职能部门，市/区级主管部门再以垂直管理的方式调动下级职能部门参与问题的解决。

三是基于应用的整合，利用大数据预警助推社会公众敏捷参与。河涌风险预警的末端整合主要体现在数据驱动水污染风险全民共治机制，该机制体现在数据传递、政社互动、诉求处置、参与反馈四个环节上。首先，在数据传递环节，风险治理平台为每条河流均设置"河湖名录"，特别是大数据预警的中高污染风险河涌也会被纳入公众信息查询范围，保障了社会公众的信息知情权；其次，在政社互动环节，大数据会通过预警分析，将高污染风险河涌信息主动推送给民间河长，民间河长利用掌握的黑臭河涌线索，巡查具体污染河段并通过"共筑清水梦"公众参与端口反馈情况，基本构建出"预警数据吹哨、民间河长报到"的人机互动模式；再次，在诉求处置环节，公众上报的问题会被纳入河涌风险预警的"知识图谱"，即公众描述的污染问题又反过来增强大数据风险预警的人工智能的学习能力，让预警更精确；最后，在参与反馈环节，将公众投诉情况作为河长考核的参照，把处理公众投诉情况与绩效评估高度关联起来，用全民参与"倒逼"河长的回应性履职。因此，末端的信息技术整合推动公众的全过程参与，助推全民治水机制的可持续发展。

10.4.3　敏捷简约——低成本调动河长注意力的动态配置

在敏捷简约维度，水污染风险治理平台按照敏捷治理的人本原则，为治理做"减法"，体现在成本控制、基层减负、防微杜渐三个方面。首先，在成本控制层面，很多新的数字技术平台是"什么都想做"，但又容易"什么都做不好"。数字平台建设需要有相应的成本考量，而敏捷治理的精益原则瞄准实践的"真问题"，削减冗余的成本投入。其次，基层减负之所以"越减越重"，是由于减负过程的形式化或减负"平均主义"。对此，水污染风险治理平台使敏捷治理理念与大数据的智慧分析相结合，对全市3000多名基层河长展开差异化减负，动态调整了河长的注意力分配。最后，在防微杜渐的机制运用上，将大数据预警的信息动态定期投送给相关流域河长，对可能出现的返黑复臭风险防患于未然。

一是敏捷成本控制。数字政府建设本身是一个不断迭代的过程，不存在"最优解"，也就难以用千篇一律的标准去衡量技术发展孰优孰劣。但是也有地方充斥照搬式建设之风，误将大投入、大兴建当作数字政府的评审指标。例如在治水工作中，B 街道开发了"无人机巡河"，每年投入几十万元用无人机巡查替代人工巡查，最后结果却不尽如人意：无人机受天气、日照等客观条件限制，特别是污染问题较为严重的雨季就不适合用无人机巡查。这种高成本的技术看似先进，但其效率远不如人工巡查。

相反，敏捷的风险治理是面向社会治理中的"真问题"，有序推进治理技术迭代。河长管理信息系统中的污染风险预警平台就经历了"人工分析—人工辅助分析—自动分析"的发展历程。在 2019 年，风险预警方式是人工分析，即以半年为节点，手动筛查出履职不积极的河长和污染问题严重的河流。2021 年，基本形成了利用大数据预警风险的发展思路，在机器学习的基础上用人工纠正机器偏差，强化机器对风险规律的"认知"。到 2022 年才实现河涌风险的自动分析，可见数字技术建设是一个有节制的迭代和演化的过程。

二是敏捷的差异化减负。在传统的技术监督模式中，自上而下的任务设置缺乏对基层行动者的行为激励，换言之，个人努力程度与自身任务量之间是"脱钩"的，基层的任务额的多与少并不能由自身的努力情况或改善环境的程度决定，而是由上级主管部门决定。这导致基层行动者缺乏自主创新精神，其行为会趋于墨守成规，容易出现"不求有功、只求无过"的保守心理。

对此，要在敏捷治理的引导下，建立一套差异化的减负体系，对任务与目标实行动态管理。从控制权理论上看，目标设定权和激励分配权从完全集中在市级层面到下放给风险预警系统，按照预警的梯度有针对性地重新分配任务，并实行每月一次的预警动态调整。也就是说，如果基层河长工作不力则会被预警系统捕获，其下一季度的任务量将会增加；反之，基层河长也能用自己的实际行动减少其自身下一个季度的任务量。这种将以减轻履职负担为核心的激励分配权交由系统动态、有针对性地执行，有助于充分调动基层行动的积极性和主动性。

三是建设敏捷反应的"防微杜渐"机制。在以往的河长履职监督机制中，数字技术扮演着"电子监管者"的角色，把巡河率、污染源上报率等过程性指标的监控融入绩效考核中，甚至还规定巡查基层要在河边巡河多长时间、哪些时间点不能巡河、哪些巡河方式不被允许等。这不仅给基层带来了苦恼，还成为层层加码的"重灾区"：上级河长为了防止下级河长不达标，往往让下级河长多巡、多报，导致最终上报的是"不走心"的表面问题或假问题。

在敏捷治理理念的指引下，数字技术不再对基层开展巡查时数、距离、覆盖率等属于细枝末节的指标监控，而是建立了覆盖全市各级河长的风险等级提示，并设置了简单易懂的"红、橙、黄"三级风险预警等级作为调整履职任务的依据。这种从强调形式到强调风险治理"抓早抓小"的转变，有助于让基层河长把更多精力投入风险筛查和规避上，将更多资源投入"防未病"上。

10.5　小结

自全面推行河长制以来，全国各地围绕河长制建设、瞄准"幸福河湖建设"这一核心目标，发展出了数据支撑水环境治理的"互联网 + 河长制"模式。在河长制的"攻坚期"（2017～2019 年），基本思路是遵循源头治理理念，以优化内部管理为导向，通过水务平台、河长管理信息系统等技术支撑，做好河涌黑臭攻坚等工作，基本消除了黑臭水体。而当前已经有较多地方开始探索河长制的"长效期"如何保全已有治理成果。如 S 市依托大数据筛查、线上融传媒科普、河湖风险预警等数字技术，打造了大数据驱动的河长制纵深发展模式。未来，我们更应该依托大数据驱动与全民参与的两大"支柱"，形成"大数据预警吹哨—公众接包巡查—政府解决处理"的低成本持续环境监督机制，将大数据预警与全民污染巡查深度融合，激发公众参与环境治理的热情；以环境持续优化为基，持续赋能绿色产业，让"绿水青山"真正变成人人爱护、造福人民的"金山银山"。

结束语

　　"协同治理"理论是一门新兴的交叉理论，它是作为自然科学的协同论和作为社会科学的治理理论相结合的产物，同时也是服务型政府的治理逻辑。显然，在诸多社会治理领域中，由于水污染具有流动性、整体性、反复性和隐蔽性特征，因此只有依靠协同治理，才能破解水污染治理中的返黑复臭难题，真正实现河涌的"长治久清"。

　　河长制实行 7 年来，依托一把手的"协同资源"，以河长办为枢纽，实现跨层级、跨部门、跨单位的协同，让水环境治理的高效协同机制"从无到有"发展为"从有到优"。那么，河长制作为一项以"运动式"治理为起点、以"首长责任制"为支撑的新型协同制度设计在现实中发挥出怎样的治理效能？经过 7 年的河长制实践，水环境治理协同又形成了怎样的"中国经验"？

　　目前，国内关于协同治理的研究虽然多，但大多数研究是以"有待提升协同能力"为讨论起点。而只要把协同治理理论置于中国以"条块分割"为特征的国家治理体制下就会发现，协同治理是"戴着镣铐舞蹈"。河长制作为一项在有限的选择中寻求最优协同模式的机制探索，为协同理论提供了实践素材。因此，本研究的创新点如下。首先，在研究系统性上，基于"科层驱动—社会吸纳—技术赋能"的整合性分析框架，从政府层级间协同、跨部门协同、政府与社会协同、技术与治理协同四个维度全方位考察，试图回答河长制这一创新举措是如何促进水环境协同治理机制创新的，哪些因素影响了水环境协同治理机制的创新，水环境协同治理机制在运行中遭遇了怎样的现实困境又应该往何处发展等问题。而已有的研究在回答上述问题时仅从某一方面考察。因此，本研究系统地提供了丰富的水环境治理的中国故事。其次，本书实证素材丰富。课题组长期跟踪调研，自 2016 年全面推行河长制以来就开始关注河长制发展，且有幸持续 7 年进入水环境治理的研究场域，深度挖掘水环境治理中基于实践创新的协同故事，打开协同治理的"黑箱"。再次，本研究使用的研究方法新颖，既有质性研究又有量化研究，既有深度的单案例剖析又建构了大样本的案例数据库，既有多层次多元回归模型分析，又有社会网络分析等。最后，本研究的学术观点具有创新性，在与西方的协同治理理论充分对话的同时，发展中国特色的协同治理理论。

水环境治理的协同问题是一个持续变化的复杂问题，既关系到政治注意力分配，又涵盖制度设计与治理体制机制创新问题，甚至还涉及微观主体的行为选择。受研究水平和研究客观条件等的限制，本研究还存在很多不足之处，具体如下。

第一，研究深度存在不足。笔者主要从纵向层级协同、横向跨部门协同、政府与社会协同以及技术与治理协同四个维度来开展水环境协同治理机制创新的研究，但里面还有些问题需要深挖。例如，技术发展所带来的制度变迁是一个动态的、长期的过程，现有的水环境治理研究对技术何以影响和改变现有制度结构的认识还不够清晰和全面。因此我们有必要继续深入观察和跟踪技术发展对河长制制度变迁的推动作用，以便更好地预测技术创新带来的进步。此外，本书可能还没有全面厘清中国水环境治理的制度创新与中国特色社会主义制度之间的内在理论关联。S市的水环境协同治理探索作为中国式现代化建设的重要实践，其中所蕴含的治理智慧值得继续深入挖掘。下一步研究需要在充分梳理各地改革创新案例基础上，深入剖析水环境治理模式的科学内涵和根本原理，充分挖掘中国水环境治理制度创新的理论价值，不断丰富和发展适合中国国情的协同治理理论，从而推动中国式现代化建设。

第二，本研究仅针对S市这一个案进行了深入探讨，由于不同地区的自然环境、社会经济状况存在差异，直接将S市的治理经验复制推广到其他城市可能会出现"水土不服"的情况。未来研究需要选择不同地域类型的城市作为案例，如内陆城市、中小城市等，开展多案例比较研究，找出不同城市在水环境协同治理方面存在的共性问题与解决思路。只有通过案例的不断积累与比较分析，才能逐步形成更具有外部效度的水环境治理协同理论，为各地科学治水提供可靠的理论支撑。

第三，研究方法存在不足。本研究虽然采取了多种研究方法来呈现新时代"大国治水"的故事，资料收集工作也做得比较扎实，但所搜集的问卷数据主要是截面数据，研究结论的稳健性有待进一步检验。未来研究可以考虑采用纵向研究设计，在已有的研究场域内开展过程性追踪调查，动态收集各种治理主体在不同时期的态度、行为数据，并辅之以准实验设计，分析不同治理举措对各参与主体的影响。此外，可以考虑使用多案例比较研究方法以进一步深化研究，如在社会组织治水参与部分，可以考虑选取不同类型的社会组织作为案例研究对象开展比较研究。这些方法将有助于我们从更加全面的视角去考察水环境治理过程，从而加深对水环境治理机制的理解，为完善今后的环境治理实践提供更为可靠的决策依据。

第四，本研究在某些方面的资料还有待进一步丰富和完善。例如，在探讨政企协同和企业河长制度时，受制于 S 市这方面的实践探索以及进入场域等因素，用于分析的第一手资料较为有限，也不够丰富鲜活。后续研究需要进一步补充完善有关政企协同和企业河长的资料。

应当说，本研究是运用协同治理理论来分析水环境治理的四个维度协同关系的一次尝试，其结论是否能推演到其他治理领域，我们还是应当持一种谨慎的态度。但是，强化纵向层级间、横向部门间、政府与社会间以及技术与治理间的协同，已经是对以"首长责任制"为核心的制度的创新与突破，包括由河长制衍生出的林长制、路长制、警长制等新型制度设计，已然成为中国公共管理中最耀眼的改革之一。因此，基于对河长制的检视来研究新时代的"大国治水"，并以此解读河长制背后所蕴含的国家治理密码，对于进一步推进国家治理体系与治理能力现代化，为其他地方其他领域提供可复制的经验具有重要意义。后续研究可在此基础上，进一步拓宽视野，关注不同领域协同治理的底层逻辑，为完善中国特色的现代治理体系贡献智慧。

参考文献

1. 中文文献

（1）中文著作

〔英〕安东尼·吉登斯. 社会的构成——结构化理论大纲 [M]. 李康，李猛，译. 北京：生活·读书·新知三联书店，2016.

〔美〕安东尼·唐斯. 官僚制内幕 [M]. 郭小聪等，译. 北京：中国人民大学出版社，2017.

〔美〕奥斯特罗姆，帕克斯，惠特克. 公共服务的制度建构——都市警察服务的制度结构 [M]. 宋全喜，任睿，译. 上海：上海三联书店，2000.

〔美〕保罗·A. 萨巴蒂尔，汉克·C. 詹金斯－史密斯. 政策变迁与学习：一种倡议联盟途径 [M]. 邓征，译. 北京：北京大学出版社，2011.

费孝通. 乡土中国 [M]. 北京：人民出版社，2008.

〔美〕加布里埃尔·A. 阿尔蒙德西德尼·维巴. 公民文化——五个国家的政治态度和民主制 [M]. 徐湘林等，译. 北京：东方出版社，2008.

〔美〕简·E. 芳汀. 构建虚拟政府：信息技术与制度创新 [M]. 邵国松，译. 北京：中国人民大学出版社，2010.

〔法〕H. 法约尔. 工业管理与一般管理 [M]. 周安华，林宗锦，展学仲，张玉琪，译. 北京：中国社会科学出版社，1980.

〔美〕罗伯特·K. 殷. 案例研究：设计与方法：3 版 [M]. 周海涛，主译. 重庆：重庆大学出版社，2010.

冉冉. 中国地方环境政治：政策与执行之间的距离 [M]. 北京：中央编译出版社，2015.

周县华，范庆泉，张同斌，汤斌. 环境公共治理多主体协同模式研究[M]. 北京：经济科学出版社，2018：99.

周雪光. 中国国家治理的制度逻辑：一个组织学研究 [M]. 北京：生

活·读书·新知三联书店，2017.

（2）中文论文

白冰，何婷英.“河长制”的法律困境及建构研究——以水流域管理机制
　　为视角［J］.法制博览，2015（27）：60－61.

蔡禾.国家治理的有效性与合法性——对周雪光、冯仕政二文的再思考［J］.
　　开放时代，2012（2）：135－143.

操小娟，杨洁.国际水资源网络治理经验与启示［J］.环境保护，2018，
　　46（6）：66－72.

曹新富，周建国.河长制促进流域良治：何以可能与何以可为［J］.江海
　　学刊，2019（6）：139－148.

曹永森，王飞.多元主体参与：政府干预式微中的生态治理［J］.求实，
　　2011（11）：71－74.

陈广洲.水环境与区域经济发展关系的研究［D］.合肥工业大学，2003.

陈杰.从合作治理角度看水环境治理及政府对策［D］.西北大学，2017.

陈菁.流域水资源管理体制初探［J］.中国水利，2003（1）：29－31.

陈景云，许崇涛.河长制在省（区、市）间扩散的进程与机制转变——基
　　于时间、空间与层级维度的考察［J］.环境保护，2018（14）：49－54.

丁春梅，吴宸晖，戚高晟，高士佩.水体监测物联网技术在河长制工作中
　　的应用［J］.人民黄河，2018，40（10）：57－60.

杜娟.杭州智慧治水的实践与思考［J］.杭州（周刊），2018（48）：32－
　　33.

费孝通.试谈扩展社会学的传统界限［J］.北京大学学报（哲学社会科学
　　版），2003（3）：5－16.

高兆明.公共管理主体职责义务及其冲突的伦理分析［J］.东南大学学报
　　（哲学社会科学版），2003（1）：14－19.

龚虹波.“水资源合作伙伴关系”和“最严格水资源管理制度”——中美水
　　资源管理政策网络的比较分析［J］.公共管理学报，2015（4）：147.

郭根林.关于水环境研究的几点认识［J］.江苏水利，2003（1）：37－38.

郭培章.加强水资源综合管理推动可持续发展［J］.中国水利，2002（11）：
　　23－24.

郭蕊.权责一致：异化与纠正［J］.沈阳师范大学学报（社会科学版），
　　2009，33（2）：28－31.

郝就笑，孙瑜晨. 走向智慧型治理：环境治理模式的变迁研究 [J]. 南京
　　工业大学学报（社会科学版），2019，18（5）：67-78+112.

郝亚光. "河长制"设立背景下地方主官水治理的责任定位 [J]. 河南师
　　范大学学报（哲学社会科学版），2017（5）：13-18.

何大伟，陈静生. 我国水环境管理的现状与展望 [J]. 环境科学进展，
　　1998（5）：20-28.

黄爱宝. "河长制"：制度形态与创新趋向 [J]. 学海，2015（4）：143.

黄俭，鲍彪，路建军. 基于河长制的智慧水务信息服务平台建设探究与应
　　用 [J]. 数字技术与应用，2017（9）：115-118.

黄俊尧. 吸纳·调控·合作：发展中的协同治理模式——基于杭州的案例
　　研究 [J]. 中共浙江省委党校学报，2014，30（6）：74-80.

黄世裕，罗秋容. 国外水环境治理措施比较及对我国的启示 [J]. 环境与
　　发展，2018（2）：66-67.

黄晓春，周黎安. 政府治理机制转型与社会组织发展 [J]. 中国社会科学，
　　2017（11）：118-138+206-207.

黄晓春. 技术治理的运作机制研究：以上海市 L 街道一门式电子政务中心
　　为案例 [J]. 社会，2010（4）：1-31.

贾海洋. 企业环境责任担承的正当性分析 [J]. 辽宁大学学报（哲学社会
　　科学版），2018，46（4）：97-102.

瞿伟力，杨琼，赵章品. "河长制"电子信息化实践与讨索——以"温州
　　河长通"为例 [J]. 浙江水利科技，2018，46（5）：9-13.

黎元生，胡熠. 流域生态环境整体性治理的路径探析——基于河长制改革
　　的视角 [J]. 中国特色社会主义研究，2017（4）：73-77.

李宝贵，王东胜，谭红武，朱瑶. 中国农村水环境恶化成因及其保护治理
　　对策 [J]. 南水北调与水利科技，2003（2）：29-31.

李波，于水. 达标压力型体制：地方水环境河长制治理的运作逻辑研究 [J].
　　宁夏社会科学，2018（3）：41-47.

李汉卿. 协同治理理论探析 [J]. 理论月刊，2014（1）：138-142.

李汉卿. 行政发包制下河长制的解构及组织困境：以上海市为例 [J]. 中
　　国行政管理，2018（11）：114-120.

李慧玲，李卓. "河长制"的立法思考 [J]. 时代法学，2018，16（5）：
　　15-23.

李利文. 模糊性公共行政责任的清晰化运作——基于河长制、湖长制、街长制和院长制的分析 [J]. 华中科技大学学报（社会科学版），2019，33（1）：127-136.

李强，刘强，陈宇琳. 互联网对社会的影响及其建设思路 [J]. 北京社会科学，2013（1）：4-10.

李朔严. 政治关联会影响中国草根 NGO 的政策倡导吗？——基于组织理论视野的多案例比较 [J]. 公共管理学报，2017，14（2）：59-70+155.

李晓峰，王双双，孟祥芳，田东奎，郑卫华. 国外水环境管理体制特征及对我国的启示 [J]. 管理观察，2008（10）：29.

李晓磊. 城市水环境治理的经济学问题及国外水环境治理的经验 [J]. 经济师，2006（9）：89-90.

李兴汉，陈亮雄，林奕霖，陈宇飞. "互联网+河长制"河湖信息化管理平台设计和研究 [J]. 广东水利水电，2018（7）：62-66.

李砚忠. 论政府信任的产生与效果及其模型构建 [J]. 学术探索，2007（1）：11-15.

李艳芳. 论公众参与环境影响评价中的信息公开制度 [J]. 江海学刊，2004（1）：126-132.

李永峰. "互联网+甘肃河长制信息管理平台"构想与实现 [J]. 中国水利，2018（4）：46-48.

李宇. 电子政务信息整合与共享的制约因素及对策研究 [J]. 中国行政管理，2009（4）：84-85.

梁甜甜. 多元环境治理体系中政府和企业的主体定位及其功能——以利益均衡为视角 [J]. 当代法学，2018，32（5）：89-98.

梁娴. 环保 NGO 的公共政策参与行为研究——以怒江水电开发一案为例 [J]. 特区经济，2013（1）：192-193.

刘芳雄，何婷英，周玉珠. 治理现代化语境下"河长制"法治化问题探析 [J]. 浙江学刊，2016（6）：120-123.

刘鸿志，刘贤春，周仕凭，席北斗，付融冰. 关于深化河长制制度的思考 [J]. 环境保护，2016，44（24）：43-46.

刘锦. 地方政府跨部门协同治理机制建构——以 A 市发改、国土和规划部门"三规合一"工作为例 [J]. 中国行政管理，2017（10）：16-21.

刘圣洁. PPP 模式在水环境综合治理项目中的应用研究 [D]. 江西财经大

学，2018.

刘伟忠. 我国协同治理理论研究的现状与趋向 [J]. 城市问题，2012 (5)：81 – 99.

刘晓星，陈乐. "河长制"：破解中国水污染治理困局 [J]. 环境保护，2009 (9)：18 – 20

刘振邦. 水资源统一管理的体制性障碍和前瞻性分析 [J]. 中国水利，2002 (1)：36 – 38.

吕明，陶建华，金花，揭林俊，苏畅. "互联网＋"模式下河长制综合管理平台研究与实践 [J]. 江苏通信，2019，35 (1)：41 – 43.

吕志奎，蒋洋，石术. 制度激励与积极性治理体制建构——以河长制为例 [J]. 上海行政学院学报，2020，21 (2)：46 – 54.

吕忠梅，陈虹. 关于长江立法的思考 [J]. 环境保护，2016 (18)：32 – 38.

罗育池，陈瑜，刘畅，熊津晶. 水环境治理模式创新与关键对策——以广东省为例 [J]. 环境保护科学，2020，46 (1)：25 – 29.

麻宝斌，郭蕊. 权责一致与权责背离：在理论与现实之间 [J]. 政治学研究，2010 (1)：72 – 78.

孟天广，李锋. 网络空间的政治互动：公民诉求与政府回应性——基于全国性网络问政平台的大数据分析 [J]. 清华大学学报（哲学社会科学版），2015，30 (3)：17 – 29.

明承瀚，徐晓林，陈涛. 公共服务中心服务质量与公众满意度：公众参与的调节作用 [J]. 南京社会科学，2016 (12)：71 – 77.

倪星，原超. 地方政府的运动式治理是如何走向"常规化"的？——基于S市市监局"清无"专项行动的分析 [J]. 公共行政评论，2014 (2)：70 – 96 + 171 – 172.

潘小娟. 中央与地方关系的若干思考 [J]. 政治学研究，1997 (3)：16 – 21.

彭海君. 水污染造成的城市生活经济损失研究 [J]. 城市问题，2007 (8)：46 – 48.

邱晨. 公众参与水环境保护机制研究 [D]. 华北电力大学（北京），2019.

冉冉. 环境议题的政治建构与中国环境政治中的集权—分权悖论 [J]. 马克思主义与现实，2014 (4)：161 – 167.

任敏. "河长制": 一个中国政府流域治理跨部门协同的样本研究 [J]. 北京行政学院学报, 2015 (3): 25 - 31.

任轶男. 合作网络视野下的环境治理模式研究 [D]. 云南财经大学, 2016.

邵娜. 论技术与制度的互动关系 [J]. 中州学刊, 2017 (2): 7 - 12.

沈满洪. 河长制的制度经济学分析 [J]. 中国人口·资源与环境, 2018 (1): 134 - 139.

沈叶洋. 我国环境多中心治理模式构建困境及实现路径研究 [D]. 西南交通大学, 2016.

孙发锋. 从条块分割走向协同治理——垂直管理部门与地方政府关系的调整取向探析 [J]. 广西社会科学, 2011 (4): 109 - 112.

孙华. 基于互联网 + 河长制的智慧河湖管护新模式 [J]. 信息与电脑 (理论版), 2018 (14): 86 - 88 + 92.

谭海波, 孟庆国, 张楠. 信息技术应用中的政府运作机制研究——以 J 市政府网上行政服务系统建设为例 [J]. 社会学研究, 2015 (6): 73 - 98.

陶国根. 社会资本视域下的生态环境多元协同治理 [J]. 青海社会科学, 2016 (4): 57 - 63.

田家华, 吴铱达, 曾伟. 河流环境治理中地方政府与社会组织合作模式探析 [J]. 中国行政管理, 2018 (11): 62 - 67.

汪锦军. 浙江政府与民间组织的互动机制: 资源依赖理论的分析 [J]. 浙江社会科学, 2008 (9): 31 - 37 + 124.

王春城. 新公共政策过程理论兴起的背景探析——以倡导联盟框架为例 [J]. 行政论坛, 2010, 17 (6): 39 - 43.

王芳. 结构转向: 环境治理中的制度困境与体制创新 [J]. 广西民族大学学报 (哲学社会科学版), 2009, 31 (4): 8 - 13.

王飞. 我国环保民间组织的运作与发展趋势 [J]. 学会, 2009 (6): 14 - 17.

王鸿铭, 黄云卿, 杨光斌. 中国环境政治考察: 从权威管控到有效治理 [J]. 江汉论坛, 2017 (3): 113 - 118.

王洛忠, 李奕璇. 信仰与行动: 新媒体时代草根 NGO 的政策倡导分析——基于倡导联盟框架的个案研究 [J]. 中国行政管理, 2016 (6): 40 - 46.

王洛忠, 庞锐. 中国公共政策时空演进机理及扩散路径: 以河长制的落地

与变迁为例 [J]. 中国行政管理，2018 (5)：63 – 69.

王名. 非营利组织的社会功能及其分类 [J]. 学术月刊，2006 (9)：8 – 11.

王宁. 代表性还是典型性——个案的属性与个案研究的逻辑基础 [J]. 社会学研究，2002 (5)：123 – 125.

王婷. 多中心理论视角下的济南市城区水环境治理问题研究 [D]. 山东大学，2014.

王曦. 新《环境保护法》的制度创新：规范和制约有关环境的政府行为 [J]. 环境保护，2014，42 (10)：40 – 43.

王兴伦. 多中心治理：一种新的公共管理理论 [J]. 江苏行政学院学报，2005 (1)：96 – 100.

王妍，杨朴. 北京市河长制信息系统设计与研发 [J]. 中国水利，2018 (18)：46 – 49.

王勇. 水环境治理"河长制"的悖论及其化解 [J]. 西部法学评论，2015 (3)：1 – 9.

王园妮，曹海林. "河长制"推行中的公众参与：何以可能与何以可为——以湘潭市"河长助手"为例 [J]. 社会科学研究，2019 (5)：129 – 136.

王志锋. 城市治理多元化及利益均衡机制研究 [J]. 南开学报（哲学社会科学版），2010 (1)：119 – 126.

王志刚. 多中心治理理论的起源、发展与演变 [J]. 东南大学学报（哲学社会科学版），2009，11 (S2)：35 – 37.

尉帅. 压力型体制下的政治动员及其发展：转型过程中我国地方政府环境治理模式研究 [D]. 陕西师范大学，2016.

吴春梅，庄永琪. 协同治理：关键变量、影响因素及实现途径 [J]. 理论探索，2013 (3)：73 – 77.

吴鹏. 生态修复法制初探——基于生态文明社会建设的需要 [J]. 河北法学，2013 (5)：172.

吴文延. 中介组织的崛起与发展、问题与对策 [J]. 社会科学战线，1999 (1)：262 – 268.

熊烨. 跨域环境治理：一个"纵向—横向"机制的分析框架——以"河长制"为分析样本 [J]. 北京社会科学，2017 (5)：108 – 116.

熊烨，周建国．政策转移中的政策再生产：影响因素与模式概化——基于
　　江苏省"河长制"的 QCA 分析 [J]．甘肃行政学院学报，2017（1）：
　　37 – 47 + 126 – 127.

徐蒙蒙．多中心治理视角下的富阳区水环境治理研究 [D]．华中师范大
　　学，2019.

徐艳晴，周志忍．水环境治理中的跨部门协同机制探析——分析框架与未
　　来研究方向 [J]．江苏行政学院学报，2014（6）：110 – 115.

阎波，吴建南．绩效问责与乡镇政府回应行为——基于 Y 乡案例的分析 [J]．
　　江苏行政学院学报，2012（2）：109 – 115.

杨爱平，吕志奎．大湄公河"次区域"政府合作：背景与特色 [J]．中国
　　行政管理，2007（8）：96 – 98.

杨梦瑶．环境政策制定中的公众参与影响因素研究——基于北京市的实证
　　分析 [J]．环境与发展，2015（5）：1 – 13.

杨树燕．基于协同治理视角的"河长制"探析 [D]．河南师范大学，2018.

杨志，魏姝．政策扩散视域下的地方政府政策创新性研究：一个整合性理
　　论框架 [J]．学海，2019（3）：27 – 33.

叶大凤．非政府组织参与公共政策过程：作用、问题与对策 [J]．福州党
　　校学报，2006（5）：26 – 30.

叶娟丽，马骏．公共行政中的街头官僚理论 [J]．武汉大学学报（哲学社
　　会科学版），2003（5）：612 – 618.

易承志．传统管制型政府的价值缺失与服务型政府建设 [J]．江南社会学
　　院学报，2009（3）：68 – 71.

易志斌，马晓明．论流域跨界水污染的府际合作治理机制 [J]．社会科学，
　　2009（3）：20 – 25.

应力文，刘燕，戴星翼，刘平养，刘明，石亚．国内外流域管理体制综
　　述 [J]．中国人口·资源与环境，2014，24（S1）：175 – 179.

游勇，杨小毛，王波．深圳市水环境污染的控制与治理对策 [J]．中国高
　　新技术企业，2007（6）：56 – 57.

余章宝．政策科学中的倡导联盟框架及其哲学基础 [J]．马克思主义与现
　　实，2008（4）：136 – 141.

玉苗．中国草根公益组织发展机制的探析 [D]．华中师范大学，2013.

郁建兴，任泽涛．当代中国社会建设中的协同治理——一个分析框架[J]．

学术月刊，2012，44（8）：23 - 31.

曾婧婧，宋娇娇. 政府对公众的信任：公众参与的桥梁——以政府公职人
员为观察主体［J］. 公共行政评论，2017（1）：141 - 171.

詹国彬，陈健鹏. 走向环境治理的多元共治模式：现实挑战与路径选择［J］.
政治学研究，2020（2）：65 - 75 + 127.

詹国辉，熊菲. 河长制实践的治理困境与路径选择［J］. 经济体制改革，
2019（1）：188 - 194.

詹国辉. 跨域水环境、河长制与整体性治理［J］. 学习与实践，2018（3）：
66 - 74.

詹云燕. 河长制的得失、争议与完善［J］. 中国环境管理，2019，11（4）：
93 - 98.

张德尧，于琪洋. 我国水资源管理对策刍议［J］. 中国水利，1996（4）：25.

张紧跟，唐玉亮. 流域治理中的政府间环境协作机制研究——以小东江治
理为例［J］. 公共管理学报，2007（3）：50 - 56.

张茜. 水环境多部门协同管理研究［D］. 郑州大学，2017.

张阮. 基于关系形成模型的政府信任与公民参与关系研究［D］. 中国地质
大学，2011.

张翔. 中国政府部门间协调机制研究［D］. 南开大学，2013.

张艳玲. 陕西省渭河流域水资源及水环境的综合治理研究［J］. 西北水资
源与水工程，2001（4）：44 - 46.

张育苗. 十八大以来地方政府环境治理中的困境与出路研究［D］. 湖南师
范大学，2019.

张振波. 论协同治理的生成逻辑与建构路径［J］. 中国行政管理，2015
（1）：58 - 61 + 110.

张宗庆，杨煜. 国外水环境治理趋势研究［J］. 世界经济与政治论坛，
2012（11）：162 - 163.

赵孟萱. 参与环境治理，社会组织该当何为？——在政府的管理和指导下
加强自身能力建设［J］. 中国生态文明，2020（2）：27 - 29.

赵炎峰. 城镇化背景下基层政府权责伦理的重构与职能转变［J］. 领导科
学，2018（17）：13 - 15.

郑琦. 中国环保 NGO 的公共政策参与［J］. 社团管理研究，2012（8）：
20 - 22.

郑巧, 肖文涛. 协同治理: 服务型政府的治道逻辑 [J]. 中国行政管理, 2008 (7): 48 - 53.

郑容坤. 水资源多中心治理机制的构建——以河长制为例 [J]. 领导科学, 2018 (8): 42 - 45.

郑贤. 水资源管理与水利资产管理 [J]. 中国水利, 2002 (10): 74 - 75.

郑准镐. 非政府组织的政策参与及影响模式 [J]. 中国行政管理, 2004 (5): 32 - 35.

周飞舟. 论社会学研究的历史维度——以政府行为研究为例 [J]. 社会科学文摘, 2016 (3): 64 - 66.

周建国, 熊烨. "河长制": 持续创新何以可能——基于政策文本和改革实践的双维度分析 [J]. 江苏社会科学, 2017 (4): 38 - 47.

周雪光, 练宏. 中国政府的治理模式: 一个 "控制权" 理论 [J]. 社会学研究, 2012, 27 (5): 69 - 93 + 243.

周雪光. 国家治理逻辑与中国官僚体制: 一个韦伯理论视角 [J]. 开放时代, 2013 (3): 5 - 28.

祝建兵. 社会组织政策倡导策略的分类与选择 [J]. 中共福建省委党校学报, 2018 (2): 78 - 86.

2. 英文文献

Almog-Bar, M., and H. Schmid. Advocacy Activities of Nonprofit Human Service Organizations: A Critical Review [J]. Nonprofit and Voluntary Sector Quarterly, 2013, 43 (1): 11 - 35.

Ansell, Chris, and Alison Gash. Collaborative Governance in Theory and Practice [J]. Journal of Public Administration Research and Theory, 2007 (11): 543 - 571.

Bovens, Mark, and Stavros Zouridis. From Street-level to System-level Bureaucracies [J]. Public Administration Review, 2002, 62 (2): 174 - 184.

Brown, K., and P. Coulter. Subjective and Objective Measures of Police Service Delivery [J]. Public Administration Review, 1983, 43 (1): 50 - 58.

Bryson, John M., Barbara C. Crosby, and Melissa Middleton Stone. The Design and Implementation of Cross-sector Collaborations: Propositions from the Literature [J]. Public Administration Review, 2006, 66 (1): 44 - 55.

Burden, B. C. , D. T. Canon, K. R. Mayer, and D. P. Moynihan. The Effect of Administrative Burden on Bureaucratic Perception of Policies: Evidence from Election Administration [J]. Public Administration Review, 2012 (72): 741 –751.

Chan, H. S. , and Jie Gao. Putting the Cart before the Horse: Accountability or Performance? [J]. The Australian Journal of Public Administration, 2009, 68 (S1): S51 – S61.

Cuthill, Michael, and John Fien. Capacity Building: Facilitating Citizen Participation in Local Governance [J]. Australian Journal of Public Administration, 2005, 64 (4): 63 – 80.

Imperial, Mark T. Using Collaboration as a Governance Strategy: Lessons from Six Watershed Management Programs [J] . Administration and Society, 2005, 37 (3): 281 – 320.

Im, T. , and S. J. Lee. Does Management Performance Impact Citizen Satisfaction? [J] . The American Review of Public Administration, 2012, 42 (4): 419 – 436.

Jun, K. N. , and E. Shiau. How are We Doing? A Multiple Constituency Approach to Civic Association Effectivenes [J]. Nonprofit and Voluntary Sector Quarterly, 2012, 41 (4): 632 – 655.

King, Cheryl S. , Kathryn M. Feltey, and Bridget O'Neill Susel. The Question of Participation: Toward Authentic Public Participation in Public Administration [J]. Public Administration Review, 1998, 58 (4): 317 – 326.

Leach, Robert, and Janie Percy-Smith. Local Governance in Britain [M]. New York: Palgrave, 2001.

Lin, N. Social Capital: A Theory of Social Structure and Action [M]. Cambridge: Cambridge University Press, 2001.

Maria Francesch-Huidobro, Qianqing Mai. Climate Advocacy Coalitions in Guangdong, China [J]. Administration & Society, 2012 (6S): 43 – 64.

Mosley, J. E. Institutionalization, Privatization, and Political Opportunity: What Tactical Choices Reveal about the Policy Advocacy of Human Service Nonprofits [J]. Nonprofit and Voluntary Sector Quarterly, 2011, 38 (6): 435 – 457.

Orlikowski, W. J. , and R. B. Stephen. Technology and Institutions: What Can Research on Information Technology and Research on Organizations Learn from Each Other [J]. MIS Quarterly, 2001 (2): 145 – 165.

Owens Louis. The Grapes of Wrath: Trouble in the Promised Land [M]. Boston: Twayne Publishers, 1989.

Porumbescu, G. A. Using Transparency to Enhance Responsiveness and Trust in Local Government: Can It Work? [J]. State and Local Government Review, 2015 (47): 205 – 213.

Powell, Walter, and Patricia Bromle. The Nonprofit Sector: A Research Handbook [M]. Redwood City: Stanford University Press, 2006.

Provan, Keith G. , and Patrick Kenis. Modes of Network Governance: Structure, Management, and Effectiveness [J]. Journal of Public Administration Research and Theory, 2008 (2): 29 – 52.

Public Management Service/Public Management Committee (PUMA/MPM). Government Coherence: The Role of the Centre of Government [C]. Budapest: Public Management Service/Public Management Committee (PUMA/MPM), 2000.

Spires, A. Contingent Symbiosis and Civil Society in an Authoritarian State: Understanding the Survival of China's Grassroots NGOs [J]. American Journal of Sociology, 2011, 117 (1): 1 – 45.

Thomson, Ann Marie, and James L. Perry. Collaboration Processes: Inside the Black Box [J]. Public Administration Review, 2006, 66 (S1): 20 – 32.

Vigado, E. From Responsiveness to Collaboration: Governance, Citizen, and the Next Generation of Public Administration [J]. Public Administration Review, 2002, 62 (5): 527 – 540.

Vroom, Victor H. Work and Motivation [M]. San Francisco: Jossey-Bass, 1994.

Watson, N. , H. Deeming, and R. Treffny. Beyond Bureaucracy? Assessing Institutional Change in the Governance of Water in England [J]. Water Alternatives, 2009 (3): 448 – 460.

Yang, K. F. Public Administrators' Trust in Citizens: A Missing Link in Citizen Involvement Efforts [J]. Public Administration Review, 2005, 65 (3): 273 – 285.

后　记

　　2016 年底河长制在全国开始全面推行的时候，我和我的团队对于水环境治理这个场域还是相对比较陌生的。在中共广州市委党校黄丽华教授的引荐下，我有机会深度参加了 S 市河涌管理中心（后来改名为 S 市河涌监测中心）的委托课题"完善治理体系，提升基层河长履职效率研究"，这是我第一次走进 S 市水环境治理的田野，从此之后便与治水研究结缘，一晃在治水领域已扎根差不多七年了。应该说，这七年是 S 市河长制从建立机制、责任到人、搭建四梁八柱的 1.0 版本，发展到重拳治乱、清除存量遏制增量、改善河湖面貌的 2.0 版本，再升级到全面强化、标本兼治、打造幸福河湖的 3.0 版本（按照水利部原副部长魏山忠 2021 年的说法）的过程；也是 S 市美丽幸福河湖建设从"平安之河"到"和谐之河"、从局部管理到整体治理、从河涌治理到一河两岸、从满足物质需要到满足精神需求的跃进过程；还是我们治水研究团队从一脸茫然的"小白"到经验丰富的"老手"的不断成长、不断蜕变的七年。虽然 S 市不足以代表全中国，但"窥一斑而见全豹"，通过这种"解剖麻雀"式的深度个案研究，我们希望基于中国本土情境讲好水环境协同治理的"中国故事"，希望真实呈现以河长制为核心的水环境协同治理机制创新的实践探索、现实困境以及深层机理，借此勾勒和揭示现阶段大国治水的概貌及内在逻辑，进而助力水环境治理体系的现代化发展。

　　本书是笔者七年来探索水环境协同治理问题的一次总结。其中，第 2、3、4、7、8、9 章的部分内容曾在《学术研究》、《华南师范大学学报》（社会科学版）、《吉首大学学报》（社会科学版）、《北京行政学院学报》、《甘肃行政学院学报》、《探索》等学术期刊上发表过。在学术期刊中，每篇论文都要考虑版面、格式、内容适切性等因素，这使得原有的研究总显得有些不够"淋漓尽致"，研究结果也不能全面充分地呈现出来，本书就是为了解决这些问题，以"科层驱动—社会吸纳—技术赋能"为分析框架，重新以"特写镜头"的方式完整展示了每一个协同治理问题，不仅在书中的每一篇都以"本篇小结"的方式对水环境协同治理的中国经验进行总结，而且在第 10 章"总结与展望：水环境协同治理的未来——大数据驱动水污染风险防控"中，基于后河长制时代水环境治理面临的新挑战，把协同治理与人工智能结合起来，对大数据赋能水污染风险防控进行了进一步的探索。总之，本书是对原有研究的拓展和深化，是一种延伸性研究。

以河长制为核心的水环境治理囊括了横向的政府部门间协同、纵向的层级政府间协同、政府与社会间协同以及信息技术赋能协同等多个维度的内容，涉及政策执行、组织间关系、技术与治理、政社关系、公民参与等一系列公共管理学与政治学的主流话题，也需要综合运用公共管理学、政治学、社会学、环境科学、信息科学等交叉学科的知识和理论，这对笔者的研究能力和水平提出了很大的挑战。应该说，本书的探索仅仅是一个起点，对于水环境协同治理与中国式现代化内在理论关联的探讨还不够深刻，研究个案的选取也有一定的局限性，研究资料也有待进一步丰富，因此，还望各位专家、同仁、师长、朋友多多批评指正。

本书的顺利出版有赖于多方的大力支持与无私帮助，在此表示深深的感谢以及崇高的敬意。

感谢组稿编辑陈凤玲女士、责任编辑李真巧女士、文稿编辑尚莉丽女士以及相关出版工作人员的全心投入，他们对出版事业一丝不苟、兢兢业业的精神和态度令我深深敬佩，尤其是李真巧女士，经常在深夜与我就某一个词语、某一个句式的表达讨论半天，她是我这一生中遇到的最严谨、最认真的责任编辑之一。

感谢我所在单位华南师范大学政治与公共管理学院，尤其要感谢华南师范大学政治与公共管理学院政治学一级学科带头人王金红教授、万晓宏教授，在他们的积极推动和无私帮助下，本书的出版获得了华南师范大学政治学一级学科高水平建设经费的资助。

感谢 S 市河长办、S 市河涌监测中心以及所有为本书调研提供过帮助的涉水职能部门、基层单位，感谢一直奋斗在治水一线、为建设美丽幸福河湖付出大量时间精力、可敬且可爱的基层河长。正是因为他们，本书对中国治水故事的叙事才更加立体形象、更有生命力、更有张力。

感谢三位为本书作序的著名学者，他们分别是中山大学政治与公共事务管理学院肖滨教授、上海交通大学国际与公共事务学院韩志明教授、中国人民大学公共管理学院马亮教授。同行师长、好友的支持和鼓励，是我不断前进的动力。

感谢我的同行好友——中国科技大学公共事务学院尚虎平教授，我的同姓师兄——暨南大学公共管理学院颜昌武教授，以及同门师弟——华南农业大学公共管理学院唐斌教授、兰州大学管理学院吴旭红教授、广州大学公共管理学院刘晓洋副教授等为本书的出版做出的贡献。他们不仅为本书贡献了一个既大气又接地气的题目，而且就书中的一些措辞、行文以及需注意的细节等提出了不少宝贵意见。

感谢我的治水研究合作伙伴——美国加州州立大学富尔顿分校公共行政研究所丁元教授、澳门理工大学社会经济与公共政策研究所所长鄞益奋副教授、中山大学政治与公共事务管理学院张雪帆副教授、广州大学公共管理学院彭铭刚副教授、广州新华学院郭佩文副教授、澳门理工大学人文与社会科学学院博士研究生曾栋、成都高投产城建设集团有限公司党务管理员王丽萍、厦门大学公共事务学院博士研究生吴泳钊、南京大学政府管理学院硕士研究生王思宁、武汉大学政治与公共管理学院硕士研究生王露寒等。这七年来，我们经常为一个好的研究想法而兴奋得睡不着觉，也经常围绕着评审专家提出的某一条修改意见讨论到深夜。当然，我们也为反复被期刊拒稿而一起沮丧过……尽管发表论文的道路上总是有着各种"折腾"和"无奈"，但我们在这跌跌撞撞中成长起来了，也收获了非常多。

感谢治水研究团队的老师和同学们。同事刘劲宇副教授为团队提供了省内外几个城市的治水调研资源，大大开阔了我们的眼界；同事于刚强老师开着车，带着团队的研究生和本科生跑遍了S市的11个区，实地考察了好几十条黑臭河涌；硕士研究生吴泳钊（现厦门大学公共事务学院博士研究生）、硕士研究生刘泽森（现恩平市人民政府办公室四级主任科员）为统稿做了大量的基础性工作，大大减轻了我的工作负担；本科生李敏佳（现华中师范大学政治与国际关系学院硕士研究生）、毛越（现中山大学社会学与人类学学院硕士研究生）、陈钰娟（现华南师范大学政治与公共管理学院硕士研究生）、肖炯（现汕头市金中海湾学校教师）为书稿"导论"和"中篇"部分内容做了不少基础性工作；研究生张菊、梁安琪、陈明菲、刘淑欣、刘胜磊、钱露、吴秋艾、黄可儿、许灿荣为书稿校对做了大量细致的工作。

最后，要感谢我相濡以沫的先生、我最亲最爱的宝贝以及我的其他家人。亲人们的爱和重托，让我没有任何理由懈怠，也让我充满了努力前行的动力。在这里，尤其要感谢我去世两年多的母亲。母亲在世的时候，在她的四个子女中她最以我为傲，但我陪伴她的时间最少，甚至在她即将离开我们的时候，我因种种原因都无法陪伴在她身边。"子欲养而亲不待"，这种遗憾一度让我很懊恼、痛苦。为了忘却痛苦，我默默地努力，希望自己可以做得更好，让在天堂的母亲继续以我为傲。

华南师范大学政治与公共管理学院教授

图书在版编目（CIP）数据

大国治水：基于河长制的检视／颜海娜著. —— 北
京：社会科学文献出版社，2023.10
ISBN 978 - 7 - 5228 - 2432 - 1

Ⅰ.①大… Ⅱ.①颜… Ⅲ.①河道整治 - 中国 Ⅳ.
①TV882

中国国家版本馆 CIP 数据核字（2023）第 165106 号

大国治水：基于河长制的检视

著　　者 / 颜海娜

出 版 人 / 冀祥德
组稿编辑 / 陈凤玲
责任编辑 / 李真巧
文稿编辑 / 尚莉丽
责任印制 / 王京美

出　　版 / 社会科学文献出版社·经济与管理分社（010）59367226
　　　　　地址：北京市北三环中路甲 29 号院华龙大厦　邮编：100029
　　　　　网址：www. ssap. com. cn
发　　行 / 社会科学文献出版社（010）59367028
印　　装 / 三河市龙林印务有限公司

规　　格 / 开 本：787mm × 1092mm　1/16
　　　　　印 张：17.75　字 数：296 千字
版　　次 / 2023 年 10 月第 1 版　2023 年 10 月第 1 次印刷
书　　号 / ISBN 978 - 7 - 5228 - 2432 - 1
定　　价 / 99.00 元

读者服务电话：4008918866